U0448355

华梅 著

华梅说服饰

商务印书馆
The Commercial Press

2019年·北京

图书在版编目（CIP）数据

华梅说服饰 / 华梅著. —北京：商务印书馆，2019
ISBN 978-7-100-17072-7

Ⅰ.①华… Ⅱ.①华… Ⅲ.①服饰美学—文集
Ⅳ.①TS941.11-53

中国版本图书馆CIP数据核字（2019）第024944号

权利保留，侵权必究。

华梅说服饰
华梅 著

商 务 印 书 馆 出 版
（北京王府井大街36号　邮政编码100710）
商 务 印 书 馆 发 行
北京艺辉伊航图文有限公司印刷
ISBN 978-7-100-17072-7

2019年10月第1版　　开本 710×1000　1/16
2019年10月北京第1次印刷　印张 25¼
定价：75.00元

文字整理

王　鹤　段宗秀　巴增胜　任云妹　高振宇

图片提供

华　梅　王　鹤　段宗秀

插图摹绘

吴　琼　王家斌

自　序

总想说，服饰文化已融入我的血液中。我爱服饰文化，就像爱亲人，爱祖国。

服饰文化拥有那么多的美，既有"橙黄橘绿"，又有"落日熔金"；既有"中庭月色"，更有"无数杨花"。"水清石出鱼可数，林深无人鸟相呼"——意境在此间。

常觉"月色如水水如天"，服饰文化凝聚了人类静静的思考与澎湃的激情。即使是"古今如梦"，梦也记载了人间的真挚与纯真。"万人丛中一握手，使我衣袖三年香"，服饰不在品物，更重要的是灵魂。灵魂寄寓着人类的伟大，还有日月精华。

若问我对服饰文化情几许，有一首作于唐代的敦煌曲子词常萦绕在我心头："枕前发尽千般愿，要休且待青山烂。水面上秤锤浮，直待黄河彻底枯。白日参辰现，北斗回南面。休即未能休，且待三更出日头。"虽然这是一首表达爱情的诗，但是我对服饰文化研究的热爱，不亚于这种倾情。诗中所叙述的这些现象不可能出现，我爱服饰文化的激情也永远不会熄灭。

从 20 世纪 80 年代开始研究服饰，至今已 30 余年，其间出版了 61 部著作，既有 100 万字的《人类服饰文化学》、40 万字的《服饰与中国文化》和《中国历代〈舆服志〉研究》等学术著作，也有在全国高校用了 30 余年且修订 3 次、印刷 35 次的《中国服装史》等国家级规划教材。最有意思的是我的服饰文化专栏曾在《人民日报·海外版》上连续刊载 17 年，而且自 1988 年起我在报刊上的专栏一直延续至今。

这次应商务印书馆之约，辑通俗类文章为一集，所选文章来自《天津日报》上的专栏"华说·华服"70篇、《服装时报》上的个人专栏"时装的前世今生"55篇,还有《天津政协》上的个人专栏"服饰与养生"10篇,发表在《今晚报》上的"津沽生态服饰"5篇。

报章文学有一个特点,即知识性、趣味性,尤其是新闻性必须具备,大家在一定时间里关注的热门话题,往往反映了当代人的社会思潮和审美兴奋点。不必对舆论焦点加以褒贬,移动互联更增添了独特的广泛性,大众参与本身就是合理存在。我在纸媒上发表的文章,始终是紧跟大家所关心的话题,从理论层面加以分析,让广大读者在欣赏的同时又掌握了许多有关服饰文化的知识。这不是很有情趣吗?

别说哪个话题大,也别说哪个知识小,文化界评论我的报章文学风格是古今中外,升天入地,纵横捭阖。小文章含金量高且朗朗上口,这也许是讲课数十年的积累吧。总之,我的文章是让大家在无限的时空中接触到服饰文化所拥有的交叉学科之美,而不是就服饰说服饰。我们每天都离不开服饰,仅衣服就有主服、首服、足服;佩饰更是多得数不清,从头花、簪钗到脚镯、趾甲链;化妆可追溯到数万年前古人的文身文面;随件既有包、伞、刀、剑,也有手杖与手机。再说,服饰不像一瓶酒,更不是一幅画。服饰由人创作,又穿在自己身上,合成一个服饰形象去参加社会活动。这里有多少故事?多少诗意?多少历史的推演?真是"千江有水千江月,万里无云万里天"……

好了,服饰文化既有殿堂之高,也有小草之青,愿我们在这里一同享受服饰文化带给人们的文明与愉悦吧!

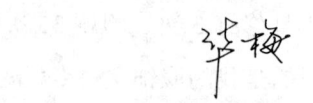

华梅

2018年4月18日
于天津师范大学华梅服饰文化学研究所

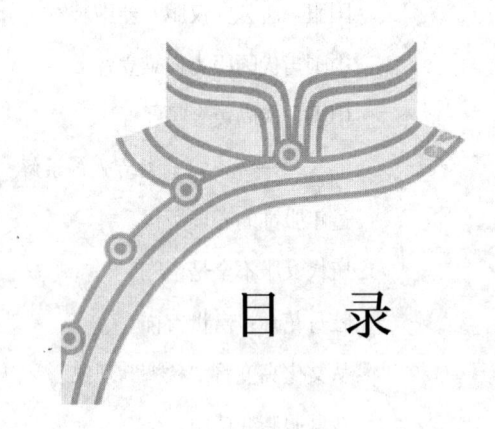

目 录

华说·华服

APEC 服装传递的信息	002
国服：唐装？汉服？新中装？	006
中国当代国服为何难立？	008
中国古代尚黄金吗？	
——今日时尚对古人的误解	011
过年服饰的心理历程	013
唐代女服不全是袒胸	015
牡丹花开，富贵吉祥	017
从文化高度看"秋裤"现象	019
戏剧服装变革中	023
正月服饰，那缕诗情	026
可穿戴设备，还是智能服饰？	029
跽坐与中国风范	031
从"圣乔治带"说文化象征	034
甲光向日金鳞开	
——谈军服威慑之美	036
男子服饰形象更是文化标志	040
女服大逆袭	042
春衫知几许？	044
服饰的标志性与意志表述	
——谈拉加德着华服宣布人民币入篮	046
时装流行潜规则	048
高跟鞋成为议会辩题	050
简约穿搭风何以兴起？	052
细说脸谱与头盔（上）	054

目 录

细说脸谱与头盔（下） 057
这种设计有必要吗？
　　——从 LED 口罩说起 060
西服正装也迷彩
　　——关于军服引领民服时尚 062
说不尽的中国红 064
衣服在中国人心中的位置 067
头上顶着的世界 069
口罩一二三 071
我研究历代《舆服志》（上） 073
我研究历代《舆服志》（中） 076
我研究历代《舆服志》（下） 080
钗头春意翩翩 084
时装时尚何时了
　　——有感于"假领"复出 086
外国人创作的"中国风" 088
人与动物撕扯不开的包装情结 090
几度风行阔脚裤 093
端午节的佩饰意蕴 096
体验馆内绣衣裳
　　——关于女红"非遗"的思考 098
也谈乌纱帽 101
补衣与时尚 104
"头上长草"的广度延伸与深层思考 106
还嫌男服不够"娘"？ 109

"不修边幅"与艺术范儿 112

荷叶罗裙一色裁
　　　——谈夏装古韵 115

以服饰解读"大咖" 118

着装培训能出名媛?
　　　——兼析古代审美点滴 120

古祭服上的"天人合一" 123

花如人
　　　——古人诗中的服饰形象 126

吉祥祝福在童装 129

民间祭俗中的服饰 131

簪花饰面总多情 134

褡裢不是老虎搭拉
　　　——关于中国古人的盛物包 137

"二月二"不动针线的潜在意义 140

露一截儿脚脖子成时尚 143

小白鞋流行仅是营销策略好吗?
　　　——关于品牌效应形成的多面性 146

时尚男连体服来自军服 148

风吹仙袂飘飘举
　　　——谈中国衣服的丝质与袖形 150

大唐繁华看长安
　　　——唐代诗画中的仪礼服饰 153

满碛寒光生铁衣
　　　——从沙场大点兵的"战味"与"野味"说起 157

目录

我研究人类服饰文化学（上）	160
我研究人类服饰文化学（中）	163
我研究人类服饰文化学（下）	166
唯将旧物表深情	
——谈爱情信物的隐意之谜	169
长垅出猎马，数换打毬衣	
——说中国古人的马毬运动服饰	172
红袍不能随便穿	
——谈古装戏剧的官服颜色	176
军用靴履不简单	178
文人赏梅与衣装雅趣	181
时装与个体穿着效果的矛盾	184
当代着装礼仪现状与走向	186

时装的前世今生

述说不尽，鲜活永远	
——"时装的前世今生"开栏语	190
忆兮唐装	193
裸色，曾经时尚	196
人体彩绘走至今	199
真真假假金属装	202
到底什么是汉服？	205
犀利哥与乞丐装	208
小花衣裙卷土重来	211
如何界定劳动服？	214

点点泪妆再现T台　　　　　　　218

自古就有中性装　　　　　　　221

哈伦裤＝鸡腿＋南瓜　　　　　224

男人穿裙不新鲜　　　　　　　227

古今松糕鞋　　　　　　　　　230

裙上朵朵立体花　　　　　　　233

繁复来袭　　　　　　　　　　236

"波点装"溯古　　　　　　　239

服色又艳为哪般？　　　　　　242

艺谈奢华　　　　　　　　　　245

戏说情侣装　　　　　　　　　248

古人亦有休闲服　　　　　　　252

短袖衫前身——半臂　　　　　255

飘起来的夏装　　　　　　　　258

"骑士"再来已混搭　　　　　261

古童装里讲究多　　　　　　　264

永远的蕾丝　　　　　　　　　267

"围脖"与围脖儿　　　　　　270

少就新潮？　　　　　　　　　273

眼镜大—小—大　　　　　　　276

遥远的套头衫　　　　　　　　279

贴身之衣承载情意　　　　　　282

斗篷？斗篷式？　　　　　　　285

移动的雕塑与建筑　　　　　　288

婚服变脸儿　　　　　　　　　291

目 录

再谈婚服变脸儿	294
百变牛仔装	297
时装与迷彩相叠	300
帝王的时尚情结	303
想起当年军品热	306
羽毛装的过去时	309
兽纹衣的神话版	312
波希米亚风又来	315
发式总是轮回的	318
过膝长靴源自男装	321
军服也时尚	324
时代设计职业装	327
大花又来说印染	330
闪闪发光，人们最爱	333
谁穿了谁的"马甲"？	336
戎装有阳刚也有阴柔	339
犊鼻裈 　　——"超人"短裤	342
"防水台"与花盆底儿	345
从奥运想到文身	348
历久弥新，英伦格纹	350
游牧风是城市人的梦	354

服饰与养生　服饰养生先养心（上）　358

	服饰养生先养心（下）	360
	服饰养生选款式	362
	服饰养生尊天意	364
	服饰养生选材质（上）	366
	服饰养生选材质（下）	368
	服饰养生重染色	370
	服饰养生看个性	372
	服饰养生养自我	374
	服饰养生要真我	376
津沽生态服饰	那一声"芭兰花儿戴呀！"	380
	晶莹剔透的韭菜项链	382
	蟹爪做成的小燕子	384
	凤仙花红染指甲	386
	20世纪末的古渔阳生态服饰	388

华说·华服

APEC 服装传递的信息

当今社会，人们非常关注各国元首在国际场合的着装，有时还包括元首夫人的服饰形象。因为，这时的服饰已不仅仅是衣着，更重要的是显示多重文化信息。如在北京召开的亚太经合组织（APEC）第二十二次领导人非正式会议，其整体服饰风貌表明了许多深层次的文化含义。

根据 APEC 传统，与会领导人在晚宴时，要由东道主统一安排服装。这已形成了一个规则，在哪个国家或地区开会，就会显示出那个国家或地区的传统服饰形象以及政治态度。由此，不仅主办方的文化特色得以在显要位置上体现出来，同时还显得合作气氛很温馨。别管这些领导人都各自有什么心思，但表面上是一派其乐融融的样子。

2014 年北京 APEC 会议，中国为大家准备的是一套富有中国文化元素的服装，立领、对襟、盘扣。与 2001 年上海 APEC 服装相比，显然成熟了许多，也上了好几个档次。13 年前就用了立领、对襟、盘扣袄，但那时面料颜色为大红、大绿、艳蓝，强调的是淳朴、火爆，乡土气很浓，而这次却是深紫色、深红色、深蓝色，显得很稳重，很高雅。韩国和智利两位女总统的服装颜色鲜艳一些，朴槿惠选的是粉红色，巴切莱特选的是湖蓝色。这样一来，从颜色上有区别，自然显示在合影上，间接反映的是挑选余地大，进而说明包容性大，暗示着经济实力的雄厚。

立领、对襟、盘扣、不上肩的衣袖是中国清代满族服装的遗韵。后来人们常说的中式袄，其实已是清末以至 20 世纪三四十年代的服装了。由于各国服装中没有这几个元素相对集中的款式，因而也就被世界上公认为是中式的。想当年，普京、小布什穿的这种红红绿绿的对襟袄，也着实在中国火了好一阵。当时还未加入世界贸易组织（WTO）的中国，觉得这已经在强调中国的存在了，广大中国人民也无比自豪，认为各经济体政要穿上中华民族的本土服装，那简直是太给中国人提气了。当年的我们，尚嫌幼稚。

有外国媒体分析，2001年的中国想进入"屋子"（指WTO），而2014年的中国却是站在舞台中央了。从服装上也可以看出来，2014年的APEC服装不强调耀眼，却在细节上下功夫。如对襟之上，有的是一溜儿盘扣，有的仅在领口有一对儿，不过多炫耀自己的民族特色，说明我们在不断强大，犹如海纳百川的气魄。这次会议的中心思想就是"上善若水，同舟共济"。透过含蓄的服装款式，说明我们的整体高度提升了，我们有决心有信心有实力与各国团结互助，共铸美好。有底气的国家或个人总不急于表现自己，这是社会心理学的一个普遍规律。

2014年APEC服装面料考究厚重，用了贵重的提花万字纹宋锦，尤为明显的是，装饰着中国古代官服下摆的"海水疆牙"，也叫"江牙海水"。如今一些媒体刊文写成"海水江崖"，看上去好像没错，实际上没那么简单，不是有水有石，就是海水与江崖。"江"和"崖"有联想的成分。真正说起来，这种传统吉祥图案，是以斜纹和水波纹组成的，海水上立尖形山石，名为"疆牙"，有"一统山河""万世升平"的寓意。明代时，民间服装上就有使用。《金瓶梅词话》第五十一回中有"一方银红绫绡江牙海水嵌八宝汗巾儿"的说法，当时还没有那么高级。清代开始用

清代传世礼服上的海水疆牙（王鹤摄）

于官宦礼仪袍服的下摆。《红楼梦》第十五回写道:"北静王世荣头上戴着净白簪缨银翅王帽,穿着江牙海水五爪龙白蟒袍,系着碧玉红鞓带。"现今,人们能够看到的"海水疆牙"图案,主要在传统京剧的皇帝与官员袍服上。2014年APEC服装饰有这种图案,一下子就使我想起唐诗中"万国衣冠拜冕旒"的诗句,很气派的。

我们注意到,2014年APEC领导人的对襟袄外,还有一件对襟无纽襻的衣服。大家一时不知,是套上一件还是假两件。据服装设计小组成员说,这种造型构思源于中国的背子,也可称为"褙子"。背子即是对襟无纽,而且前襟不是紧紧对上,显得很随意。无领,两侧衣衩可长可短,长的能一直到腋下,短的几寸,也可根本无衩。这种背子在宋代时男女皆穿,官员燕居时也可穿着,传世的《调琴图》(也称《听琴图》)中

宋·赵佶《调琴图》

有一中年男子正在抚琴,他就穿着背子。真正的背子很长,一般长至膝下或踝间,该画被认为是宋徽宗的自画像,如果成立的话,便可以证明皇帝下了班也穿背子。明代以后,男子主要为大襟长衫,背子则多为女性所服了。背子应是具有中国特色的服装款式,只不过这次APEC服装设计是将其缩短为上衣,保留了一些诸如对襟、连肩袖等文化元素。整体看来,大气倒是显示出来了,就是两层衣服同一颜色和面料,看上去有些缺少变化。如若没有那枚别在胸前的浅色金属质纪念章,就显得过于单调了。

依我的职业眼光来看,2014年APEC服装强调的是大气、贵气,一种寓于平和中的自信。不仅领导人服装水平明显高于2001年的APEC服装,同时表演人员服饰也多为金色和大红,高贵、明亮,凸现宫廷氛围,

一种敢于广收博采的气度与襟怀，也通过服装显露出来。

据有关人士记述，这次会议的细枝末节也毫不疏忽，请柬、签字笔等都以中国书法、中国颜色和中国工艺提供给与会人员。确实，这些不是孤立存在的，请柬和签字笔等都可以起到服装随件的作用。APEC服装相当于一个展示，一个宣言，告诉世界人民，这是中国！

国服：唐装？汉服？新中装？

随着改革开放的不断深入，特别是网络媒体的普及，中国人越来越迫切地希望拥有一款国服，也就是能代表中国文化形象的服装，如20世纪上半叶的中山装和改良旗袍。

于是，从90年代就流行起"唐装"。所谓唐装，不是唐代人的服装。只不过因为唐代时中国地位高，唐人之称部分地取代了中国人的称谓，衍生出诸如唐草（卷草）、唐人等特有的名词。如此说来，唐装就是中国人自己认为具有中国特色的服装，外国人也认可。实际上，这种服装是清代末年至20世纪中叶人们惯穿的样式。

立领，真正的满族服装没有领子，官员在领口内加一个形如牛舌头样儿的领衣，女眷们则是在屋里屋外都系上一条小围巾，百姓们就露着脖子。清代以来由于满汉服装的融合，才出现这种立领。它区别于西式服装，故而被认为是中国独有的。

盘扣，原称疙瘩襻儿。50年代时，妇女自做大襟、对襟衣，打疙瘩襻儿是女红的一个重要内容。疙瘩襻儿是满族服装特色，明代及以前汉族服装系结方式主要靠丝带。

1997年香港回归。1998年农历大年初一，董建华身穿圆光缎面对襟立领疙瘩襻儿棉袄出现在公众场合，一时间令全世界华人为之动容。大家一致觉得这就是中国形象。2001年上海亚太经合组织（APEC）第九次领导人非正式会议为各经济体领导人准备的服装即为这种款式，随之为电视主持人穿用，并很快遍及庶野，这便是红极一时的唐装。

21世纪初，国内大学生们纷纷倡导"汉服"，认为大襟交领长袍加腰

汉代曲裾绵袍
（湖南长沙马王堆一号墓出土）

间束带，头上再戴一个幞头，这才是正式的本原的中国服装。这股汉服热缓慢地席卷神州，近年来已呈愈益火爆之势。国学热大盛，更是催熟了汉服形式。儒家风格的开笔式、成年礼，连几岁的娃娃也穿上了这种在戏台上留存多年的服装。2009年，《人民日报·海外版》约我一篇整版的文章，我当时的题目是《汉服堪当中国人的国服吗？》，提出"汉服"之"汉"，在历史上有两解，一是汉族，一是汉代，用法不尽相同。以这种长袍或长衫做国服，难免有大汉族之嫌。

2014年北京APEC会议，服装设计者又把为各经济体领导人提供的服装叫作"新中装"。听起来主观性较强，这或许只能说是设计者的初衷。能不能成为国服，应该说还相距甚远。清末的对襟衣再加上宋明的背子，就能说是国服吗？设计者感到其中注入许多中国文化元素，但我听周围人议论，都把外面那件剪短了衣身的背子叫坎肩。听来好笑，却也不无道理。看起来，设计者的"阳春白雪"要想得到广大民众的理解，还要走很长的路。

国服如何确立？我们还要放眼世界去进行一些比较和思考……

中国当代国服为何难立？

有人说，日本有和服，韩国有韩裙，印度有纱丽，越南有奥黛，东南亚有纱笼，我们的国服什么样？如果再具体到式样和材质，苏格兰的方格裙、荷兰的木鞋，甚至斐济都有受印度影响而形成的本国服装，即尖角下摆的筒裙——苏鲁，我们这一泱泱大国，为什么没有自己的国服。

我研究服饰文化三十余年，也曾这样百思不得其解。待我去了多个国家之后，才发现问题远非这么简单。

以日本为例。日本是岛国，面积只有37.8万平方千米，山地约占全国面积的76%，最高的富士山海拔3776米，平原只分布在沿海或大河下游地区。日本学者秋山光和描述大和民族时说，在日本原始时期的各部落中，有一个家族在大和（现奈良）南部建立起来，从3世纪一直扩大其权势，5世纪时统治了主岛本洲的大部分，从而占有了绝对势力。现今日本有一亿多人口，绝大部分为大和民族，只有少数阿伊努人。日本历史也短，中国魏晋南北朝时期（4—7世纪），日本才是古坟时代，仅比弥生时代即金石并用时代进化了一步。

明·张路《听琴图》

而中国，两万余年前的项饰在北京周口店被发现，除了兽牙、贝壳、鸟骨管、砾石经穿孔以外，孔壁还残留了赤铁矿粉的遗痕，说明祈福辟邪等文化意识已经相当成熟。中国服装制度在西周时建立，《周礼》《仪礼》《礼记》中有详细的记载。魏晋南北朝时，服饰文化已经多元发展了，史书中还记录了很多周边国家的服饰状况，倭人当时正穿着原始社会的贯口衫。

中国民族众多，且有多个政权由少数民族执掌。不算北朝十六国等，就基本统一全国的政权来说，也有辽、金、元、清。这怎么可能像日本那样一直延续一种和服呢？日本的单一民族服饰如果想换个样儿，不还是和服吗？富士山在日本是标志，可要到了中国，那三山五岳加珠穆朗玛峰（海拔8844.43米），数不尽的名山大川，以哪个为代表呢？

也许有人会说，印度不也历史悠久，民族众多吗，他们为什么能保持传统的纱丽？这要从几个方面来看：一是印度的自然环境不那么复杂，大部分属热带季风气候。二是一半以上人为印度斯坦人，而且全国83%的人信奉印度教。三是16世纪起为西方殖民地，1600—1849年又被英国占领全境。因此，别管从地理上还是信仰上都相对一致，占领者也是从好远的地方来，不像中国这样，几个民族轮流坐天下。再说，20世纪下半叶以来，

明代士人圆领大袖衫（江苏扬州出土）

印度较中国发展慢，现代化除软件行业外也没有那么普及，纱丽也就保留下来了。

当然，中国需要国服，近现代时有中山装和改良旗袍，那么当代要不要确定呢？说着说着，或许又到下一次 APEC 会议在中国召开了，设计师们肯定又搞出一套最新中式装……

中国古代尚黄金吗？
——今日时尚对古人的误解

本来我现在不爱针对某些错误说法提出正确事实了，因为"众论"已经铺天盖地。但是，由于近年时尚界尚黄金色，结果许多人引经据典说中国古代就尚黄金，并能说出一二三。

说得太具体了，必然露出破绽，比如说金色代表神权地位，说皇帝专用的明黄色就是金黄色，还说中国的五色论，黄色雄踞正中央，就因为黄金的稀有与珍贵，还将五方论里居中间的称为"黄帝"……这就大错特错了。

首先说，皇帝穿黄袍从汉代开始，而"服黄有禁自唐始"，史书中记载是"洛阳尉柳延服黄衣夜行，被部人所殴，故一律不得服黄"，从此只许皇帝服正黄色。请注意，这里所说的黄，不是黄金色。黄居五方之中是因为属土，金、木、水、火、土，金是白色。汉代皇帝穿袍，是根据邹衍的五行学说来确定的。《吕氏春秋·八览·应同》中有一段话，将邹子的思想做了进一步的阐发。大意是说历史上每一王朝的出现与衰败都是五行相互作用的结果，如唐虞为土德，夏胜而为木德，商克夏为金德，周克商为火德。《史记·封禅书》中记载秦朝时，就因秦克周立为水德。因此，秦得水德而尚黑。在此基础上，才推出汉灭秦而尚黄，即得土德，与黄金无关。所谓东青龙，属木，青色；西白虎，属金，白色；南朱雀，属火，赤色；北玄武，属水，黑色；中为土，黄色。如果五色与五时衣相配，则青为春，赤为夏，黄为季夏，白为秋，黑为冬。这里根本没有黄金色。

如果说黄金代表高贵，也不尽然。虽然明代皇帝有黄金翼善冠在定

明·佚名《明宣宗坐像》

陵出土，唐以后官员腰带上标明品级的铐片确实一至三品用金玉，但更多的时候，相对于白银而言黄金显得高贵，即金比银高，银比铜高，铜比铁高。不过，尽管这样，金的地位仍高不过玉。还以官员腰带来说，文武三品以上服紫，金玉带十三铐，四品服深绯，金带十一铐……。从称之为古代的中国封建社会最后一个王朝，清代的吉服冠顶质材上，也可以看出中国古人标识高低的阶别，如皇帝冠顶为一颗大珍珠，皇子亲王等为红宝石，文武一品官员等为珊瑚，二品等为镂花珊瑚，三品等为蓝宝石，四品等为青金石，五品等为水晶，六品等为砗磲，七品等为素金，八品等用镂花阴文金顶，九品等用镂花阳文金顶，未入仕途的举人为银座素金顶，监士、生员等为素银顶，外郎耆老等用锡顶。这就已经十分清楚了。

至于说元代崇尚加金织物"纳石失"，那主要是体现富有，而不一定是高贵。所谓"金文"，是青铜礼器上的铭文；而"黄沙百战穿金甲"是说金属质，一般为铁甲；"蹙金孔雀银麒麟"是讽刺杨贵妃及其姐妹在服饰上的奢华；武则天的"丈八大鼎"就因要鎏金而遭到群臣的彻底反对，认为距天地之质朴太远。再上升到学术高度，儒、道、墨、法各家都有各自的哲学观点，但在衣饰美的标准上求同存异，基本认同"好质而恶饰"。宋代宫廷索性在城门外"焚金饰"，以杜绝滥用黄金。

如果说今日时装界崇尚黄金色，可以列出许多产生背景和灵感来源，最好别从中国古人那去强拉硬拽。

过年服饰的心理历程

很遥远很遥远以前，人类有了部落生活，由此便有了节日。而历法的产生，无疑将其列入一种范式。凡掀过一年又迎来一年之际，各种活动就显得至关重要。过好了就预示着来年的幸福，有个闪失则唯恐给新的一年带来不顺。服饰最显眼又人人穿戴，于是服饰就被注入寓意。换新衣新鞋意味着丢掉去年的不悦，完全以一个新的精神面貌迎来天地间一缕新的阳光。

中国人讲究天干地支，十二生肖，这又给严格的历法带来活泼的形象。人们在盼着新的一年到来时，还迎来一个新的动物生灵。如京津一带老年妇女除夕时戴的红绒绢花聚宝盆，就因为每年生肖不同而给人以新鲜感。大红或粉红色绒绢花，作为服饰中的头花，给人带来年意，与吊钱、春联等红成一片。就连年画上的戏剧人物、娃娃美人都衣着鲜艳，为的是显示吉祥。

华北一带"聚宝盆"形红绒花（华梅藏）

农业社会经济中的人，最爱过农历新年，即中国人的大年。首先因农闲时有充裕的时间来准备，同时又有足够的精力去享用。过去男人要练鼓会、踩高跷，舞动红绸带。为了便于远处人看，一般这种广场活动的表演人员都要浓妆艳抹。男人扮女人，无论踩高跷还是跑旱船，衣服一定要大红大绿，以其高饱和度高明度给人视觉神经带来兴奋。女人离年远时，做全家老少的新衣新鞋；离年近时，放下针线，一门心思去做吃的了。我小时候即20世纪50年代，天津市中心的女主人们也要忙新衣，只不过有棉袄还有毛衣。我上面有两个兄长，仅我一个女孩。每年，爸爸早早地就买来一斤红毛线，妈妈一针针给我织一身红毛衣毛裤，妈妈还用卷卷的白羊羔皮给我的红绸面棉袄绲边，然后自己盘扣儿，顶端是一个镂空的黄铜球，那是一番心思，静静的，寄托着爱……

不像现在，尤其是一线城市里的人平日里忙得马不停蹄，春节只是一个信号，象征着七天假，提前订票去旅游，看看老人，大吃大喝，哪有时间做衣服？昨见报载，人们还是想过年给孩子买件新衣服，但是已趋向于国际名牌。这就等于说，买件新衣是残存的年味儿，可是一连串英文字母已离中国传统年节相去甚远了。

不想怀旧，也不想憧憬，信息社会的过年服饰或许就应是这样，谁知大数据时代，除了3D打印（三维打印）之外，还会有什么呢？

别管穿什么，过年总是好的，愿明年更比今年好。

唐代女服不全是袒胸

人们一说起唐代女服，首先想到的就是开放与艳丽。实际上，唐女服装的真正特色在于有多种款式，流行周期很短，尤为突出的是讲究衣服、发型、面妆的配套。

唐女服饰的组合形式主要有三种：

一是襦裙装，这是中原女性的传统穿着式样。上为仅及腰间的短襦，下为提到腋下的长裙，穿时裙在襦外。襦裙装对朝鲜半岛影响很大，只是朝鲜族人将短襦放在长裙外。唐女上衣有多种领型，袒领仅为其中一种，而且领口不大。襦或衫外可罩短袖半臂，还有披在肩上的帔子和搭在两臂的长长的披帛，即人们俗称的"飘带"。

穿襦裙装时，发型曾有半翻髻、反绾髻、惊鸿髻等数十种，上面插满头饰。面妆更是多样，从众多诗句和当年画作中，可以归纳出一般样式，如额上画"鸦黄"，两边太阳穴处画"斜红"，双眉之间有贴上或画上的"花钿"。白居易《长恨歌》中写马嵬坡"宛转蛾眉马前死"时说："花钿委地无人收，翠翘金雀玉搔头"，记录的就是杨贵妃的生前装束。

唐女为了跟上流行时尚，往往将真眉毛拔掉，用铅粉或米粉涂抹面部，或者覆盖住嘴唇，这样就可以随潮流化妆了。《佩文韵府》引《海录碎事》中记载唐玄宗曾命画工画十眉图。如今在唐画中可见到多种眉式，如周昉《簪花仕女图》中的桂叶眉和《纨扇仕女图》中的八字眉等。唇型也可以根据流行样式即时更改，更有唐代特色的是在面颊上点出各种花样，小鸟、月亮、花朵等应有尽有。总之，唐女妆饰既可以如元稹《恨妆成》"敷粉贵重重，施朱怜冉冉"，也可以如《新唐书·五行志》"不施朱粉，惟以乌膏注唇"。

唐女的另外两种服饰配套是胡服和男装。胡服指西北少数民族服饰，这显然是丝绸之路自汉至唐结出的硕果。加之唐人广收博采，女性头戴浑脱帽，身穿翻领袍，长裤配小靴曾广为流行。女着男装则是唐人无视儒家说教的典型风格，因为《礼记·内则》中明确指出"男女不通衣裳"，甚至夫妻不能共用一个浴室和衣架，妻子也不能将自己的衣服放到丈夫的衣箱里……可在唐代，太平公主紫衫、玉带、皂罗折上巾，全身男装，带环上还佩着武将饰品，歌舞于高宗与武后面前。

唐三百年，女装一直在变。唐初至唐玄宗开元年间，人们衣袖窄小，且胡服盛行。自开元进入盛唐以来，崇尚丰腴，衣袖渐大，裙身多幅。"安史之乱"以后，女服越来越讲求肥阔。

新疆吐鲁番阿斯塔那唐墓出土绢画

有一幅原嵌在屏风上的绢画，上画人物似为舞伎，出土于新疆吐鲁番阿斯塔那唐墓。同时出土的还有武周长安二年（702年）的墓志，年代可谓确凿。这一穿襦裙、半臂加帔子或披帛的女性服饰形象，应是当年的襦裙一款。

牡丹花开，富贵吉祥

中国传统服装上常有牡丹纹，有人问我：牡丹算是中国国花吗？要说选了几次国花，牡丹得票确实比较集中。之所以能够得到大多数人的认可，就因为牡丹在历史上既被统治阶层认可，又为广大民众所欢迎。统治者认为牡丹富贵、鲜艳、饱满，显示着国泰民安。这一点，是山间小花难比的。而民众也有一种向往，希望年年有余粮，岁岁都平安，所以牡丹那种圆乎乎的大朵花，寓示富裕且火爆的样儿特别招人爱。最重要的是牡丹不像龙、凤那样为皇家所独有，龙归天子代表帝王形象，凤在民间除女子结婚那天被破例用一次外，平时不能随便用。

牡丹纹样（王家斌绘）

牡丹却不然，皇家喜欢但也未禁止民间在服饰上使用。皇家与牡丹的传说，听起来也很有趣。如唐人爱牡丹，玄宗曾于宫中为赏双头牡丹而大宴群臣。有一次杨贵妃一高兴，将红色的唇膏抹在牡丹花瓣上，没想到转年牡丹花开时，竟然每一个花瓣上都有一条红道，遂得名"一捻红"。如此听来，这"国色天香"好像很会谄媚，其实牡丹也有傲骨。传说武则天曾在冬日令园中百花一夜盛开，可是第二天武则天来到园中一看，唯独牡丹没开。武则天一怒之下，将牡丹贬到洛阳，却未想结果是造成"洛阳牡丹冠天下"的盛况盛景。

长期以来，人们不仅将牡丹花绣在衣服上，同时还做成绢制牡丹戴在头上，从唐人周昉的《簪花仕女图》到清代满族妇女的达拉翅，很多都装饰着大朵的牡丹。华北农村的大花被面，就是印的翠绿叶衬着红牡丹。改革开放后，人们设计时装时，总爱将这大红大绿的牡丹花被面用在衣服前襟、袖口，或索性做条瘦腿裤。以最民俗的配上最前沿的，很是时兴了一阵儿。

中国南北朝时，忍冬纹等具有佛教含义的图案大量出现在织物上，莲花与其他花瓣合成的佛教宝相花也传入中国。依据中国人的传统审美习惯，遂以莲花与牡丹结合，使得宝相花既超凡脱俗，又端庄大气。总之牡丹在服饰上的应用之所以持久且广泛，正因为它特有的宽厚与包容。相比之下，梅兰竹菊有些太文人气了，因而也就多了一些局限。

每逢中国年节，牡丹形绒绢花和牡丹图案常会出现在人们的服装上，这就是中国文化元素。

从文化高度看"秋裤"现象

忽然间,纷纷扬扬,有关穿秋裤是老土、不穿秋裤才时髦的信息宛如雪片般飞来,瞬时铺天盖地。这场暴风雪说不上严酷,其中倒有些戏谑的味道。从舞台到网络,再到纸媒,人们被罩在雪片之中,不知是该迎上前去,还是顺势躲一躲才好。

主持人问上台领奖嘉宾,你穿秋裤了吗?嘉宾大笑未作答。网上人们推测他一定穿秋裤了,答出来未免尴尬,如果没穿,岂不早就大义凛然了。因为近来有一种说法,只有中国人穿秋裤,外国人都不穿。由此得出的结论是,中国人太落伍了,进而引申出中国人爱吃蔬菜身体弱,外国人爱吃肉所以不怕冷,云云。

实际上,问题远非这么简单。这是一种社会思潮,反映出来的是同胞们在国际化进程中必然会产生的纠结心理,当然仅限定在一定的城市或环境之中。

起因好像是"有一种思念叫望穿秋水,有一种寒冷叫忘穿秋裤"。秋裤引起人们兴趣,时不时被人找把乐儿。按理说,秋裤并不算厚。我小时候即20世纪50年代,人们都穿棉裤;70年代有较厚的绒裤;80年代以后才普遍穿秋裤加毛裤,90年代已有各种品牌的保暖裤了。中国北方的冬天,如若没有足够热的暖气暖风和出门乘汽车,别说不穿秋裤,恐怕只穿秋裤都不行。问一问建筑工地和菜市场的工作人员,秋裤过冬很难,肯定得穿上尼龙保暖裤或棉裤。2014年还有山东朋友要给我做件两条秋裤中间夹喷胶棉的裤子,被我婉拒了。原因很简单,太热!她说这在她们那儿很时兴的。

如此说来，不穿秋裤可以是时髦，穿两条秋裤也可以是时髦。在一定工作层面和社交圈子的人，才会有一定时间段的"美"。例如现在讲究男人单裤片、女人单丝袜过冬，这在大城市里是最美的。而社会的人在时尚美面前又总是不顾及生理健康去崇尚并追求社会美，无怨无悔。要不，怎么会有充分体现女性美其实并不舒适的高跟鞋呢？西方历史上女性讲究细腰，由此女人们拼命束腰，以致紧身胸衣上安装插销。后人解剖这些细腰女子的遗体时，竟发现脏腑都变形了。中国人的缠足不也是吗？我们不必去评论这种审美观及其行为的是与非，可以肯定的是，"美丽冻人"已经是代价最小的了。

有人说，外国人不怕冷，是这样吗？为什么？2004年11月，我去日本讲学，同去的几个年轻女教师就穿着短裙、丝袜、长筒靴。在奈良、大阪、京都、东京的街道上，显得很有国际范儿，比日本女孩帅气。但说实在话，那儿的天气确实不太冷，就和上海差不多。2006年12月，我去法国讲学，看法、德、意几国的老年女性也在冬日穿裙。记得有一天在罗浮宫门前，天空飘着雨夹雪，当地上了年纪的女游客们仅穿一层薄丝袜，西装套裙，冒着严寒走来。当时的感觉有些寒加湿，可是绝没有寒彻入骨的凛冽。我看到她们也冷，也蜷缩着，但不致冻僵。枯黄的梧桐叶子落在碧绿的草地上，这就是当地的真实天气状况。美国华盛顿、纽约比起同纬度的北京来说，要暖和许多，主要是受海洋性气候影响。

海风不同于大陆的风，冷时不太冷，热时也不太热。2008年5月我去新西兰讲学时，顺访澳大利亚。我因职业习惯注意到两个结伴而行的年轻姑娘。她们一人穿着高筒黑皮靴，一人光脚穿着人字带拖鞋，太典型了，这就是自然状况在服饰上的绝妙体现。英国旅游家罗伯特·路威在《文明与野蛮》中写道："如在中央澳洲，天气在冰点以下好几度，那些土人们满不理会，他们很可以拿袋鼠的皮来做衣服，可是他们不干。"接着说："倘若中央澳洲的天气有南极那么冷，哪个部族能发明西伯利亚式的皮衣服，那个部族便可以生存，其余的全得死亡。"

当然也有人说，俄罗斯不是很冷吗？怎么女性也是冬裙装束呢？这里情况就复杂了。一是习惯使然。据说哥伦布登上新大陆时，发现原住民衣装很少地立于寒风中，他让船上人将所带的红布发给原住民，让他们做衣服穿。却未想，他们将布撕成一条条系扎在身上，好像是为了祈福辟邪，没有御寒的意思。达尔文等生物学家和人类学家，也从海地和火地岛人不怕寒冷、不穿或少穿衣服的文化上受到启发。二则，俄罗斯女性虽然冬日仍着裙装，但她们的袜子是毛织的。有人说针织衣服就是由俄罗斯传到中国的。实际上早在中国江陵马山战国墓中即已发现带状单面纬编两色提花丝针织物，是迄今发现最早的手工针织品，至于起源则应更早。机器针织始于1589年，英国人W. 李创制了第一台手摇针织机。中国第一家汗衫针织厂，1896年创建于上海。从20世纪70年代起，世界上的针织产品生产率大为提高，针织衣裤、袜得以普及。

中国人对于季节非常在乎，无论是诗词、绘画、医学、养生乃至服装，总有春夏秋冬之分，因而也就多了许多诗意。想起脍炙人口的《生查子》词中"不见去年人，泪湿春衫袖"，也就不难理解中国人所称的秋衣秋裤了。同样的针织裤在美国、加拿大等国被称作"紧身裤""保暖裤""瑜伽裤""运动裤"。虽然当今都是以纯棉、聚酯纤维与其他材质混纺而成，可是到了中国才有秋裤之说。德国将此称为长内裤，近年来耐克和阿迪达斯生产的这类裤越来越轻软，销售量明显提升。

如果穿秋裤是老土，那么古代人天冷时穿什么下装呢？中国西北游牧民族穿兽皮裤；东北的赫哲人穿鱼皮裤；中原人穿丝绵为絮的绵裤和有里有面的夹裤，后穿棉裤。西欧男人穿毛呢料长筒袜配短裤，女性则在落地长裙中穿毛呢料长筒袜。简言之，不太冷时穿不穿均可，太冷时恐怕就顾不上许多了。

说起来，中国人为什么看不上秋裤呢？主要是因为刚一改革开放时，有些女性就在粉红色秋裤外穿一条裙子，实在有碍观瞻。有人又在肉色秋裤外穿一双薄丝袜，不伦不类。而且因为秋裤不熨帖，形成凸棱，看上去好似烫皱了皮……如今，要是穿一条原本贴身的秋裤，再加上短裙和长靴，确实不好看，也不对劲儿。若是穿一条深色厚天鹅绒连裤袜，或是紧身裤配短裙长靴，谁还会说什么呢？

问题不在秋裤，小处说是服饰搭配，大处说是国民自信，放开说牵涉服饰社会学和服饰心理学，聚焦说只是中国人的一种幽默。因此不必太钻牛角尖。它只是从一个话题反映出信息社会人们的一过性心态。这种"一过性"是时尚的标志。

戏剧服装变革中

自中国第七届京剧节开始，各剧种的舞台布景和戏装都发生了很明显的变革。只是，这次不同于革命样板戏，内容还是以古代为主，因此还是帝王将相，才子佳人，谓之新编历史剧。变化最大的是戏装越来越接近古画等史料上的形象了，好像越来越强调真实，减弱了戏剧服装的程式化倾向。别说好也别说不好，褒贬都没有用，或许总不变又显得太没新意了。于是，就变成这样，显然不成熟。

先说袍服，京剧服装的这一类，主要是各种蟒、官衣和帔，还有表示便服的褶（xí）子。原来有许多讲究，分角色穿用，还要与帽靴相配。现在改成合体的，袖子窄了，水袖短了或干脆取消。春秋时期伍子胥和申包胥都穿戴着汉画像砖上的三梁、五梁冠和袍服，三国时期曹操和杨修也穿

天津杨柳青年画《狄青招亲》中体现的戏剧服饰

着宛如深衣的合身袍子，很短，按规矩应长及脚面。可是新式袍下摆处露出的白色纱质衬袍还遮不住脚踝。我看着又熟悉又陌生。熟悉的是它确实近似壁画和画像砖；陌生的是，下面一双刷白了靴底的厚底靴无法与其相配。厚底靴也称高方靴，底一般厚二至四寸，刷白色，是经过艺术加工的官靴，与蟒、靠、官衣、氅等夸张的戏装相配，以衬托角色的庄重威严。有些官员袍身短，如《小上坟》中的刘禄景，他虽为官吏，但是丑角。他的袍短，靴底也薄，术语叫朝方靴，一般底厚寸许。他的这身行头，一则表明是文丑，二则也易于大幅度的舞蹈动作，所以感觉不出袍子短。曹操穿上就有点不对劲儿了。

  与袍服相配的还有玉带，戏装玉带是一个松松地两侧固定在腰间的大圆圈。总有人问我，古代真是这样吗？当然不，舞台上是为了表演，起到一种装饰作用。官吏两手握住那硬质圆圈，确实威风不少。如今变成系腰的腰带了，真实倒是真实，只是那特有的造型效果不复存在了。实际上，原用的玉带有真实的成分，如带面上镶有圆形或方形的硬片，片上嵌有玉石装饰，名为品片，而真实的叫"銙"，根据品级有金、银、铜等区分。

  传统戏装中有专门的士兵衣，如《雁荡山》中，义军将领孟海公与隋雁荡山守将贺天龙双方，一方穿紫色绣边护心衣裤，一方穿黑色轱辘钱图案衣裤，外罩护心绿色卒坎。双方能分清，又显得色彩丰富。卒坎也多样，有正穿、斜穿之分。在《失街亭》中，蜀兵穿红色，魏兵穿绿色。《两将军》中，马超的兵白卒坎，张飞的兵黑卒坎，随主将，装饰性很强。新编的几出戏中，士兵都穿着类似秦始皇陵兵马俑的铠甲，只是这里用深色布料，再用浅色粗线缝出方格，好像甲片，倒也新鲜。中国戏装一变，就不限于京剧了，评剧、黄梅戏的铠甲都成了秦兵马俑。

  当然，戏装的变革也不是孤立存在的，现在这偌大的舞台确实也难以一桌两椅来充满，于是在特大的背景下有一两层大台阶，便于站两三排人。台阶前还摆上一个实物背景，如《春秋二胥》摆一架古战车，《康熙大帝》摆一门大炮。除了还有京剧唱腔外，看戏人总觉得在看话剧，或称舞台剧。幸亏有的椅子还有点"座高背低"的京剧范儿，否则就容易让人想起在沙发上的陈白露了。

传统的中国戏剧服装主要以明代服装为主，而明代又以唐宋服装为主。清代初年，明遗臣金之俊经明总督洪承畴同意，曾与清廷有一个不成文的协议，即"十从十不从"。其中的"娼妓从而优伶不从"，使戏剧服装未受满族统治的影响。京剧服装讲究程式化，有一种指定性。就说蟒的颜色，明黄为帝王所用，别管是《苏武牧羊》里的汉昭帝，还是《望儿楼》里的李渊，或是《打龙袍》里的宋仁宗，一直到朱棣、朱厚照都可以用，不分朝代，不做逼真的历史考证。深黄、杏黄为太子、亲王，如《杨家将》中的八贤王。红色为地位较高的王侯、宰相、钦差、驸马所用。以上这些有史实为基础，但又不拘泥于某一个具体的历史人物。评剧《屈原》，执意将屈原塑造成一个"真实"的人物形象，看上去反而觉得唱腔多余了。

话又说回来，戏剧服装也确实需要变革，大家承认并欣然接受的就有一种叫作"古装衣"的戏服，是京剧艺术大师梅兰芳先生根据古画中侍女装重新设计的，用在《天女散花》等戏里，还梳上古装头，属改良服装。传统戏剧服装虽有诸多高超之处，但肯定不会永久不变，关键在于怎么变。抛弃程式化？突出个性形象？有几出戏里的老生不戴髯口了，直接将胡子粘在鼻唇上下。这里有个问题，戏剧是艺术，艺术本应该高于生活，而且有自己独特的"语言"，过分注重真实，反而失去了戏装原有的魅力。倘若各剧种戏装都求一致，会不会又重蹈商场、学校千人一面的覆辙呢？但愿越变越好。

正月服饰,那缕诗情

中国人最看重农历新年,年前忙着做衣做饭搞卫生,所以腊月基本上属于劳动态。即使记着糖瓜祭灶,人们也顾不上或者说舍不得穿新衣。只有到了除夕,才想着给孩子们换上新做或新买的漂亮衣服,任凭他们去打灯笼、放爆竹……

天津杨柳青年画《金童玉女满堂欢》

大年初一,当人们互相拜年时就要讲求服饰形象了,谁还会蓬头垢面呢。别说穷富,别说心气儿好坏,也别说时代变了,正月里好歹也要穿得干净点儿。不用说给谁看,自己还要图个新年新气象了。

作为以农业经济为主的中国古代乃至近现代,"正月里来正月正",不仅仅是"看花灯",这是一个充分体现年味儿的时段,尽情地打扮,尽情地娱乐。只是,由于中国地域广阔,民族众多,民俗传承不同,气温也不一样,因而服饰也就名副其实地丰富多彩了。

宋代诗人范成大是江苏苏州人,他写到当地"打灰堆"的年俗,是在"除夕将阑晓星烂"的时候:"野茧可缲麦两岐,短䄂换着长衫衣。"这说明年前劳动时穿短衣,过年换上较为正式的长衣服了。清代顾禄《清嘉录》里也写到了这种旧俗,其意在除旧迎新。

明代彭孙贻是浙江海宁人,他说吴人以新正二日之夕为小年夜,新正三日为小年朝。这与北方不同,京津一带称腊月二十三为小年,而正月初二就要回娘家了。彭孙贻《小年夜词》:"今年今日倚春娇,梳得云鬟懒上翘。斜插柏枝花一朵,旁人说是小年朝。"柏枝花好像北方人没有戴在头上的,倒是北欧和西欧人在圣诞节时爱用柏枝作为头饰,一下子与圣诞树混为一体了。另一首:"宜春彩胜学人描,新样裁成小步摇。向晚琐窗增兽炭,博山炉小火微烧。"这是何等的情趣啊,今天听着都充满了诗情画意。"宜春",有指花名,也有指头上花饰名。彩色的"胜"形是学着别人样子做成的。"胜"在中国图案中被描绘为菱形,如说"双胜"就是两个菱形相叠。《山海经》中的西王母就"蓬发戴胜",即披散着头发,戴着叫作"胜"的头饰,也可理解为头花。清代徐珂《清稗类钞·服饰类》:"以两斜方形互相联合,谓之方胜。胜本首饰,即今俗所谓彩结。彩胜有作双方形者,故名。"这些都可作为参考。"新样"说明民间头饰也在不断求新。裁成小步摇,更可见民间不戴贵重金属的步摇簪钗,也可以就地取材,巧手制作,从而自得其乐。戴着这样的头饰,再往博山炉里添香,那简直太有意境了。

彭孙贻《小年夜词》还有一首诗:"兰膏重作火三条,双结灯花大小桥。五色彩笺频照影,喜看百子映红椒。"诗里刻画的都是一种宁静而又热烈的氛围,油灯、头花、笑脸,把人们对美好生活的向往形象地表现其中。"彩笺"可释为古人的书信,如古诗中"欲寄彩笺与尺素"。也可释为用红、黄、蓝、绿等彩色丝线打成的小八宝,即今人所统称的中华结。南方人有用彩色丝线做成端午臂饰的习俗。"百子"是吉祥图案,一般用石榴等多籽类植物果实喻多子多福，也可以用柏树或百合与石榴组合，均是取谐音。或许是与墙上挂着的红椒柏相映衬，或是年轻女子就将小红椒装饰在头上，一幅典型的农家乐画面。

《小年朝词》中，彭孙贻更是不厌其烦地描述女性的服饰："宜春翠胜称安翘，花滚裙红襇未消。侍女衣箐漫收拾，今朝正是小年朝。""胡粉邻家不计钱，红婆绿姆各纷然。乔妆不怪相唐突，万福拦门说拜年。""薄施妆粉髻鬌鬟，柏子斜拖百宝簪。通草巧花连日换，就中爱插是宜男。"这里只选了三首，还有"晓起轻寒压闹妆""妆成半匣菱花镜"等，惟妙惟肖地描绘出古人正月里的闲情逸致和自娱自乐的本事。

什么叫"闹妆"呢？闹妆也叫闹装、闹娥、闹嚷嚷。清代沈自南在《艺林汇考·服饰篇》中辑宋人余氏《辨林》："今京师凡孟春之月儿女多剪采为花或草虫之类插首，曰闹嚷嚷，即古所谓闹装也。"这种闹妆在唐宋时期就有，最初是妇女于元宵节时戴的一种头饰，以绸绢做成花朵，连缀于发钗上，另外以硬纸剪成蝴蝶、草虫、飞蛾、鸣蝉、蚂蚱的形状，系在细铜丝再挂于簪钗，一走路便会震动花朵，牵动铜丝，造成一种蝶蛾飞舞的样子。

别以为闹嚷嚷只是女子的过年头饰，宋代以后男子也戴。明代刘若愚《酌中志》卷十九写道："自岁暮正旦，咸头戴闹蛾，乃乌金纸裁成，画颜色装就者，亦有用草虫蝴蝶者。咸簪于首，以应节景。"意思是都戴。沈榜《宛署杂记》卷十七："元旦出游，道逢亲友，即于街上叩头。戴闹嚷嚷，以乌金纸为飞鹅、蝴蝶、蚂蚱之形，大如掌，小如钱，呼曰：'闹嚷嚷。'大小男女，各戴一枝于首中，贵人有插满头者。"

翻看这些诗，读着读着便有感觉了，年味儿来了！比"全息影像"还真！

可穿戴设备，还是智能服饰？

2015年春节前，一股高科技用在服饰上的旋风刮得天昏地暗，如若不是中国人又想到过大年的味道，或许很难消停。

较新的说法是，在科技高速发展的移动互联时代，手表、鞋子、眼镜、头盔都可以随时随地为你提供意想不到的服务，诸如一抬手就可以浏览邮件，不用再掏手机。行业人士称此为"可穿戴设备"。用技术专用词解释是"直接穿戴在身上的便携式设备，不仅为一种硬件设备，更可以通过软件支持以及数据交互、云端交互来实现强大的功能"。

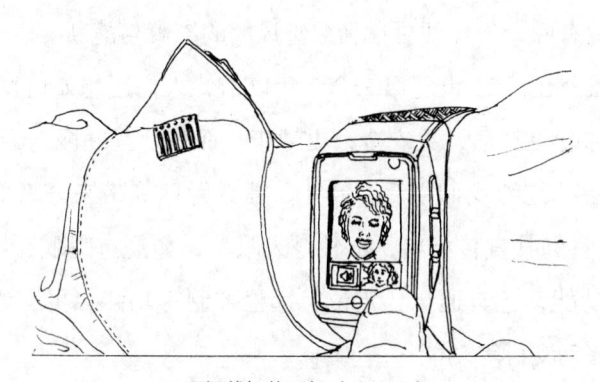

可佩戴智能手机（吴琼绘）

其实，早在前些年就有类似的各种服装和配饰品与消费者见面，谓之"智能服饰"。美英等国家将此称为"可穿戴装置"或"可穿戴计算装备"，同时仍用"智能服饰"的说法。

如果从字面上分析，这两类称呼存在着矛盾。一种是把电子设备穿在身上，以便随身携带满处走，但终归是设备。另一种是把服饰的功能增加或提升了，使之更具有现代科技的含量，本身还是服饰，也就是以穿戴的原本功能为主。目前来看，这两种称谓的实际产品差不多。也许是设计人员觉得智能手机、智能服饰不新鲜了，又想换一个说法，从而再掀一轮消费动员潮。也许是服饰本身的科技挖掘毕竟空间有限，索性就说是把设备穿戴在身上。

听起来，玄而又玄，细想起来却没有什么。20世纪80年代末，人类在服饰上的科技开发成果已经相当可观，当年称"功能服饰"。当时已有保健服饰，如按摩服、磁疗鞋、半导体丝袜等。有卫生舒适服饰，如杀菌服、吸汗衫、排湿衣、音乐袜等。有安全服饰，如防鲨泳衣、灭虫衣、发光服和反光服等。另外还有自动调温衣，用精细的"管状合成纤维"制成。人们在空心纤维中充入一种感温敏锐的溶剂和气体混合物，当气温降低时，管内溶剂发生"冷胀"，使纤维管变粗，管与管之间紧密相贴，形成一堵不透风的墙。当气温升高时，因溶剂"热缩"，使纤维管变细，管与管之间疏散有隙，人体便可享受穿堂风般的凉爽与清新。

由此不难看出，21世纪第二个十年以前，人们还想如何发明创新，使自己穿戴服饰时更舒适，更安全，更健康。而移动互联网与云计算时代下的可穿戴设备"是给我们生活、商业、社会管理等带来全新的变革"（专业人士语）。看到其宣传材料，不禁令人眼晕，如具有睡眠、心率、血压、血氧等检测功能，还有通讯、定位、远程控制等功能，再有娱乐与社交、身份识别、移动支付等功能……

先别说舒服不舒服，我一下子联想到的是野生动物脖子上的"项圈"。

华说·华服

跽坐与中国风范

中国古人席地而坐时,讲究先跪,后坐在自己的腿上,一般称"跽坐",也有称"长跪"的,如《史记·留侯世家》:"良业为取履,因长跪履之。"说的是张良。《礼记》:"主人跪正席,客跪,抚席而辞。"这是一种恭敬的坐法。如果上级接见下级,上级可跽坐也可盘腿坐。平级或较熟悉的友人之间,说话时间长了,也可以改为盘腿坐。总之不能把两条腿分开伸出去,那是一种不合礼仪的坐法,被称为"箕坐",即像簸箕一样。《礼记》中特意说:"立毋跛,坐毋箕。"

汉代跽坐俑(陕西咸阳出土)

前不久有人撰文说,这种华夏古人的传统坐姿由于椅子的出现和普及而消失了,"与跽坐相得益彰的中国人宽大飘逸的汉服和端庄、肃穆、宁静、谦恭等礼仪风范也没了"。当然,作为一家之言,无可厚非。不过,我从服饰文化的角度看,总觉得不对劲儿。

"汉服"的"汉"至今也说不清是指汉族还是汉代。记录中国礼仪的经典古籍《周礼》《仪礼》《礼记》显示,强调坐姿和接待的格局、规范等肯定在百家争鸣时就已成熟了。春秋战国时有一种不分贵贱人人皆穿的"深衣",《礼记》中专门有"深衣篇"。文中所记,就是中国人着装观在这一款式上的集中反映。与其说讲服装,还不如说在讲意识形态。其中有"短毋见肤,长毋被土"的规定,即衣服再短不能露出肌肤,长也不要拖在地上。《礼记·曲礼上》有大篇幅讲到站姿与坐姿，相当复杂，和着装有关的是"衣毋拨，足毋蹶"，还有"不涉不撅"。都在规定衣服不要随便掀起或拨动，脚不要抬高，而且不涉水不要提起衣服。

东汉班固在《白虎通义》中概括为"衣者，隐也，裳者，障也，所以隐形自障闭也"。唐孔颖达为《礼记·深衣》作疏也写道："此深衣衣裳相连，被体深邃，故谓之深衣。"总之，说宽袍大袖并跪坐是体现中国文明，这只是表象。

那么，为什么要这么坐呢？其根本原因之一是收敛，不露出肌肤。深衣即是加长衣襟，绕身体一圈或多圈。如果是直裾衣服就不能登堂入室。《史记·魏其武安侯列传》："衣襜褕入宫，不敬。"襜褕就是直裾衣。其主要原因是长衣里面的裤子不像后代这么完整。古裤无裆，早作"袴"，也称作"胫衣"，即指护住腿。汉刘熙《释名·释衣服》："袴，跨也，两股各跨别也。"最初可能是区别于裳，即两腿裹一块儿的裙子。从汉墓出土实物看，古裤很像是后代的套裤，最多也就像今世儿童的开裆裤。

赵武灵王引进胡服时，马上民族的长裤是合裆的，中原人称有裆裤为"裈"。汉代男性主要穿裈，妇女裙中两条裤腿也开始缀丝带系扎，叫"绲裆裤"。竹林七贤之首刘伶说："我以天地为栋宇，屋室为裈衣，诸君何为入我裈中？"看来这时的合裆裤普遍了，深衣在男服中也基本不用了。

如果跪坐延续至现代会怎样？近邻日本已提供出结果。日本在中国魏晋南北朝时还穿着贯口衫，他们学习中国服饰，特别是曾经摄政多年的圣德太子（574—622年）全盘引进中国唐代服饰，同时实行中国礼仪，一直到20世纪中后期还讲究跪坐。我2004年去日本讲学时拍下了许多日本女性穿裙时的形象，尤其是中老年妇女，下肢僵硬干瘪。日本人与中国人都属蒙古人种，但日本人身高比较差，这里有一个主要因素就是下肢血液循环受阻的时间太长，一代一代，终使得大个子的高仓健成了民族偶像。穿西服仍跪坐，那双腿被束缚得太难受了，只看那站起来后西装裤的变形样子，就不舒服。

有一段我未加考证的传说，秦孝公和商鞅谈治国，商鞅一激动就站起来说，忘形于礼，推荐人景监却从早晨跽坐至日落。出门后景监说我都跪得全身麻木了，你却站着说话不腰疼。看来，古人也觉得跽坐太累。现代医学认为，跪着时髌骨的压力会压在股骨上，等于两块骨头间的软骨直接压到地面上，时间一长，膝盖就无法伸直了。如此延伸到再坐在自己小腿上，那就阻塞血流、磨损关节的弊病更大了。

　　前述持"跽坐好"观点的人认为："跽坐消亡，减弱了国人优势思维""坐得越高，精神越脆弱"，这也很难让人信服。文中说："中国人从席地而坐到习惯垂足坐大致在五代至北宋之间，而大规模使用椅子则始于宋朝。"且"宋朝人坐是坐起来了，外交地位和民族精神却是跪下去了"，这就要我们看一下中国人垂足坐的起始年代，还有椅子。实际上，椅子早称"交椅"，也叫"胡床"，《世说新语·自新》："渊在岸上，据胡床指麾左右，皆得其宜。"这说明魏晋南北朝时已使用。《清异录》中说："胡床施转关以交足，穿便绦以容坐，转缩须臾，重不数斤。"其实就是今天的"马扎"。唐代张萱《捣练图》、周昉《调琴啜茗图》以及佚名《宫乐图》都清楚地显示出唐时垂足坐已很平常，用不着到五代顾闳中《韩熙载夜宴图》中去找高背椅子了。

　　以上说明垂足坐并非到宋代普及，同时也说明不是"坐得越高，精神越脆弱"。更不能说就因为坐上椅子而被游牧民族打败了。"胡床"之称说明本来就是从西北民族-那传来的，更确切说与佛教传入有关，敦煌257窟、285窟、323窟壁画上都有人坐在高坐具上的形象。所以，只能说当今有人从古人跽坐中发现了一些"价值"，仅此而已。每人都可以从历史中发现亮点，如我，从跽坐坐姿联想的是中国衣服形制和着装礼仪。跽坐只能说明那一个历史阶段所显现出中国人的风范，很难以断代的坐姿去衡定中国人的精神，说到这不禁想，还不如把我文章的题目改为"跽坐与中国长衫"。

从"圣乔治带"说文化象征

世界反法西斯战争胜利70周年的2015年,各国都举行了相应的活动。其中俄罗斯人又佩上了象征爱国的圣乔治丝带,据说从4月22日起在俄罗斯国内外发放了两千多万条。

圣乔治勋章是沙皇时代叶卡捷琳娜二世于1769年创立的,以西方神话中广为流传的屠龙勇士圣乔治的名字命名,旨在奖励为保卫国家而立功的军官。1917年,十月革命后,勋章被取消,但与勋章相连的橙黑相间的丝带却保留下来了,作为"近卫军丝带",一度成为苏联军队的重要文化传统。2005年,俄罗斯庆祝卫国战争胜利60周年时,又开始佩戴这种橙色象征火焰、黑色象征硝烟的圣乔治带。普京总统希望借此起到团结、勇敢、胜利的作用,果然激起了全民的热情。

由于服饰与人须臾不可分,因而关乎民族起源或生死存亡的大事往往以服饰形象被长久继承下来,久而久之成了一个文化符号。

在中国,裕固族女帽呈喇叭形,顶上缀着红缨穗儿。这穗子即是象征本民族史上一位女英雄为保护人民而牺牲时头上流的鲜血。云南红河两岸的彝族姑娘们,都戴着一顶鸡冠帽,帽形好似公鸡冠。这就因为彝乡山寨曾有一对恋人,为解放乡亲,机智地逃出魔掌,在仙人指导下让公鸡高叫,于是唤出了太阳,白昼至而魔鬼消亡。人们认为公鸡能给人间带来光明和吉祥。后来,哈尼族和白族少女也戴鸡冠帽,还缝缀上银泡来代表星星和月亮。

傣族女裙更是集中了这种文化象征意义。如红、绿色的筒裙是为了纪念祖先,大象图案象征五谷丰登,孔雀图案更记载着一个美妙的故事。正如傣族长诗《召树屯》中美丽善良的孔雀公主楠木诺娜,飞来金湖沐浴,邂逅勐板加王召树屯,谁知得罪了孔雀王,遂引出一段悲欢离合。后来楠木诺娜着孔雀衣一舞才得以飞回家园,并与王子结为夫妻。故事情节虽不具唯一性,但孔雀纹的孔雀衣却永远成为了吉祥的象征。广西南丹有个白裤瑶,这里瑶族男裤是白色的,两膝上各绣五条垂直的红条,相传是其祖先为了捍卫民族尊严而带伤奋战时的十指血痕。

"桂冠"为世人所知,奥林匹克冠亚军戴上橄榄枝叶编织的头饰,即意味着胜利者。如果了解了桂冠的来历,当然更有神圣感。在希腊神话中,太阳神阿波罗追求美丽女神达佛涅不成,只得将达佛涅身体变成的月桂树的枝叶编成花冠,友谊更为珍重。《旧约全书·创世记》中,驾方舟得以逃脱洪水的诺亚见到鸽子衔来橄榄枝叶的传说,又使橄榄叶与生命联系起来。

一种色彩或形象,在诉说着曾经的悲壮,它值得后人记住,值得将其佩戴在身上。

甲光向日金鳞开
——谈军服威慑之美

在纪念中国人民抗日战争暨世界反法西斯战争胜利70周年的阅兵仪式上，中国军人的威严气势令人震撼。国人及国际友人为之振奋，反对者则感到胆战心惊。

中国人民解放军三军仪仗队（新闻图片）

这里，既有中国军队惊人的纪律性，也有将官士兵的威武身影，当然还有那整齐的方阵和具有相当实力的新型武器装备。再有一个不容忽视的因素，那就是中国人民解放军的军装。

军装的威慑力，正是军服的显性视觉形态功能之一。

从现代军事学术的角度解释：威慑为以声势或威力迫使敌方恐惧屈服，其中"示形法"范畴内容存在着慑敌示形方式，强调综合运用各种技术手段和谋略战术达到震慑敌人的目的。军事服饰的视觉形态即是其中很重要的一个组成部分。一般来讲，心理战是以人的心理为目标，以特别的信息媒介为武器，对目标个体和集体的心理施加刺激和影响，对内则会增强群体的自信与凝聚力。

军事服饰的威慑功能主要表现为对比观照威慑、猛兽行为威慑、人类行为联想威慑、死亡形象威慑和不可知形象威慑等几种方式。

第一种就是扩大自己体积。自然生态中雄狮有鬣毛，雄鸡可以膨开颈羽，因此中国古人特制有"高山冠"等，就是为了加强气势。军中，主官戴的兜鍪上的翎饰要比副官高。有时斗篷也可扩大体积。军服之外加战术背心，把弹夹等装备都放在里面，一方面更合乎人体工程学，改变了传统上每种装备都用背带挂在身上的不便，另一方面也显著增大了战士的体积。结实讲究的军靴代替了过去的布胶军鞋，仅军靴踏在地上的有节奏的声音，就足以让大地震颤。

猛兽行为威慑在现代军服中不是很突出，但古人的猛兽形头盔和龙虎吞口，尚存于国人军服的设计理念中。魏晋南北朝至唐的明光铠，《周书·蔡佑传》记载："所向无前。敌人咸曰：'此是铁猛兽也。'皆遽避之。"今日军人头盔上的护目镜虽说是现代实用随件，但依稀间仍有猛兽大眼圆睁的视觉效果。

人类行为联想威慑普遍存在，如以整齐团队形式出现的军人服饰形象，本身就有威慑功能。《梁书》卷九记载："景宗等器甲精新，军仪甚盛，魏人望之夺气。"魏人为何会"望之夺气"？显然是曹景宗所率部队的盔甲整齐划一，而且无斑驳锈迹，产生了极大的视觉冲击。这种建立于巨大而整齐基础上的集体服饰形象美，

甘肃敦煌莫高窟 194 窟唐代彩塑天王像（王家斌绘）

能给人一种难以逾越的崇高美感。

从战略层面来说，队列整齐严谨、服装鲜明考究、官兵气势如虹，必然会对潜在敌人产生具有特殊力量的精神威慑作用。因为，通过这些所反映出的是军队士气高涨，后勤保障得力，国家财力雄厚，民众基础牢固。

再一种人类行为威慑表现在"拟装"上。在国外，最典型的莫过于"二战"期间，一名酷似蒙哥马利的演员身着英军元帅制服出现在非洲，甚至还配有绣着其贵族族徽的手帕，这些在清楚说明盟军总司令部的位置。鉴于蒙哥马利在北非创下的威名，德军被迫加强这一带的军事部署。实际上，蒙哥马利本人已跑到欧洲指挥欧美大军，在诺曼底成功登陆。这里蒙蔽敌方的主要靠服装。《三国演义》中有"死诸葛吓死活仲达"一段，说的是司马懿听说诸葛亮已死，于是引兵追击，"忽然山后一声炮响，喊声大震，只见蜀兵俱回旗返鼓。树影中闪出中军大旗。……懿大惊失色。定睛看时，只见数十员大将拥出一辆车。车上端坐着孔明，纶巾羽扇，鹤氅皂绦"。结果是，"魏兵魂飞魄散，弃甲丢盔"。这里的个性服饰令人联想起诸葛亮的过人谋略，巧妙地利用了威慑作用。在服饰军事学中，还有一种整体服饰形象接近、酷似甚至超过当时先进军事装备的时候，也会令敌方害怕，以致摸不着头脑，因心里没底而产生恐惧。

现代战争中，迷彩服已经根据战场需要获得长足发展，从早期色块向数字化转变，即由不同颜色的像素点作为基本单位，再加上军人脸上的迷彩油膏，无论在丛林、沙漠，还是在海上，都减弱了形体的轮廓概念。虽然本意是为了对付敌方侦视仪等，但在近战、夜战中，无疑会给对方一种恐怖的不可知的威慑效果。

当然，军服威慑之美还会派生出一些副产品，正当中国民众还沉浸在为军威浩荡而激情满怀时，时尚界已敏锐地预言军装元素将引领今秋流行。由于英姿飒爽、威武雄壮给人们留下的印象太深，以至青少年们大呼

"军服最有男人味""超爱军装男神"。商界也在抓紧推出军绿色、迷彩、加肩章、袖标等军装元素。看来,大家还是喜欢服饰形象上的正能量。

(与王鹤合撰)

男子服饰形象更是文化标志

有一种说法，看女人裙子的长度就能看出这个国家的稳定兴盛与否。通常认为，女人裙子中等或较长，是朴素的象征，说明这个国家正在战（灾）后重建，人民忙于温饱。而女人裙子较短，则表明一种闲逸与奢华，联系着的是灯红酒绿，纸醉金迷。当然，这些都是相对而言，况且与固有传统和流行款式均无关。

我想说的是，男子群体服饰形象更是代表了一个时代，一种精神风貌。毕竟不都是着正装，也不可能总穿礼仪服饰。于是，看一个国家或地区，在某一时代的男子着装习俗，便可看出些有趣的门道。

半封建半殖民地时代的中国，男人们着装主要分几类：一类是中式长袍马褂，两面都能穿的中式裤，裤口扎束或甩腿，中式布鞋，头戴瓜皮帽。这是从事民族工商业的人士，或去参加遗老遗少的庆典寿日。另一类是全套西装革履，头戴礼帽，这多为在洋行供职的人，或去参加洋人的会议。在此基础上，还衍化出一种中西合璧的配套服饰，即戴礼帽，着西装裤，穿皮鞋的同时，外罩一件中式长衫。这是很有时代特色的整体服饰形象，即电视剧《上海滩》中许文强的着装样式，

中国传统农民服饰（李凌藏）

学生穿单层立领、胸前三袋制服，这是中山装的前身。再一类则是体力劳动者着装，头裹羊肚白毛巾的陕北老农，顶着毡帽的北方城市小贩，他们大多为短袄、肥裤、布鞋。中国体力劳动者这身装束，自古以来历代变化不大，难怪鲁迅笔下的孔乙己，宁可补丁摞补丁，也决不脱掉长衫，因为"短打扮就不是文人了"。

以上特定时期的几类着装，说明当时正是思想变革时期，即中国近现代。推翻帝制，建立民国，先是"五四"运动，后又十四年抗战。世界上称中国这一段是服装博览会，街上既有前清的，又有民国的；既有西洋的，又有东洋的。服装为每一个社会人须臾不可离的物质与精神结合物，自然也就敏感或者说显眼地体现出真实的社会状态，包括政治经济和思想意识。

20世纪80年代，中国改革开放伊始，男人们面对久违了的西装有点不知所措，因而出现各种怪现象。穿西装不拆袖口商标，戴太阳镜也不撕透明商标，不扎领带时还把白衬衣领扣系得紧紧的，更别提穿件窄带背心就到处跑，甚至去串门儿。搭配上更乱套，上穿西装，下着运动裤，还有的西装下一双"空前绝后"塑胶男凉鞋，哪儿也不对哪儿。这正表现出中国人在打开国门面对五花八门的文化形象时，所表现出的慌乱和不成熟，属于过渡时期的典型特征。

当今，中国政界人士和白领阶层已熟练掌握国际着装TPO（时间、地点、场合）原则，礼仪休闲运用自如。小青年们则有些仍恋朋克，有些还念嬉皮，今天穿"哈伦"，明天穿"超人"，喜欢阳刚十足的军品，还喜欢扎个歪辫的颓装。不一定中规中矩，来个混搭倒显得"反常规"，格外时髦。流行已经多元，人们见怪不怪。时装国际化了，社会宽容度大了，这是文明提升的显现。

女服大逆袭

不知大家注意到没有，21世纪第二个十年以来，国家元首中的女性服饰形象极力向男性靠近，其中既包括巴西总统罗塞夫，也包括德国总理默克尔。本来长得模样就够威武的，典型高层次女汉子样儿，在重大礼仪场合时再总是裤装，显然是有意弱化性别特征。如果从服饰社会学和服饰心理学来分析，新时代的女元首竭力使自己与其他国家男性元首服饰形象接近，真有些巾帼不让须眉的意思。

原以为智利总统米歇尔·巴切莱特在正式场合还维持裙装，有点英国前首相撒切尔夫人的影儿。但近来发现她也着裤装接见外国元首了。连韩国总统朴槿惠典型温柔女性形象也着裤装。好像时代发展到今天，男女真是要同工同酬了。

要知道，欧洲传统着装规范，女性是以裙装为重为高的。从三千年前希腊克里特小岛上的女神俑服饰来看，就是上身紧瘦合体，下身为钟形裙。数千年来，男性以下着及膝短裤并长筒贴体袜为正装，只有法国大革命期间才流行起长裤，即重体力劳动者裤式。女性则只许穿裙装。

工业革命把世界带到了一个生机勃

欧洲典型女服（法国莱昂·博纳1891年《阿尔贝·卡昂·德安韦夫人》）

勃且节奏明显加快的年代,于是在欧洲一些国家开始出现运动装和女子长裤,使穿着几千年的裙装合法性受到挑战。同时,男子上装急需缩短长度,适当缩减袖子和衣身的宽度,再放弃紧裹腿部的长筒袜、及膝短裤而换上直线条的长裤。这种式样的长裤无疑是女子穿着也可以显得自然。

长裤流行伊始,已是19世纪初期,可能因为法国大革命时进步人士爱穿贫民长裤,所以沙皇亚历山大一世认为穿长裤代表颠覆,曾下诏要把长裤齐膝剪掉。但是,历史年轮是不以一个人的意志而倒退的,人们喜欢上了这种肥瘦适中、简便舒适的长裤。特别是爱好运动的女士,感觉穿裙子骑自行车实在是不得劲,况且也危险,于是在运动时穿裤装,那是一种马裤式的,膝以下穿袜,或肥裤腿直至脚踝部位扎起,时间已是19世纪末,而且只限于体育运动。

欧洲女性正装,尤其是重大礼仪场合直至21世纪初时依然为裙装。人们至今记忆犹新的便是政坛铁娘子撒切尔夫人的裙装形象,优雅、美丽、端庄、大气,胸前一枚胸花常显示出她的政治立场。英国女王伊丽莎白二世更是以裙装配帽子形成特色,帽子上的花儿是女王代言。美国国务卿奥尔布莱特虽然很严肃,但仍是一袭裙装。国务卿赖斯出访时着裤装,还引起全球舆论界一阵热闹。

21世纪确实与前不同了。女性裤装俨然成了正装,且屡登大雅之堂,人们也不觉得新鲜,时代真是变了。

春衫知几许？

中国人对季节非常敏感，尤其是对春天情有独钟，古往今来有多少文人墨客为此陶醉或伤情，故而留下许多美妙的诗篇。且不说春日感怀的诗句有多少，仅"春衫"一词即给我们带来无尽的遐想。

唐代李商隐在《饮席代官妓赠两从事》诗中写道："新人桥上着春衫，旧主江边侧帽檐。"韩愈《送郑十校理》诗："寿觞嘉节过，归骑春衫薄。"宋代朱淑真《生查子》脍炙人口，其中"月上柳梢头，人约黄昏后"成为古代大胆追求爱情的名句，而最后"不见去年人，泪湿春衫袖"又显出无比的悲伤。

游子在外，也容易见到春天反而落寞，正如宋代黄公绍《青玉案》词："春衫着破谁针线？点点行行泪痕满。落日解鞍芳草岸，花无人戴，酒无人劝，醉也无人管。"元末明初瞿佑在《看灯词十五首》中有"雪白春衫窄窄裁，青茸狸帽紫茸胎"句，倒是心情比较平静，看来中国幅员辽阔，江南人过灯节时已穿春衫，而华北肯定不行，还得穿棉袄。如果到了东北漠河，恐怕离"春衫"还很远。

明·佚名《千秋绝艳图》

有时候,不直写"春衫",也能体会出春日衣衫的轻美,如宋僧志南《绝句》:"古木阴中系短篷,杖藜扶我过桥东。沾衣欲湿杏花雨,吹面不寒杨柳风。"这就是中国人的诗意。为什么中国诗人画家反复描绘春衫?除了其本身不臃肿以外,还得益于中国的丝绸。面料特有的轻盈飘逸,才会引发文人的思如泉涌。南朝陈江总在《梅花落》中,咏花竟也联想到美人穿着"春衣":"缥色动风香,罗生枝已长。妖姬坠马髻,未插江南珰。转袖花纷落,春衣共有芳。羞作秋胡妇,独采城南桑。"中国文化之深奥,在此即能领略一二。

春衫或者说春衣,也不都是这么浪漫,古代官员或兵士到了春季要换装。《旧唐书·德宗纪上》记述:"(兴元)四月辛丑朔,时将士未给春衣,上犹夹服,汉中早热,左右请御暑服,上曰:'将士未易冬服,独御春衫可乎!'俄而贡物继至,先给诸军而始御之。"

如果再往隆重处说,中国古代贵族祭祀大礼时要按季节着五时衣,即春用青,夏用朱,季夏用黄,秋用白,冬用黑。《晋书·舆服志》载:"汉制,一岁五郊,天子与执事者所服各如方色。"《礼记·月令》曾记:"天子春衣青衣,夏衣朱衣,秋衣白衣,冬衣元衣。"因而也被称为四时服。试想,春日大祀时帝王带领群臣均穿着绿色的衣裳,除了马不是绿色的以外,旌旗、车饰、随从的衣着都是这种古人所谓的青色,行进在青山绿水之间,那是何等气派!文化力量足以令人震撼。

服饰的标志性与意志表述
——谈拉加德着华服宣布人民币入篮

时间已过去好久了,还总有人问我:国际货币基金组织(IMF)主席拉加德宣布人民币入篮时,为什么要专门穿上红锦缎的双立领对襟华服呢?是不是作秀?有这个必要吗?从这个问题来看,中国人对外国人,特别是对有一定影响的外国人在公众场合穿华服,还是很敏感的。

这里有作秀成分,而且是有一定政治策划意向的。应该说,这种"秀"凸显的正是服饰的标志性。拉加德穿上华服,面对全世界,这表明了IMF对人民币的认可与肯定,这个权威性的宣布是需要科学测算、社会验证和综合评价做基础的。该领导人正是利用了服饰应用的广泛性和其本身所具有的外显性质,以达到因强调重要性从而给人留下深刻印象的终极目的。

以最普通人为例,也可以说明服饰的标志性和意志表述,如鲁迅笔下的孔乙己。孔乙己的长衫上即使补丁摞补丁,他也舍不得脱下来。原因在于中国人认为短打扮的都是重体力劳动者。孔乙己坚信"万般皆下品,唯有读书高",所以再破旧的长衫,也在标明他的学问和身份。这在崇尚儒学的中国人看来非常重要。《史记·司马相如列传》记载,卓文君之父卓王孙不愿看到与女儿私奔的司马相如穿着大裤衩(犊鼻裈)在酒馆里刷碗,才最终同意了这门亲事。当时只有穷苦农夫和杂技艺人才穿短裤。

女装也是这样,下裳一直为裙,唐代开始内着合裆裤。除却唐女着男装或胡服以外,平常人家女子不是窘迫到无可奈何的程度,是不能只穿着裤子见外人的。宋代王居正《纺车图》中的婆婆将裙子卷起,儿媳怀抱婴儿在纺车前纺线,下装只为裤。从婆媳俩长裤上都有补丁来看肯定是因为贫困。当然，这应该也是在自己家里。《红楼梦》第九十一回中，写金桂丫鬟宝蟾去勾引薛蝌时："下面并未穿裙，正露着石榴红洒花夹裤，一双新绣红鞋。"这里说明了两点，一是婢女位卑，二是此举不雅。不仅在中国这样，西欧国家女子的正规下装也是长裙。19世纪末由于现代体育运动的兴起，一些上层社会的女子才在运动场合穿上近似男装的裤子。21世纪女元首们也以裤装为礼服，这标志着时代确实变了。

正因为服饰的标志性在特定时代、特定国家、特定阶层中得到共识，所以并不一定需要制度的控制，民俗约定也很厉害。《麻衣神相》中总结道："粗手大爪，披金戴银，必是暴发户；衣衫褴褛，穿鞋带袜，定是破落公子。"这是从一般规律中提炼、归纳出来的一种俚间理论。

2016年在秘鲁举行的亚太经合组织（APEC）领导人非正式会议上，主办方为各经济体领导人准备了一条羊驼披肩。其实，2004年智利举行APEC会议时，用的就是羊驼披肩。2008年秘鲁利马APEC会议，主办方拿出的又是羊驼披肩。时隔八年，羊驼披肩再度出现在"全家福"照片中，有些人认为是"撞衫"了，实际上，这正是拉美人希望通过服饰现象的重叠来加大拉美国家的影响力度和冲击效果。果然，当羊驼披肩第三次出现在APEC会议上时，大家想忘掉拉美形象就有些困难了。出现在媒体上的，是连篇累牍的充分介绍和深入分析，全世界人民在知道羊驼披肩的同时，也记住了拉美的文化与经济特色。由此，拉美人通过服饰的标志性，完成了他们的意志表述，这就是拉美国家团结、自信以及与各国加强交流的强烈愿望。

不要觉得着装无所谓。从服饰心理学角度讲，你如果在一次会客前随便穿上一件，那就是没有拿对方当回事儿。如果刻意考虑，反复试穿，那说明是在意这一次会见了。一是注意自己的形象，二是希望营造合适的氛围，三是期冀有一个理想的结果。假如从来不在意穿着，那就是对生活失去了信心；若是每天都在意，那就是迫害妄想狂了。

总之，服饰不限于物质性能，其社会性更强。

时装流行潜规则

一说潜规则，人们都认为不是什么好词儿，源起于演艺界。实际上，潜规则本身没有任何倾向性，只不过是不便于公开的，但人人心知肚明的一个不成文的规矩。各行各业其实都有，甚至在事物的发展过程中，每每也会显现出来，只是谁也不愿挑明。

说一个与潜规则不太靠边儿的事，比如时装流行。公开讲，无论时尚人士还是理论人士都能说出许多规律，什么"流行周期""流行预测""流行基础"等，书也出了不少，这里确实有学问，这是谁也否认不了的。但是，还有一些潜规则，正式出版物就不愿提起了，与此相关的人也睁一只眼闭一只眼。

比如，抛开时装流行的正面分析，所有主要参与方，特别是创造或者说引领某年某季某一款式时装的设计方、生产方、经营方都有着自己的谋求。

设计方要考虑到如何使自己的设计吸引大多数消费者的眼球，或者受到某场大赛评委的青睐。不要小看了评奖。21世纪时装设计师想的，绝对不是时装之父查尔斯·沃思在19世纪时所想的。沃思当时想的是他的作品能获得某一贵妇的赏识，这样，他便能跻身上层社会，赢得更大的名和利，那时没有这么多赛事和奖项。而今设计师也太多了，赛事五花八门，流

当年时装走秀（吴琼绘）

行瞬息万变，信息让人眼花缭乱。倘若能够争得一席舞台，让模特儿穿上自己设计的服装在 T 台走上两圈，就已经知足了，也许就能完成工作指标了。费九牛二虎之力得上一个什么奖，那就直接有利于评职称了。

生产方毫不隐瞒的目的就是盈利，但如今生产方也不易。选料好了价钱上去了，价下来了面料只能以次充好。高档时装与高级定制当然也有顾客，但是十几亿人的大国，能有几个真有实力和眼力的？工艺太讲究、手艺好的师傅凤毛麟角，版型设备也要高档的，这就意味着成本高了。而大众化想便宜点儿吧，用工费又年年涨，所以生产方实际上比经营方难。卖好了，一大批"跟货"的搞得鱼目混珠，价格也得一降再降；卖不好，经营方退货，烫手山芋早晚还要回到厂家，再卖肯定不行，凉了再热就不是原样了。

经营方也有风险，掐指算着租金，眼巴巴盯着顾客，恨不能一下子就把钱弄过来，当然还要讲策略。由于供大于求，消费者总是相对冷静，不合适绝不掏钱，反正衣服多一件少一件也无关大体。经营方再想找那年月人人一条红裙子的狂热劲儿，简直太难了。

还有一条三方共知的潜规则，就是都想不停地换个新样儿。原先流行没袖的，前一阵儿流行半袖的，现在又流行长袖的，赶时尚人肯定得去买，要想自己接上一截不太容易。20 世纪 30 和 40 年代的旗袍，就有这样一种引领着装者必须紧跟的潜规则。

设计方出新，生产方紧跟，经营方推波助澜，结果就形成了流行，谁让人们都喜新厌旧呢，爱美求新的天性使然，这就是人的本原在现代生活中的体现。

高跟鞋成为议会辩题

如果乍一听，有关"高跟鞋"的话题怎么会成为英国议会辩题呢？有些好笑，也有些令人匪夷所思。

原来是一个公司的前台女职员因为穿着平底鞋上班，被解雇了。这就牵涉到有关上班工作服的规定是否合理的问题。要是在以前，女职员会自认倒霉，公司的礼仪要求却是堂而皇之并雷打不动的。因为自工业革命以来，凡商企都有个要求职工统一形象的着装规范。大有大章程，小有小约定。但是，时代发展了，一切事物都不可能永远保持原样。这样，问题就来了。

首先是网络社会的现实，媒体报道一位名叫妮古拉·索普的女职员，在伦敦一家会计事务所工作，被要求上班必须穿鞋跟在5—10厘米的高跟鞋，必须化妆还要经常补妆。她认为这种着装规范陈旧过时且歧视女性，于是在网站发起了一场请愿。结果，请愿获得超过15万人签名，达到了英国议会对此进行讨论的要求。当然，辩题是"女性须在工作场所穿高跟鞋的强制要求是否应禁止"。

时代确实也发展了，人们的社会意识不可能一成不变。只不过，发展过程中总是有新的要取替旧的，而旧的也不情愿退出历史舞台。于是，这些不断变化却又纠缠不清的时尚理念，裹挟着新旧事物一起向前。事实证明，新的确实像潮水一样一波一波冲来，而旧的一部分被淘汰了，一部分成为固置状态被保留下来，即成为民俗。英国一位女议员就此展开社会调查后感到非常震惊。她说："我们的调查发现人们的态度竟然还停留在20世纪50年代，或者说19世纪50年代可能更准确些，这完全不是21世纪该有的态度。"

如若说到高跟鞋，其实早在古埃及底比斯一座公元前 1000 年的墓葬中就发现了细细的匕首跟儿高跟鞋。古希腊时以增加身高来显示其可观的社会地位，因为高代表着健康和富有。16 世纪威尼斯贵族女性穿着鞋跟高到 55 厘米的鞋子，最高的竟达 76 厘米。一则由于水城地面泥泞，二则因需要侍女搀扶而显得雍容华贵。莎士比亚在《哈姆雷特》中就写过某位贵妇因穿高底鞋而获得赞誉。

现代欧洲女性高跟鞋即是我们今天所穿的高跟鞋。据传起源于凯瑟琳·德·梅迪茜，她 1533 年来到巴黎，后来嫁给亨利二世。这个款式在法国宫廷引起轰动后，迅速在欧洲上层社会流行开来。有趣的是，17 世纪英国议会就通过一项法令："任何妇女通过运用高跟鞋或其他方式引诱女王陛下的臣民与其成婚者，将被以巫术罪论处。"看来，英国议会讨论高跟鞋是有传统的。

欧洲早期特高跟的晚宴便鞋（吴琼绘）

应该说，女性穿现代高跟鞋，确实能令其显得修长而且优雅。当然得会穿，挺胸收腹，落落大方。如果身体前倾，大步重迈，那就像鬼子进村了。当代讨论的重点其实不在高跟鞋本身，而在是否有性别歧视，再或是否会影响健康和安全。

最新消息已经传来，加拿大不列颠哥伦比亚省目前正在修改法案，禁止雇主强迫女员工上班期间穿高跟鞋。听说还要讨论要求女雇员穿短裙、涂口红的问题……毕竟这是 21 世纪了。

简约穿搭风何以兴起？

报载，简约穿搭风正时髦。这就是说，当下"华丽耀眼的徽标与绚丽夺目的色调都不受欢迎"了，代之而兴起的是"不添加任何装饰的牛仔服、T恤衫和鞋帽"，紧接着有注释这一风格的外国字——Normcore。

这个英文名词由平常的（normal）和中坚力量（hardcore）合成，指人们"有意穿戴非常普通、花费不多且随处可得的衣着用品的一种时尚趋势"。

或许因为我研究服饰文化三十多年，对于古今中外的衣着流行早已处变不惊；或许是我就生活在这个时代，所谓"简约"其实已构成一个氛围，也是再自然不过了。我认为这种风气的形成主要源于几个因素：

一是社会节奏越来越快，人们无暇顾及。《澳大利亚人报》2014年12月20日发表一篇题为"简约穿搭风取得主导地位，所以这里看不到为圣诞节准备的任何过分修饰的事物"的文章，提出："要放弃制作圣诞大餐的馅料、配菜和酱汁，也不用盐水和奶浆加工食物，省去几个小时的准备工作，用餐饮界里相当于牛仔服和T恤衫的简单便餐取而代之。"这就说到了关键之处，如今所有事情都可以按键取得，人们也就习惯于不自己动手去制作了。吃饭可以叫外卖，购物可以走网上，新闻里说学生上课可以花钱找人代，扫墓也可以交费由别人去了，那谁还会自己织布、缝衣、钉扣、绣花呢？时代发展影响了生产方式，同时影响的更是人的意识。别评论好与坏，时代使然。

二是由时代演变而形成新的审美标准。火车都流线型了，谁还喜欢曲里拐弯的。简洁标志着现代，这是从工业革命就开始流行的思潮。如果还有披金戴银或繁缛精致，那就是有意点缀、显示，或直接说是奢侈。因为当代最不能耽误的是时间，过多地占用自己或别人的时间，所谓不惜工力，那肯定是一种极大的奢华。

三是政客名流效应。在时装流行上，总是由一层引起到其他层联动。如古代是由宫廷至富人再至民间，这是流行现象中的瀑布式，较为普遍。也有底层劳动人民服饰影响元首的，如牛仔服，从马贩、淘金者直达美国总统卡特、小布什，那是涌泉式。越到现代，越显示出公众人物的影响力，因为媒体形式改变了。据美国《新闻周刊》特约编辑报道，整合新闻资讯的美国某网站发布过奥巴马穿着白色 T 恤衫、牛仔裤、白色袜子和运动鞋的照片。这是自古以来的时装形成因素之一。只不过原来是传闻，后来是报纸、画报，再后来是电影，如今已是网络了，显然更及时，而且更铺天盖地了。

别管怎么分析，有一点肯定的是，简约穿搭风省事也省时，却不一定便宜。

细说脸谱与头盔（上）

2016年巴西里约奥运会赛场上的"穆桂英""花木兰"自行车京剧脸谱头盔（新闻图片）

在巴西里约奥运会上，场地女子自行车赛的两位女队员宫金杰和钟天使，不仅为中国和亚洲拿到自行车项目的第一块奥运金牌，更因"脸谱头盔"着实秀了一把，被媒体誉为"为自行车时尚装备带来一股中国风"。甚至还有人因此预言："脸谱头盔"即将成为流行时尚。

我不知现场观众能看成什么效果，反正电视机屏幕前的观众先看到的是头盔上的两个中国京剧脸儿，确实眼前一亮。两个脸儿既漂亮又鲜明，而且头上戴着绒球盔帽，一看就知道是京剧中的人物形象。最有趣的是，除了面部按京剧旦角化妆格式外，又在两颊各画出三笔黑线。由于线的后端向上，好像是增加了风力感，无形中增加了前进的动势。也有人看成是小猫的胡须，多了几份俏皮，又多了许多不规范，因而也就多了超乎想象的欣赏趣味。总之是挺新鲜好玩儿，一则是让人们记住了，再则确也说明中国人的思想开放了，创作起艺术形象来，大胆又诙谐，不乏个性的挥洒。

据权威人士讲，这两位运动员显眼的头盔上，画的是两位中国历史上民间传说与戏剧故事中的女英雄：花木兰和穆桂英。这两位女英雄在中国尽人皆知，因此不禁想到，是女英雄给中国女运动员带来勇气与福音呢，还是因女运动员获得金银牌,而使头盔上的女英雄又在21世纪被渲染得轰轰烈烈?

感到好玩儿之后,我想说这个头盔上的形象不是脸谱,是脸儿,即京剧人物形象。因为脸谱是京剧演员面部化妆的一种特殊形式,不包括头饰和冠帽。一般是以象征性的图案揭示出人物的类型、性格、品质、年龄等综合特征。最有代表性的京剧脸谱吸收了徽、汉、昆、秦等多个剧种的精华,并随着人们审美习惯的演变而不断改进特有的艺术风格,观众通过脸谱即可分出人物的忠、奸、暴烈、鲁莽等品质和性格,大致感知到某一人物在戏剧中的角色定位。京剧脸谱不是所有上场演员都画,习惯是主要为净、丑两个行当画,生行中只有关羽、赵匡胤等勾脸,武生中也只有孙悟空、姜维、李元霸等少数人物勾脸。这就是说,京剧中温文尔雅、清秀潇洒的文人不勾脸谱,武人中的正统儒将或青年俊秀也没有脸谱,因此旦角根本没有脸谱。

中国京剧脸谱(王家斌摹)

我们看到的运动员头盔上的花木兰和穆桂英,还能显露出发型和冠帽,这就更能说明是京剧脸儿,而非脸谱了。

在梅兰芳先生演过的《木兰从军》和《穆桂英挂帅》中,已成功地将花旦和青衣结合成新的行当——花衫,即亦文亦武,唱功和做功兼有。虽然花衫的创始人不是梅先生,可是自此基本确定了花木兰、穆桂英等旦角舞台形象的规定模式。面部花妆一般有一个揉红的程序,即将红色油彩自鼻梁两侧上下眼睑之间,由上至下,由里及外拍敷。过颧肌后,沿鼻线逐渐变淡,并与底色融成一色,这之后才画眉勾眼。看来,当代中国人对这个特征印象很深,因而奥运头盔上突出了京剧女英雄的明显化妆特色。

简单地讲,京剧旦角的头上饰物总称为头面。头面分软、硬两种。像这次奥运头盔上的旦角显示出粘贴化妆的发型，即贴片子。片子分大小两种，大片贴在两颊边缘，小片贴在额际，为女性鬓发、额发的夸张性装饰。如今人们很熟悉旦角额头由小半圆黑发加闪亮饰件产生的效果，于是这种形式似乎具有了京剧人物发型的典型特征。

出于自行车运动头盔体积的局限性，想在头盔上描绘传统女英雄，也只能是平面的，局部的，因此我们只能看到女英雄额上方有几个红绒球。如果在剧中，花木兰多戴女倒缨盔。全盔式同男倒缨盔，帽体蒙黑绒，双边加牙，上缀电镀帽丁，弯月形耳子，加白缎绣勾草图案飘带等。花木兰或荀灌娘一类女扮男装后戴这样盔帽。穆桂英则戴女帅盔，一般为活套，前扇为贴近小额子，正中牡丹花面牌。左右对镶大凤、光珠，组成凤戏牡丹图案。后扇似覆扣铜钟形，挖圆脑门，上顶立吞口，装盔叉。盔背红缎彩绣展凤后兜。当然，随着剧装行头整体水平的提升，当代越来越讲究了。

在运动员头盔上描画京剧女英雄脸儿，又将其戴到奥运盛会上，说明中国人运用中华文化元素的意识越来越发自内心，也可谓信手拈来了。我们不禁为此点赞。

细说脸谱与头盔（下）

场地自行车赛女运动员的头盔上绘有京剧人脸儿，可以理解为是装饰性，也可以理解为具有一定的威慑力。外国人即使不知道花木兰和穆桂英，起码也感到有点儿怪异，它毕竟不是普通的条格图案，不是简单的流线型。可以这样认为，设计者有一定的潜意识让竞技服的最上端，即头盔具备一些迷惑性，同时又因女英雄可以提振我方气势，从而使对手不解，进而引起一系列的心理反应。

这样理解，并非是小题大做，原因在于头盔作为作战者的防护性服饰，在历史上就曾利用许多怪异的人物或动物形象，以起到一定的助战作用。

中国兵法名书《孙子·兵势》中写道："战势不过奇正，奇正之变，不可胜穷也。"古人即知道利用战服起到迷惑敌人的作用，主要就是采取奇异和反常的手段。古今中外头盔设计中，曾留下了许多艺术性极强的活灵灵形象设计的成功范例。

威慑与伪装是军事服饰视觉形态两种相对又相辅相成的功能，而作战双方的头盔最容易起到这样的作用。首先是受到动物形体特征的启示，哪怕是羚羊、角马、牛羚一类食草动物，都有一对足具威慑并确有实战能力的坚硬的双角。人类在此认知基础上，先致力于头盔的设计。希腊时期盔甲的精华与核心，在某种程度上甚至是希腊人勇武精神的象征。如当年的科林斯式头盔，它的防护面很大，几乎只留下两个眼，但即使这样，设计者依然没有忘记把它做成一个接近人形的怪物样子的头盔，包住头再一直垂下来。有突起的双眉形状，又有两个黑洞似的大眼眶，再加上细细的鼻梁和不成形的嘴，似人非人，完全可起到威慑对方的作用。当年的雅典、斯巴达城邦的单兵战斗力极强，令波斯人望而生畏，这决不能忽视科林斯头盔的显形设计。

当然，再有威慑力的头盔也需要不断改进。科林斯头盔就在后来的战争中去掉了护鼻，并将护颊变成活动合页式，结果又诞生了一种全新的头盔样式——阿蒂夫式头盔。阿蒂夫式头盔成为罗马军团的装备时，依然是具有怪异的人物加动物的外形特征。

中国山西双林寺韦驮彩塑像上的兽头盔

在中外历史上，头盔上有猛兽兽头形装饰的形象最多见，这完全取决于人类对猛兽的敬畏，既可鼓舞我方士气，又可给对方带来压力。中国上古神话中，相传炎黄二帝与蚩尤部落决战时，曾率狮、虎、熊等猛兽上阵。这里至少可说明两种可能，一是直接放出猛兽打前阵，二是士兵们穿着酷似猛兽的盔甲作战。战场上硝烟弥漫，看不太清的猛兽形象确实有一定威慑力。

中国唐代军服质量高，包括制作精良，也包括色彩艳丽，更突出的则是造型考究。不仅头盔，铠甲上也于双肩、双肘有龙、虎吞口，胸甲前有猛兽头形。河南洛阳出土了一件戴着典型兽头盔的三彩釉陶武士俑，头盔护住整个头部，人面从兽嘴中露出，看上去威武又恐怖。《宋史·韩世忠传》记载："今克敌弓、连锁甲、狻猊鍪，及跳涧以习射。"狻猊是一种传说中的猛兽，兜鍪就是头盔。《清史稿·洪秀全传》中记载，太平天国在考虑服装制度时，"自检点至两司马，皆兽头兜鍪式"。如今能见到的山西双林寺明代雕塑韦驮像，头盔即是相当精美的猛兽式。

欧洲文艺复兴中期，也有大量的猛兽形头盔，如现收藏在维也纳的狐面形头盔，据记载生产于1529年的德国因斯布鲁克。类似的还有同时期生产于德国奥格斯堡的鹫面形头盔。现在能见到的是在意大利佛罗伦萨小洗礼堂出自米开朗琪罗之手的洛伦佐·美迪奇塑像上的羊角盔。

意大利佛罗伦萨出自米开朗琪罗之手的洛伦佐·美迪奇塑像上的羊角盔

头盔，无论是在战争还是竞技中，都主要是发挥防护功能，但因为有"敌"我双方，就会有心理战，所以头盔上出其不意的形象设计，往往会起到意想不到的作用。

里约奥运"硝烟"已渐渐淡去，可是画着两个京剧人脸儿的头盔依然为人们所津津乐道。这就是艺术的力量。

这种设计有必要吗？
——从 LED 口罩说起

2015 和 2016 年之交，雾霾是个大家都关心的话题，于是有商家推出一款新研发的口罩，口罩外有个发光二极管（LED）显示屏。显示屏上可出现戴口罩人的面部表情，是笑？是怒？还是痛苦？都能显示个差不多。

研发者这样说，雾霾带给人们的感受是冷漠的，而且形成人与人之间的距离。但是有了 LED 口罩，就能够让人们及时传达以及感知情绪，即使在灰蒙蒙的雾霾天气中也可以为烦闷的心情带来放松。

这恐怕是我见到的最为治标不治本的笨法。也许口罩设计者实在无能力治雾霾，可是为什么要出此没用的设计来劳民伤财呢？灰蒙的天气里，人们根本用不着看到对方哭还是笑，匆匆走过就是了，该去哪儿去哪儿。因为回到家里或是去到办公室，也就不用再戴口罩了。

LED 口罩推销商还说，这款口罩内有一块兼容的 Arduino 控制板，可以记录和检测人的各种面部表情，尤其是亲吻时的表情，这就更显得无病呻吟，多此一举了。联想到"非典"疫情流行时，宣传画或影视屏上总会出现一对青年男女戴着口罩接吻的景象。我始终不理解，他们是真爱呢？还是作秀？真爱还怕传染上病？如果连这点传染的可能性都怕，还谈什么惊天动地的爱情？！真爱连死都不怕，那才叫荡气回肠。又想接吻又怕沾上细菌，故而戴个口罩，实在是对爱情的亵渎。

由此想起好多没必要的设计，即使为了表演时的 T 台效果，也显牵强。20 世纪末，有设计者推出露脐装，这本无可厚非。但是，薄绒大衣也要在胸腹部留有一菱形开口，露出肚脐，实在有些令人觉得发凉。看着模特儿在台上穿着厚厚的大衣和长筒皮靴,唯有肚脐直接暴露在外,匪夷所思已不足于形容观看者的感受,有点要拉稀的感觉倒是真真切切。

当然,我不是看不惯时装,时装凡流行起来就必然有它的合理性。可惜的是,这种露脐大衣根本就未被着装者们所接受,也就谈不上流行。

时装设计的用途有好多种,随之同在的时装表演目的也不同。有的搞整场展示,为了推出自己的新作,以提高知名度或是确立引领潮流的地位,这一般是大师。有的就是企业迎合社会需求,适时设计新款式,以求获得经济利润。服装设计专业的学生,则是必须完成几套毕业创作,由服装表演专业的学生穿上走一走,就算一个四年的交代。教师也借此完成一下自己的教学工作量。还有的是为了参加某个名目的比赛,以借此获个什么奖项,从而取得或大或小的光环,以为自己积累资本。所以,同样是时装设计,其目的大不相同,但不管是为了达到什么目的,也应该是有意义的。

任何矫揉造作,任何画蛇添足,都不会受到肯定,只能留下笑柄。

西服正装也迷彩
——关于军服引领民服时尚

在纪念反法西斯胜利70周年之际,中俄等多国多地相继举办阅兵活动。结果是军人魅力大增,军服影响力陡升,年轻人竞相以穿上一件具有军服元素的服装为荣。

想到过西服正装也会以迷彩形式出现吗?不久前,美国网络零售商Shinesty推出了一种新型时装——西服正装款式+迷彩花色面料。面料由聚酯复合材质制成,图案则采用了丛林迷彩。经销商打出的招牌是,既能凸显军人阳刚气质,又能量体裁衣使之合身,以区别于军服的制式,从而成为时装。经销商在大肆吹嘘穿此装能获取百分百的回头率时,又有些心虚地建议,还是不要穿到需要传统正装的场合。网络以此与恶俗圣诞西装相提并论,我却看到军服对民服的影响。

历史上,这样的例子很多。1477年,欧洲勃艮第公国的大军曾对瑞士公国发起一次大规模进攻,但是全军覆没。勃艮第最后一位大公查理不幸阵亡。查理大公在历次征战中有一个习惯,就是随军携带大量金银珠宝,同时在帐篷里堆放各种奢华的纺织品,连同

以迷彩服形式出现的民间服饰(吴琼绘)

各式精美服装。战火一停，瑞士兵欣喜若狂，对大公的一切进行毁灭性破坏，他们将色泽艳丽的纺织品和服装撕成一片片的，填塞到自身那破烂不堪的战服的孔洞中。瑞士兵就是身穿这样光怪陆离的服装凯旋的。谁会想到，从此便引发历史久远，甚至在今日还能见到的时装。

这种款式统称切口式服装，当时那些追求时髦的年轻人，在完好的衣服上撕剪裂缝，然后将多种颜色的碎布塞进去并加以缝缀。全身皱褶再加上颜色混杂的布，在切口处有隐有现，简直迷住了所有的潮人。发展到流行顶端时，不仅衣裤上布满长短不一、排列有序的切口，而且帽子、手套、鞋面上到处都有切口装饰，外衣的衬里布或是内衣的鲜艳颜色就从这些切口中露出来，无形中多了许多层次和变化。贵族们还在那遍及全身、显出五颜六色的切口两端镶上珠宝，将切口装做到极致，这是早先那些瑞士官兵们做梦也想不到的。

再推远一点说，12世纪的骑士装，由于是金属质铠甲，穿时里面需衬有一定厚度且柔软的纺织物，于是人们用双层丝绸和棉布，里面絮上丝绵，然后用线密密纳成竖棱。当时被称为纳衣。后来，人们对此特别钟爱，忘却了铠甲，只着纳衣，一时也成为新兴时装，甚至成为西欧贵族男子的正装，很是穿用了一段时间。

从服饰心理学角度看，军服引发民服流行这一现象不是偶然的，而是显示着人类潜意识中的尚武精神与求胜意志。军服特色本因作战需求而生成，但其表现出来的战时背景氛围，或是胜时辉煌气势，对民间人士产生着强烈的吸引力，进而引起全社会层面的模仿。多少次，青少年（包括女性）时兴仿制式的高勒系带军靴，看那穿行大街小巷时的勇气与自豪，就让人感到特别提气。

纵观历史，民服模仿军服总是与大的历史背景与社会形势密切相关，国家处于上升势头，国民尚武精神浓郁，此趋势便盛，反之则衰。（与王鹤合撰）

说不尽的中国红

如今社会已有新气象,不仅仅是过年时一片红,平时人们也喜欢以红色来装点会场、活动场地等,尤其是运动会入场式,中国运动员总爱穿一身或单件的红衣,以特有的大红色来显示中国人酷爱的吉庆色彩。

当然,最集中显现中国红的还是过大年。中华民族的民俗活动标志之一就是红色,而最能体现民俗的节日又是春节,所以不管现代人的民俗意识如何淡化,也还是在过年时想起大红。这样,大红色就成了春节的一个显性视觉印象。

清代顺治年间进士金渐皋,曾任汉阳知县。他写过《迎春歌》,诗中对服饰的描绘虽寥寥几句,但离不开红色:"马上红裙衿窈窕,秦时毛女遇年少。……倾城士女炫新妆,为看迎春特地忙。"明代贡生彭孙贻有《小年夜词》。历史上,吴人讲究以新正二日之夕为小年夜,新正三日为小年朝。彭孙贻诗曰:"五色彩笺频照影,喜看百字映红椒。"《小年朝词》曰:"宜春翠胜称安翘,花滚裙红褶未消。"还有:"胡粉邻家不计钱,红婆绿姆各纷然。乔装不怪相唐突,万福拦门说拜年。"看来,除了过年衣服尚红以外,化妆上也要以红为主,这样才烘托出喜庆。满洲旗人索芬作《迎年

清代着红衣女子
(清末广州外销水彩画《解线》)

曲》："贵戚红妆翡翠楼，长安豪侠白狐裘。内城多少娇儿女，通草为花插满头。"无论是富户人家还是百姓儿女，都认定红色是吉祥辟邪的。

1930年，中国学者在北京周口店龙骨山顶部的山顶洞，发现了一处旧石器时代晚期人类的洞穴遗址，这是继1927年中外学者在该地发掘之后的又一重大发现。1933—1934年间进行正式发掘时，发现这里不仅有代表8个不同个体的人骨化石，还有石器、骨角器和穿孔饰物，遗物年代至迟在18000年以前。值得我们注意的是，有125枚兽牙已被人为穿孔，其中一枚是虎的门齿，其余是獾、狐、鹿、野狸和小食肉动物的犬齿，都是在牙根部两面对钻成孔。此外还有钻孔的海蚶壳、鲩鱼眼上骨、石灰岩石珠、岩浆岩小砾石等。这些饰件的孔眼部位，几乎都有红色的痕迹，很明显是以赤铁矿粉染过的。根据这些饰件散落在人骨周围位置来分析，肯定有项饰，因为有排列成半圆形的。想必是穿系饰品的绳子风化了，但当年染在绳带上的赤铁矿粉却因是矿物质不易消损而保留在骨石饰件的孔眼中。结合法国拉玛德梅尼的兽面纹角片护符、法国方特高姆洞刻有麝牛和人像的骨片护符来看，这些已很显然是出于巫术意义上的精神需求了。

认为红色具有辟邪含义的色彩意识，带有明确的中国文化特色。广西仫佬族祭祖仪式中，有一种叫"依饭祭"，两法师中必有一人着红色法衣。苗族人祭鬼时，有一项活动即要主人身披红毯。壮族"大巫"作法时要头戴红巾，顶插雉尾，身穿红袍红裤。与此相类似，漳州人求雨时，长发者也要以红带系结成长辫。家喻户晓的月下老人，更是以红绳"暗系住"男女，使之成为夫妻。很多地方都有为患病亲人招魂的习俗，不是用红绳将庄稼地里的草人拴回，就是站在房顶上，用红衣服边扇边喊。沿海女性还有一种特殊的风俗，丈夫出海了，女性要用红腰带系在树上，祈愿丈夫平安归来。

古籍中显示，中国人认为红色是有魔力的。月下老人那满袋子的红绳就在唐代李复言的《续玄怪录》中得到重点描述。更早的《周礼·夏官》

所记方相氏舞，即傩舞，"方相氏，掌蒙熊皮，黄金四目，玄衣朱裳，执戈扬盾"。中国的神仙多朱衣，如妈祖，即天津人所供奉的娘娘，在《临安志》中就记为"红衣女子"，说她成为护航女神后"能乘席渡海，着红衣飞翔海上"。文学作品《水浒传》中描绘九天玄女，"头绾九龙飞凤髻，身穿金缕绛绡衣"，绛亦红色。

经典剧目《白毛女》中，尽管杨白劳家贫如洗，但还是在过年前给喜儿扯上二尺红头绳。直至今天，新生儿随母亲从医院回家时，大多被裹上一方大红布，新生儿的第一个除夕，要舅舅给买一个大红鱼灯高高悬挂。走到年货市场上，到处是一眼望不尽的大红色。中国红，给中国人带来好运。

华说·华服

衣服在中国人心中的位置

大家再熟悉不过的"衣锦还乡",说的就是衣服作为人体包装,在中国人心中有一种特殊的意义。

《汉书·项籍传》:"富贵不归故里,如衣锦夜行。"《史记·项籍传》作"衣绣夜行"。《三国志·魏书·张既传》:"出为雍州刺史,太祖(曹操)谓既曰:'还君本州,可谓衣绣昼行矣。'"看来,这种意识在中国人的社会生活中已经存在很久远了。

宋仁宗时宰相韩琦曾以武康军节度使知相州,因相州是故乡,因而筑堂名为"昼锦堂"。宋代欧阳修为之作《昼锦堂记》,而后董其昌为之作《昼锦堂图》。不难理解,高层人士也很看重在老乡面前炫耀。衣锦,或说锦衣,在这里就是成功的标志。中国人的乡土意识强,所以认为混出个人样儿来,如果不回老家向亲戚老乡显摆一番,那就等于穿着锦缎衣服夜行。衣服是无声的语言,是身份的符号,进而成了文学中的一种寄寓了。

20世纪三四十年代,京津一带有一句民间俚语:"话是拦路虎,衣是瘆人毛。"说明在一些关键场合,服饰形象还是可以起到一定作用的。如果穿得好,会在一定程度上显示出有钱或有权,别人看着不太敢惹。如果穿得差,会被别人认为境遇不佳。正因为中国人有这种"以貌取人"或"衣貌取人"的传

戴直脚幞头的明代官员
(明·佚名《王鏊写真像》)

统观念，所以注重并刻意打造服饰形象就成了一种手段。这种现象在新中国建立初期有所减弱，因为20世纪六七十年代，人们都穿得差不多。平常人干部服、军便服没有什么太大区别。可是改革开放以经济建设为中心，一部分人先富起来后又想起了这句话。于是，有人两手戴着10个金戒指，以显示出自己的富有，在这可引申为成功。进入新世纪后，则讲究名牌，在朋友圈中与人斗富。

不过，中国人还是看不上暴发户。20世纪30年代有一打油诗一直说到50年代。"进得门来油漆香，柜里缺少旧衣裳。天棚高搭三尺半，肥狗大鱼胖丫头。"后两句在相传时有所变化，但"缺少旧衣裳"一句没有别的版本。由此看来，人们认为这是没有家底的人。90后年轻人看待这一问题时，不再看重旧衣裳，但是仍然看不上没有多少钱却特别爱穿戴名牌以炫耀的人，网络上因此出现了一个与原来不再同义的词：土豪。中国人有这本事，一个词，一句话，不用解释清楚，人们都会理解得非常生动准确。

衣服在人心目中的位置，可从许多方面显示出来，只是这一点很有趣味。每一个人都通过别人的服饰形象去揣测，去评论，同时又拼命塑造自己的服饰形象，想以此说明什么，这就触到服饰的一个点——文化。

头上顶着的世界

前不久，我见到一张非洲女性新头饰的照片，有些吃惊。我们原本熟悉的头饰往往是由金银珠宝或草木果实制成，总之都是很美的，可是如今这位埃塞俄比亚南部 Das-sanech 部落的女性却把西方人遗弃的电子表、手机卡、酒瓶盖等做成头饰顶在头上，她一定觉得无比新颖绝妙，还特意多做几件卖给游客。

我不知道有没有人购买，反正是比较现代的国家的游客，不会看得上这些工业品废件。英国《每日邮报》刊登这张照片，好像也有炫耀的意思。

从服饰文化学角度看，人们还是很注重头饰或冠帽，认为顶在头上的肯定是受到崇尚或喜爱的。其价值不以价格论，可以至尊至贵，也可以图个新奇，这里的评价标准，是以时代、区域、阶层、民族，小至一个社交圈所决定的。以上述例子来分析即可看到，基础不同，追求的事物多有差异，谁都无法理解谁，好在也用不着理解。

中国宋代时有一种花冠，杨万里诗曰："春色何须羯鼓催，君王元日领春回。牡丹芍药蔷薇朵，竞相千官帽上开。"四季花同时开在头上，一定不是真花，但这就够了。它代表着一种强盛、繁荣、统领的意思，大

摩洛哥西南部女性头饰（王家斌绘）

家看上去都很吉祥。再者，这在温带四季分明的人看来是创意，可是对于热带和亚热带四季如春的人们来说，并不新鲜。

如今流行旅游，而且讲究满世界跑，巴布亚新几内亚已不是外人罕至之地了。只是我们现今去到当地很难见到尚保留部落生活的原住民。那些贝壳、羽毛串成的头饰还能再现原始的味道吗？其高地人面涂白泥，头上顶只血淋淋的鸟头，鸟嘴就被安装在人面部之上的头饰还有吗？巴布亚新几内亚人头上插满天堂鸟的羽毛，那是何等的威武。头上顶着的曾经是自己的希望与骄傲。

一支简单的簪子在东亚人看来，不仅仅显示成年，还有着辟邪的意义。日本绳文时代的女性就认为发簪可以寄宿法力，防妖怪。中国相传唐代时，武则天封了一个厕神，后即有了一个女性祭厕神紫姑的习俗，明清两代盛行。当年是一只簸箕插上银簪，或是饰以钗环，簪以花朵，于元宵节前夜（时间因地有别）放在厕所门口以示敬意。这时的簪钗花朵既有女性的特定身份，又有祈福求祥的深层含意。

更有甚者，一颗钻石可能牵带着多个国家，绵延数百年。来自印度安德拉邦的科勒尔矿山的"光明之山"钻石，原石重达793克拉，自南印度的卡卡提亚王朝开始，历经莫卧儿王朝，又被波斯君王纳迪尔·沙夺走，再落入阿富汗国父艾哈迈德·沙·杜兰尼之手……直到1850年7月3日到达英国维多利亚女王手中。如今这颗钻石镶嵌在伊丽莎白女王的王冠上。看来头上顶着的，可以是花花草草，也可能会带着腥风血雨，记录着太多太多的人文印迹。

这样说不为过，头上顶着的可以是世界上最宝贵的，也可以是每个人心中最美好的世界，包含无限。

口罩一二三

近年来雾霾频频，口罩竟然也成为时装之一，一会儿流行方格图案，一会儿流行卡通纹样，有黑白的，也有彩色的。

说起来，口罩成为装饰品好像从2003年"非典"疫情时就出现了。当年的口罩上还曾有过励志语言，什么"我们不怕""坚持到底"，还有"胜利属于我们"，等等。疫情过去之后，口罩依然保持着装饰性，只是不再像过去那样雪白或浅蓝。

口罩也时尚（吴琼绘）

我小时候，正值20世纪50年代，平时不戴口罩。讲究的人冬天为了保暖，戴一个雪白的口罩，常洗常换。到60年代"文革"时，就觉得戴口罩有些资产阶级思想了，因为革命者是不戴的，谁见工农兵形象有戴口罩的？当然，医生手术时除外。当年有过讨论，关于医生看病时戴口罩，是怕自己有不好气味（如口臭或吃蒜）让病人闻到呢？还是怕病人有细菌传给自己？如果是后者，那显然是有悖革命大无畏精神的。我父亲是天津第一中心医院口腔科主任，那些年门诊不戴口罩，只有手术时才被认为是理所应当的。也好，我父亲1968年作为"六·二六"医疗队员赴内蒙古农村一年，基本上都想不起来口罩了，如此才与贫下中农打成一片。

如今戴口罩，不会再与革命思想挂钩，但会与时尚理念联系起来，看街上行人，凡是戴一个普通雪白口罩的，肯定不够时髦。要不就是有新颖图案，比如一个大红嘴唇；要不就是科技味道很浓，传递出领先的气息。而依我看来，还是白色口罩边缘齐整，衬托出一双漂亮或不太漂亮的眼睛，使面庞端庄、洁净。有不规则图案的口罩，使别人远远看上去，分不清鼻子在哪、眼在哪。宛如抽象图案似的一张脸，简直像第一代迷彩服。再说灰色配黑花的口罩，实在是看上去很脏，总像是长时间没洗似的。"非典"时有个笑话，甲问乙：你怎么把你们家褥子剪一块戴上了？乙无语。那花里胡哨的感觉确实离口罩原样相距甚远，倒是与褥面花样差不太多。

当然，我只是从服饰审美角度考虑得多了，而有关人士反复强调的是戴何种口罩，如归纳出针对雾霾的两类口罩：一是无效类，包括棉布、医用、活性炭和插片等口罩。二是有效类，有国际标准型号、美标、欧标等，必须标注有明确的防颗粒物强制执行标准。美标 N95 就要求防霾口罩必须有可塑形的鼻夹，佩戴后与脸部的密合度较好，呼吸时不会有明显的漏气。罩体一般是白色或浅灰色无纺布材料，使用一段时间脏了就扔。专业机构强调，不要无休止地使用下去，也千万不要洗完晒干再用……看起来蛮复杂，也蛮奢华的。

时代进步了，科技水平提高了，人们也比过去知道得多了，这些都反射到小小的口罩上。例如有人伤风感冒了，就戴上口罩去参加集体活动，唯恐把病菌传染给别人，这是对社会负责任，是人类文明的表现。但是在街上戴口罩，很多也是无奈之举，间接说明的是城市空气污染。什么时候摘掉口罩，面对纯净的蓝天，那将是人类在文明社会一个真切的渴望。口罩也在书写文化。

我研究历代《舆服志》(上)

华梅等著《中国历代〈舆服志〉研究》

中国正史"二十四史"加上《清史稿》即25部史书中,有10部设有专门章节《舆服志》,这是研究中华文化不可忽视的材料,具有难得的史料价值。它是中国文化建设的重要基石,其中贯穿着中华民族的治国思想。中国曾是礼仪之邦,《舆服志》总结记录的正是几个重要朝代的服饰制度,包括车马仪仗规定。对此,中国服装界乃至社科界多为片断引用,未进行真正系统的研究,有的专家专门研究"舆",即车,还有专家专门研究"服",多为礼仪服饰。

2008年,我主持的"中国历代《舆服志》研究"申报国家社科基金艺术学项目成功获批,于是这一艰苦历程开始了,收获的有困难,也有愉悦。我带着数位年轻教师先是攻克难懂的古文,再便是查询相关历史资料。2010年底,67万字书稿上交结项,评审又用了近一年时间,2011年底正式结题。2012年初,商务印书馆约我出版,我们定好成书要40万字,120幅图。我又用了一年零两个月的时间,系统规范地修改了七八遍,再配上原汁原味的中国古书中线描图,2013年5月份提交商务印书馆,商务印书馆又用了两年多的时间,终于面世。鉴于这部著作的特色,商务印书馆以紫红缎面烫金的精装封面并配8页彩图隆重推出。

这一研究起于1996年，当年人民出版社约我《服饰与中国文化》一书，我在书中提出一些观点，针对《舆服志》也用了一些篇幅。当然，在40万字的正文中，写了约两万字，显然不够深入。可是，的确起了个好头，致使我后来有勇气，有信心，也有兴趣去研究这个课题。

《论语·卫灵公》中有这样一段问答："颜渊问为邦，子曰：'行夏之时，乘殷之辂，服周之冕，乐则《韶舞》。'"研究中国历代史书中的《舆服志》，首先就会联想到这段话，尤其是"乘殷之辂，服周之冕"。因为贯穿《舆服志》并体现其宗旨的，实际上就是在治理国家时，应遵循哪样的传统，建立怎样的制度，而且如何重视这确立主题思想的外显形象，即车旗服御。也就是说，作为统治者，必须考虑到国家大型礼仪时的车马仪仗和衣服佩饰，这是隶属政治制度不可忽视的重要组成部分。孔子是儒家思想的创始人，而儒家思想正是中国长期封建社会中始终被作为正统的思想体系。尽管诸子百家中道家、法家、墨家以及汉以来传入中国的佛教思想都对中国人产生过影响，但最为根深蒂固的还是儒家思想。汉代及以前成书的《周礼》《仪礼》《礼记》已经充分总结并弘扬了儒家思想。儒家思想是中国史书《舆服志》的基础和主轴线。

孔子认为商代的车马仪仗规格、周代的礼服颜色款式是最正统的，换言之是最有利于巩固国家统治地位的。孔子最念念不忘的"克己复礼"即恢复周礼。周代是中国奴隶制最为完备的时期，很多制度包括冕服在内的服装制度都是在那时建立的。因此，孔子在这段话中强调的是用夏代的历法，坐商代的车子，穿周代的礼服，奏舜时和周武王时的音乐。这是一种定调的理论，这种舆服规范从《后汉书》开始被详细记录下来，并开宗明义地讲清为什么要在史书中专设一项《舆服志》。

目前可见到，以文本形式存在的最早的《舆服志》是《后汉书·舆服志》，系统记载了汉代车旗、章服、冠履的有关规章制度及具体款式等，此后《晋书》《南齐书》《旧唐书》《宋史》《金史》《元史》《明史》《清史稿》中都设有《舆服志》，《新唐书》设《车服志》。也就是说，中国正史中，有10个朝代的车旗服御制度是非常完整、非常成熟的，而且还被较为完整地保留下来。

  舆，原指车厢，后引申为车，《老子》中提到："虽有舟舆，无所乘之。"即是以船与车并提的例子。服，即为衣冠。《尚书·皋陶谟》中说："天命有德，五服五章哉！"绣绘日、月、星辰等"图案"的礼服常被称为"章服"，因为古文中将纹样也称为"文章"。这样，"舆服"一词实际上成了车乘、章服、冠履以及仪仗所用旌旗和车队装饰的总称。翻开中国历代史书中的《舆服志》章节，我们不难看到，《舆服志》不但记载着具有国家礼仪意义的车旗与衣服的形态及其带有明显文化意味或纯装饰性的花纹，而且还记载着这些形态与花纹如何与使用者的社会等级相对应，并指出在何种礼仪或环境下使用。历代《舆服志》是史书中的重要章节，可作为我们探讨中国传统文化、政治制度、服饰艺术和舟车制造技术的重要依据。

我研究历代《舆服志》（中）

在对《舆服志》文本以及《舆服志》文本所代表的制度进行研究时，很明显地看到，历代《舆服志》具有庞大政治系统所存在的复杂性和继承性。比如说现有历代《舆服志》文本并不都是为了记述舆服制度而存在，其中存在大量评论性内容；还有很多偏差不能直接辨识，需要结合相关背景知识进行分析才能得到合理解释。可以说，相关文本并没有完全记载当朝的舆服制度，或者说不一定准确。

这种存在于历代《舆服志》文本中可直接辨识的以及不能直接辨识的系统偏差的根源，产生于历代《舆服志》的编撰方式本身。中国政治制度中存在具有高度职业责任感的史官，他们忠实记载朝代历史事件、政治制度以及重要人物，因此留下较为客观并丰富的原始资料。而中国史书的编撰却是以"隔代修史"为传统的，如《晋书》为唐代房玄龄等所编修，《新唐书》由宋代欧阳修等撰编。这就是说，"二十五史"中的历代《舆服志》尽管是历史的记录，以对历代车旗服御制度的确立、构思、设计的总体为主要内容，但立论与归纳又带有后一代人的审视与评估。出于对历代《舆服志》编修者的身份、学识、职业操守的信任，以及通过与其他文献资料的对证，目前可以肯定，这些记录和评估多半是科学公正的，但也不可避免受到编撰者自身民族身份认同感和时代意识的影响。

编撰者加入的评论和编撰者遵循一定标准没有采用的原始资料，都是由《舆服志》编撰方式所产生的系统偏差，它们使现存的《舆服志》文本和《舆服志》文本所代表的制度之间存在差异。这种偏差是可控的，而且其本身也成为了研究对象的一部分。

这里有一个细节，如《后汉书·舆服志》作为在正史中首次设置的篇章，其实还有一些复杂的组合过程。《后汉书》是南朝宋时的历史学家范晔编撰的，书中记述并归总了东汉196年的史实。到了北宋时期，有人将晋代司马彪《续汉书》志三十卷与之合刊，于是成了今天的《后汉书》。其中的《舆服志》即是司马彪所创，同时还有《百官志》。在北宋之前，已有《晋书》《南齐书》《旧唐书》中出现了《舆服志》，唐人房玄龄、梁人萧子显、后晋人刘昫是不是曾受到司马彪史书建制体系的影响了呢？无论怎样说，隔代修史，在《舆服志》的开创与设置中，司马彪都是功不可没的。

中国史书中的《舆服志》，主要需体现礼制思想。因此，中国史书的《舆服志》，在相当程度上是一部封建宫廷车马仪仗与礼服的史卷，后来才逐步加入一些民间服饰，但都是为政治服务的。

以《后汉书·舆服志》中的武冠为例，书中说："赵武灵王效胡服，以金珰饰首，前插貂尾，为贵职。秦灭赵，以其君冠赐近臣。"这里说的是一种起源于北方游牧民族的帽子，文中引注也提到北方寒凉，本以貂皮暖额。但是，后来为汉族人用时，已注入更多的文化内涵，如帽上的金珰、蝉饰、貂尾等。文中引汉应劭语："以金取坚刚，百炼不耗；蝉居高饮洁，口在腋下；貂内劲悍而外温润。"又说："蝉取其清高，饮露而不食；貂紫蔚柔润，而毛彩不彰灼。"汉代时，侍中、中常侍戴的帽子就是加金珰，即冠前的金牌饰；再附蝉形饰，多以金、银箔镂空为蝉形，加插于冠额正中，取义为高洁、清虚；并将貂尾插在冠上。因为这种冠从汉代起主要用于宦官近臣，所以必加金珰（珰，以后成了宦官的别号）。插貂尾则成了示恩宠、形显贵的一种特殊着装方式了。细节显示出一种中国特有的思想观念。

《舆服志》中蕴含的文化内涵首先就是帝王重视祭天祀地，在中国人早期的文字形式中，多处涉及天，如《尚书·泰誓上》："天佑下民，作之君，作之师。"《诗经·邶风·北门》："天实为之，谓之何哉！"这里实际上是把天看作一种客观存在的实体，认为天是至高无上的机构，有一种无法抗拒的力量，同时，又是一位可以护佑人类的神灵。《周易·系辞上》："天之所助者，顺也。"人们认为如果能够得到天的帮助就会顺利。对于大地的认识也是这样，《管子·形势》即直言："地生养万物，地之则也。"中国原始社会陶器中，有一种裸体孕妇形象，如五千多年前的红山文化遗址中就有这样的陶俑，考古界称其为"农业之神""生育之神"或"大地之母"，认为这是人化了的大地。

由于大自然的神秘不可测，中国古人对大自然始终怀着一种敬畏之心，《周礼·天官·大府》中记述："邦都之赋，以待祭祀。"这就是以一种特有的仪式，包括供品、祭祀人衣装及整体程序来显示人类希望得到大自然护佑的虔诚之心，人们取悦于天地，以期冀平安与衣食常足。《周礼·春官·大宗伯》："大宗伯之职：掌建邦之天神、人鬼、地祇之礼，以佑王建保邦国。"祭天祀地就要有各种专用礼器，如玉器，这一段文字后有关于玉质礼器的讲究："以玉作六器，以礼天地四方：以苍璧礼天，以黄琮礼地，以青圭礼东方，以赤璋礼南方，以白琥礼西方，以玄璜礼北方。"

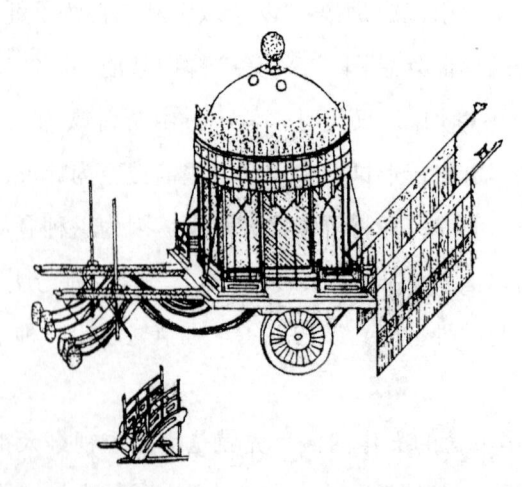

皇帝大驾卤簿革辂（清·允禄等《皇朝礼器图式》）

除了礼器之外，当然就是祭祀者的服饰以及祭祀队伍的车马旗帜。《周礼·春官·典瑞》："典瑞：掌玉瑞、玉器之藏，辨其名物与其用事，设其服饰。"至于等级，周礼中规定：上公九命为伯，其国家、宫室、车旗、衣服、礼仪皆以九为节。也就是说祭天祀地的时候，不同等级的人要穿符合自己身份的衣服，以表示严肃。由此确定"司服"一职，专来负责君王在礼仪中穿用的衣服，即："掌王之吉凶衣服。"同时，有"巾车"一职，"掌公车之政令，辨其用与旗物而等叙之，以治其出入"。有"典路"一职，"路"即"辂"，指车。"掌王及后之五路，辨其名物与其用说。"有"车仆"一职，"掌戎路之萃、广车之萃、阙车之萃、苹车之萃、轻车之萃"。有"司常"一职，"掌九旗之物名，各有属，以待国事"。这些官员，其职责分得相当细，仅就祭天祀地一点就要因人因时不同，有多种衣服和车旗规定。

我研究历代《舆服志》（下）

周代以后的中国传统社会中，祖先崇拜在宗教体系中占据重要角色，西汉末年的建武十三年（37年），以高祖配天的祖配礼最早成为国家祭祀活动。此后自东汉始，历代王朝统治者的祖先配祭活动，都带有证明其继统合理性的意图，对东汉国家的现实政治也有积极作用。在这种祭祀祖先的拜陵谒庙活动中，对于朝拜者和随从的服饰都有详细的规定，以显示郑重和严肃，如《后汉书·舆服志》所记："安帝立皇太子，太子谒高祖庙、世祖庙，门大夫从，冠两梁进贤；洗马冠高山。罢庙，侍御史任方奏请非乘从时，皆冠一梁，不宜以为常服。事下有司。尚书陈忠奏：'门大夫职如谏大夫，洗马职如谒者，故皆服其服，先帝之旧也。方言可寝。'奏可。"不难看出，历代统治者对拜陵谒庙仪礼，都是不敢丝毫疏忽的，唯恐因一点失礼而影响了社稷。

作为朝拜者来说，不仅服装要讲究礼仪，即显示身份等级和礼仪轻重程度，而且所乘的车子及其装束，都要有专门规定。如《后汉书·舆服志》

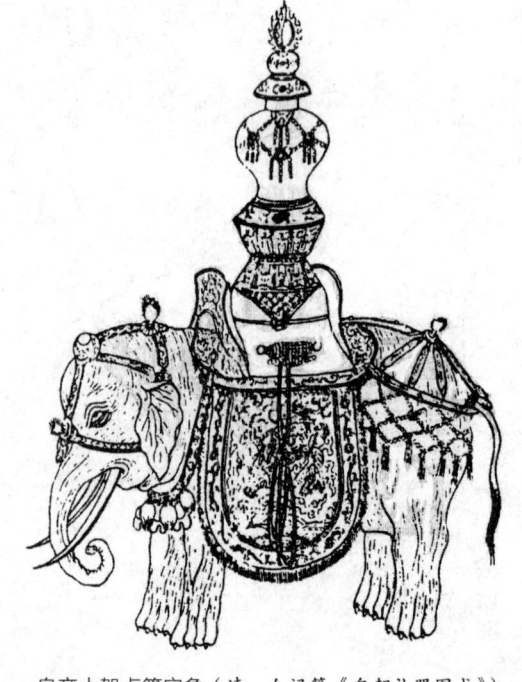

皇帝大驾卤簿宝象（清·允禄等《皇朝礼器图式》）

中以车盖的颜色与装饰物来标示主人的等级。皇室之车多用翠羽黄里的羽盖，即外面饰以翠绿色的鸟羽，里面用黄色的绸缯，故又称"黄屋车"。《后汉书·舆服志》对官吏及士大夫阶层的用车也有详尽的规定，如："王，青盖；千石及以上，黑缯盖；三百石及以上，黑布盖；两百石，白布盖。"所有的礼仪活动，都要遵守严格的舆服制度，更何况拜陵谒庙。

对一个国家和政权来说，武装力量的调动和军事行动的决策都是关乎生死存亡的大事，因此在传统政治体制中，皇帝就是武装力量的最高统帅。如何通过服饰表示对军事行动的重视，在历代《舆服志》中有明确的表述，如武弁的穿戴。《明史·舆服志》记载："皇帝武弁服：明初亲征遣将服之。嘉靖八年谕阁臣张璁云：'《会典》纪亲征、类祃之祭，皆具武弁服。不可不备。'璁对：'《周礼》有韦弁，谓以韎韦为弁，又以为衣裳。国朝视古损益，有皮弁之制。今武弁当如皮弁，但皮弁以黑纱冒之，武弁当以绛纱冒之。'随具图以进。"后面写得非常具体，如皮弁造型必须符合古制，衣裳、佩绶都必须有准确的颜色和佩戴规格。云云。

可以看出，从统治阶层的视角如何看待运用武力的重要性、武力活动的关键作用以及鲜明特征，都可以从武弁的形制（如皮弁）和色彩（纯用赤）上体现出来。其上还辅以"讨罪安民"的文字强化军事行动的正义性质。

有一点值得一提，中国古代武将的服饰形象也是非常讲究的。《旧唐书·舆服志》是这样记载的："则天天授二年二月朝，集使刺史赐绣袍，各于背上绣成八字铭。长寿三年四月，敕赐岳牧金字、银字铭袍。延载元年五月，则天内出绯紫单罗铭襟背衫，赐文武三品以上。左右监门卫将军等饰以对师（狮）子，左右卫饰以麒麟，左右武威卫饰以对虎，左右豹韬卫饰以豹，左右鹰扬卫饰以鹰，左右玉钤卫饰以对鹘，左右金吾卫饰以对豸；诸王饰以盘龙及鹿，宰相饰以凤池，尚书饰以对雁。"人们一直认为，武则天此举直接导致了明清两代官服上补子的盛行。

后代与前有所不同的是，明清武官补子均为兽，文官则为禽。而武则天时除了麒麟、狮、虎、豹之外还有猛禽，如鹰、鹘等。与此同时，武官享受"甲胄不拜"的特殊待遇，《舆服志》中多次显示出中国历代宫廷对武力的倚重。

中国在传统上是一个典型的农业国，粮食和副食的生产具有战略价值，而植桑养蚕则是中国人有代表性或说在很长一段时间独享的衣服面料——丝绸的主要来源。几千年来，农桑一直支撑着历代王朝的财政运行。因此，皇权如何体现自身对两者的重视，就需要一些特定的、具有象征意义的活动，这些活动还要有与之相配的特定服饰。《后汉书·礼仪志》注："《史记》曰：汉文帝诏云：'农，天下之本。其开藉田，朕躬耕，以给宗庙粢盛。'应劭曰：'古者天子耕藉田千亩，为天下先。藉者，帝王典藉之常也。'而应劭《风俗通》又曰：'古者使民如借，故曰藉田。'郑玄曰：'藉之言借也。王一耕之，使庶人耘芓终之。'"

《晋书》中也记载了皇权对籍田亲蚕的重视以及相应礼仪和服饰的规定："武帝太康六年，散骑常侍华峤奏：'先王之制，天子诸侯亲耕藉田千亩，后夫人躬蚕桑。今陛下以圣明至仁，修先王之绪，皇后体资生之德，合配乾之义，而坤道未光，蚕礼尚缺。以为宜依古式，备斯盛典。'诏曰：'昔天子亲藉，以供粢盛，后夫人躬蚕，以备祭服，所以聿遵孝敬，明教示训也。今藉田有制，而蚕礼不修，由中间务多，未暇崇备。今天下无事，宜修礼以示四海。其详依古典，及近代故事，以参今宜，明年施行。'于是蚕于西郊，盖与藉田对其方也。"

在中国古礼中，每年三月，王后要出面主持祭蚕桑礼，以祷告桑事丰收。在《周礼·天官·内司服》中，专写有"鞠衣"。汉郑玄注："鞠衣，黄桑服也。色如鞠尘，像桑叶始生。"《吕氏春秋·季春纪》中写道："是月也，天子乃荐鞠于先帝。"汉高诱注："《内司服》章：王后之六服有菊衣。衣黄如菊花，故谓之菊衣。"《后汉书·舆服志》记载太皇、太后、皇太后都有蚕服，青上缥下，深衣制，等等。直至《唐六典》中，说到皇后必备的仪仗服饰，第二类就是鞠衣，"亲蚕则服之"。明代时改为红色，前后织金之龙纹，绣或铺翠圈金，并饰以珠。明代以后，正规的宫廷亲蚕制度才消失。

其实，研究《舆服志》的收获还不止以上几点。例如，我发现《舆服志》在各代史书中所占的比重不同。《汉书》始有"志"类，《后汉书》设有《舆服志》，但是仅有上下两卷。《晋书·舆服志》显现出一种规模。《旧唐书·舆服志》篇幅不大，《新唐书·车服志》记载更为详备。《宋史·舆服志》相对其他朝代来说是最多最全面的，长达六卷。到《明史·舆服志》时，车旗服御作为统治制度的形象表现形式，已被封建王朝高度认识到。《舆服志》在历代史书中尽管有些断断续续，但至金代已成定制，金以后的史书中一律设置。

再如，历代《舆服志》开篇即追溯到黄帝，即使我们认为统治者是少数民族的朝代也依然如此。圣人之说较为常见，孔子的"殷辂"和"周冕"为之定调，"五经四书"成为理论依据。再如，秦制舆服被普遍认可。这些都是共性。个性更是显而易见，在这里不一一赘述了。

钗头春意翩翩

每逢新春,中国女性都爱在头上戴点儿什么,别小看了这个腊月、正月的头饰,体量虽不大,内涵可丰富了。

除夕戴聚宝盆形红绒花,京津一带最讲究。不过,与聚宝盆传说最密切的明代人沈万三(山)在南方知名度很高,如周庄蹄膀,据说与沈万三有关,但在北方却很少有人提起。当然,这并不影响人们对聚宝盆形红绒花的热情。每年的聚宝盆上都有特定生肖形象,由此更增加了神话的即时性和形式感,也就等于强调了"这一个"。我从2008年,即十二生肖伊始的鼠年,有意保存每一年的生肖形象聚宝盆红绒花。静下心来观察,虽说现在民俗饰品有些流于旅游纪念意味了,但小小的头花上,依然能够看出民间工艺的独特趣味和民间艺人为此所付出的心思。从中透出的实际上是中国人对幸福的善意追求乃至中华文化的博大精深。

21世纪人们对年节的记忆,主要停留在"吃"上,"初一饺子初二面",仍为津津乐道。倘若抚摸一下中华民俗史,会发现正月初七还有专门的头饰。南朝梁宗懔《荆楚岁时记》中写道:"正月七日为人日,以七种菜为羹。剪彩为人,以贴屏风,亦戴之头鬓。又造华胜以相遗。登高赋诗。"看,古人还是很有文化气息的。书中按:"董勋《问礼俗》曰:'正月一日为鸡,二日为狗,三日为羊,四日为猪,五日为牛,六日为马,七日为人。正旦画鸡于门,七日贴人于帐……'剪彩人者,人入新年,形容改从新也。华胜,起于晋代,见贾充《李夫人典戒》云:'像瑞图金胜之形,又取像西王母戴胜也。'"

宗懔在书中所说的,用彩纸或彩帛剪成人形戴在鬓边,又做一些华胜互相赠送。华胜为何要追溯至西王母呢?因为《山海经·西山经》中描绘西王母:"其状如人,豹尾虎齿,善啸,蓬发戴胜。""胜",旧注"玉胜也",是一种玉质头饰,后来普遍认为胜是菱形玉饰,如双菱形相叠,则为"双胜"。

在那并不发达的年月中,社会节奏很慢,人们虽说物质相对匮乏,生活也较艰苦,可是能有那么多的时间去琢磨天,琢磨地。不像今日这样实实在在的卫星上天,到哪儿去找玉皇大帝呢?而当年夸父追日、嫦娥奔月那种文人和文盲都能拥有的诗意,却给人以不尽的遐想与美感。如今再难寻觅了。

清代翠羽钗(华梅藏)

回到正月初七人日的话题上,宋贺铸《雁后归》词云:"巧剪合欢罗胜子,钗头春意翩翩。"读来也觉美好。

时装时尚何时了

——有感于"假领"复出

总有人问我：怎么好早前的衣服款式又时兴起来了呢？我只能听，因为一言半语又解释不清。后来想，人家不过是随便一说，你给讲些时装流行规律，别人也未必真的在意。于是，想起南唐后主李煜的词："春花秋月何时了，往事知多少。"当然，他是怀念故国，有明显的悲观情绪，时装倒也不至于。本来应是生机勃勃的，只是时不时把过去抛弃的又拾回来，搞得大家莫名其妙。

前些日，诸媒体热炒"假领子"，说是受韩剧影响。记者们忙碌起来，在淘宝网上搜索"假领子"，发现有数万条商品信息，一下子又引起中老年人的感慨。所谓"假领子"，实际是一件假衬衣，恰恰只有领子是真的，还带一点肩和前襟，甚至有两三粒纽扣。20世纪60年代至80年代初，商场有专门卖的。假领子穿在毛衣或制服里面，只露出洁净挺括的领子，就好像穿了一件像样的衬衣。由于少用了许多布料和手工，价格也就便宜了许多。这在"新三年，旧三年，缝缝补补又三年"的经济拮据时代，还是很像样的一种特定服式，故而被称为"节约领"或"经济领"。

改革开放以后，人们生活水平越来越高，也就不再购买和穿用"假领子"了，一件普通衬衣也不贵。但是，时隔二三十年之后，"假领子"又风光起来，这次是白领们青睐。由于年轻人爱穿一种舒适休闲又略显体面的卫衣，故而圆领套头或后带背帽的全棉、混纺卫衣领口处，就需要有一个衬衣领，这样不会显得很随便，卫衣也就和毛衣一样能够穿到办公室了。"假领子"便在这种时尚潮流中复出了,只不过如今的更讲究了,不仅有小尖领、小圆领、元宝领、牛仔布领等多种款式和布料,且多种色彩,还使用了蕾丝、绣花、珍珠、水钻等各种新材质新工艺。女性白领们说,这种假领可常新,又好搭配,而且低碳,一举好几得。

从服装史角度说,"假领子"的源头并不是 20 世纪 60 年代。卓别林在电影中就有一段有关的精彩表演,他扮演一名穷苦青年,在一个有希望求得工作的场合上,借来的西装外衣里穿了一件雪白的假领子。屋里很热,他想把外衣脱下来凉快凉快,就在那一瞬间,露出了仅有领子和短短前襟的假领,当时别提多尴尬了。在周围人鄙夷惊讶的目光下,那种窘劲儿让他无地自容。这部电影拍摄于 20 世纪 30 年代或稍晚。

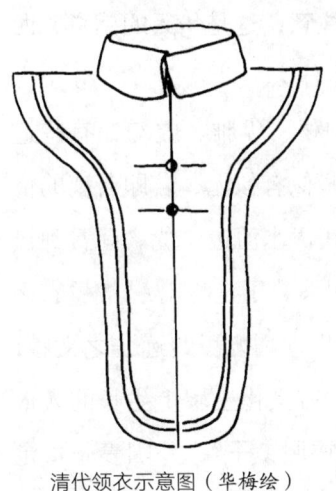

清代领衣示意图(华梅绘)

再早些的清代,更有高级的假领子,那是为官员们特意备置的,叫"领衣",俗称"牛舌头"。清代男女服装都没有高起的领子,只有一个领口,因而劳动民众就那样穿着,宫廷女性则在脖子上围一条围巾,即使在室内也不摘掉。男性官员讲究在官服领口里穿一件高起再折下的领衣,前面还系上几对疙瘩襻儿。再多说几句,中国人格外看重的中山服,原型取自日本学生服,但是学生服是小立领,中山服却是双层折领,据说就是受到清代领衣的启发。

"假领子"在数百年中几度卷土重来,已经说明时装时尚的"复古""怀旧"并不新鲜,人们不知在一种什么形势下,或是再想不出新样儿的时候,容易从逝去的时尚中去寻求灵感。只是,时装时尚的流行是螺旋形的,怎么转回来也不会回到原来那个"点",肯定有变化,似曾相识又展现新貌,还问"往事知多少"吗?

外国人创作的"中国风"

一段时间以来,人们总在议论2015年纽约大都会博物馆服装艺术部的春季特展。因为展览的主题是"中国:镜花水月",而西方设计师的作品却令中国人看不懂。

无论网络还是纸媒,人们都在发表自己的看法。一位美国华裔时尚记者实在受不了,说很多明星用眼线笔刻意加长眼部轮廓的妆容也许对其他任何场合来说都合适,唯独在今天不适用。请注意,这是华人的感觉,西方人其实根本不知道"镜中花,水中月"说的是什么。

面对这样一个主题,中国人可能联想到神秘、优雅、虚幻,有些道教的韵味;有些只可意会不可言传的美妙;有些似有似无、若即若离的情感。说着说着,我竟想到了洛神。想那曹植站在伊水河边,恍惚间看到自己心爱的人踏水乘风而来,欲上前去却又遥不可及,于是吟出:"披罗衣之璀璨兮,珥瑶碧之华琚。戴金翠之首饰,缀明珠以耀躯。践远游之文履,曳雾绡之轻裾。"这种气韵,这种感受,不是这方文化土壤上生长的人很难理解到。例如跨国婚姻,中国丈夫说"猪八戒照镜子",外国妻子肯定觉得莫名其妙,想不到"里外不是人"。这次展览的中国导演认为是对中国元素进行"离现实非常遥远"的诠释。

我可以举两个曾经有过的"诠释"设计先例。1982年,法国服装设计大师伊夫·圣·洛朗在北京举办展览,其中有一组"中国风",用了中国清兵的斗笠,加上清代男子又肥又短的无领上衣,再配上时尚的黑色紧腿裤和极细极高的高跟鞋。这就叫"中国风",但是很难给中国人以审美联想。20世纪90年代,英国服装设计师约翰·加利亚诺推出一套据说是从中国文化中获取灵感的时装。只见女模特儿们头戴中国红军的八角帽，有的上面还有红五角星，上身却穿着瘦得裹身的中式掩襟小袄，下面又是宽而长的阔腿裤，偏于军绿色。这如果是中国设计师的作品，准会惹来麻烦，可是异国他乡的诠释，也就不好说了。

拿来中国的星星点点，其实也说不上文化元素。但是，人家就觉得这就是中国的。这次纽约大都会特展上多出现的金色、红色、扇子和龙，说明外国人还是注意到了一些中国独有的服饰色彩、纹样和随件，这就不错了。换位思考，我们搞一套巴洛克，诠释一下卢浮尔，再效仿一顿下午茶，可能也是隔靴搔痒。

看起来，世界太大了。谁上谁那儿去旅游很简单，世界因科技发达而缩小了，网络也把全球变成了一个村。可是，文化很难大同，东方人穿西装百余年了，至今仍然限于表面。中国人自己都"十里不同风，百里不同俗"，何况外国人呢！

时装设计大师伊夫·圣·洛朗设计的"中国风"一款（吴琼绘）

人与动物撕扯不开的包装情结

鲁迅根据庄子一篇《至乐》写出《起死》。文中借庄子之口说:"鸟有羽,兽有毛,然而黄瓜茄子赤条条。"当然,植物也有皮。总之,"鸟有羽,兽有毛"这些现象都是天生的,即大自然的产物。

人类是经过长时期进化才成为近万年以来的人,别管是从猿还是海豚,抑或是星外来客,反正是成了现在这个样子。这也是"天之道"的结果。

电视节目中播出的《动物世界》或《生命传奇》,有很多情景让我们感动。大型雕鹗也好,小得不能再小的蜂鸟也好,总在抓紧一切时间梳理自己的羽毛。这说明它们无比爱惜自己的羽毛,希望洁净,渴望健康,同时保持良好的形象以求得佳偶,繁衍后代。其他动物也是这样,大象、犀牛只要有水,就忘不掉洗浴肌肤,时不时还要滚上一身稀稠适宜的泥巴来防止寄生虫的叮咬和太阳的炙烤。小螳螂也是不停地打理自己的头、颈。这种自然之貌、自然之情本来都是与生俱来的。

然而,就因为人类聪明,进而强大起来,无限地扩张,想取天下之物尽归于己有。鸟兽的羽毛、毛皮、牙角便成了人类炫耀自己武力或财富的象征。人类数量少的时候还好办,当地球上的人数超过70亿

原始部族羽毛饰(王家斌绘)

后，再想以动物的天然包装来作为自己的装饰，就直接造成了对动物的致命伤害。

三十多年前，我刚开始讲授服装史课时，对人类索取利用鸟兽毛羽的行为不以为然，反而津津乐道。比如，人类在草裙之后使用兽皮披就是一个进步。北京山顶洞人遗址发现了呈扇状散落在遗骸颈项间的项饰，是人类两万年前的杰作。那些被穿了孔的兽牙、鸟骨及海蚶壳，显示了人类童年时期的原始崇拜、巫术信仰和利用自然万物并进行加工的能力。可是，时至21世纪再看古人头上的貂尾、雉翎、孔雀羽，就难免有新的认识了。

记得史料中有唐中宗时安乐公主百鸟裙的记述，被认为是中国织绣史上的名品。这件裙用百鸟羽毛织成，正看一色，倒看一色，白日看一色，夜晚看又一色，甚至还能显出百鸟的形态，简直太神奇了。不过，这在当时也造成了流行效应，致使山林奇禽异兽，搜山荡谷，扫地无遗。想来也是很可怕的，只是早先一直在强调时装的感召力。

不用说苏轼笔下的"锦帽貂裘"和"羽扇纶巾"，也不用说李白欲拿其换酒的"千金裘"，甚或是《红楼梦》中的"勇晴雯病补孔雀裘"，单说清代的皮袍就有好多种。如"罗汉统"，亦称"飞过海"，这是用两种皮毛制成的衣服皮里儿，上截和袖子里面用羊皮，而下截和袖口处用猞猁、貂、狐、灰鼠、银鼠皮等，这样翻过来时便于炫耀。还有"鸭头裘"，以野鸭头部的皮毛制成。清郝懿行《晒书堂诗抄》："今优伶有著孔雀及雉头、鸭头裘者。"另有"凫靥裘"，这是用珍禽头部绒毛为原料做成的。《红楼梦》："宝琴披着凫靥裘，站在那里笑。"后来又写贾母命鸳鸯取一件孔雀毛的氅衣来，待"宝玉看时，金翠辉煌，碧彩闪灼，又不似宝琴所披之凫靥裘"。

这些太讲究了，未免有点儿俗，真正具有神仙气的是鹤氅。据说鹤氅用鹤羽制成，可御风雪，相传为晋代名士王恭所创，在《晋书·王恭传》和《谢安传》以及《世说新语·企羡》中被描绘得那可真是超凡脱俗。

前不久，有人在网上晒戏装冠上用了多少翠鸟羽毛，结果引来狂轰滥炸。原因很简单，这都什么时候了，大众的动物保护意识这么强，还容忍得了如此宣扬吗？翠鸟羽毛太美了，以致给它带来厄运。中国金属首饰中，有一种"翠翘"，如《长恨歌》"翠翘金雀玉搔头"，即是以金银打制成形，上贴翠鸟羽毛或嵌翡翠。动作更大的，有"集翠裘"和"翠云裘"，干脆以翠鸟羽毛织成大衣，战国时即有。

蛇皮做手包已不新鲜，泰国的珍珠鱼皮拎包和钱包最为别致。这些物件的形成不同于赫哲族人的鱼皮衣，后者是临水而居，就地取材，而用动物皮做装饰性实用品，主要是为了显得名贵奢华。这二者性质不同。

那么，有什么办法既不伤害动物，又能达到动物毛皮牙角的装饰效果呢？仿制。

从20世纪下半叶，科学家们便以科技手段向人工仿制裘皮领域进军。至90年代时，皮草一说就为大家所熟悉了。仿制品可以以假乱真，但一摸就觉出手感不对。我小时家里有外祖母的一件狐狸围脖儿，只有两只眼睛是假的。后来再看皮货摊上的同类产品，还是感觉不对。这就矛盾了。人类一方面想保护动物，一方面又喜欢动物的天然包装，怎么办呢？一是仿制，二是养殖。但是，仿制过程中毕竟会释放化学类有害物质，直接污染了环境，而赝品怎么也是赝品。养殖也不是常事儿，因为随着人类对动物保护意识的增强，逃不脱会有一种罪恶感。

服饰科技正走在十字路口，怎么走？当年美洲明尼达里原住民将猎获来的狼，剥皮后中间挖个洞套在颈间，任凭狼头悬挂在胸前、狼尾垂在身后以显示勇猛剽悍的岁月已经远去了。如今我们就像叶公好龙。在织物上印几个豹纹，这或许就是出路。

几度风行阔脚裤

这两年又流行起阔脚裤，尤其是2016年，时尚人士敏锐地抓住这一潮流，极力设计出同为阔脚裤却又五花八门廓形的下装，好像是呈现出一种新貌。

实际上，阔脚裤不仅在国际时装界几度出现，就中国常服造型而言，早在魏晋南北朝时就兴起过。自赵武灵王引进胡服以后，中原大地有了合裆裤。"两股各跨别也"的裤子相对两腿拢在一起的裙子来说，自然便于行动。当年上穿短袍、下着合裆裤的装束自戎装向民服扩散，很是"前卫"。被称作裤褶（dié）。

可是，问题也随之而来。中原人自商周以来礼服是上衣下裳，下装为裙子，这才是正统。一穿裤子，下装成了两个筒，西北马上民族的裤子本来就为便利合身，适宜打猎打仗，但是到了中原汉人的殿堂上，两条瘦腿形状的下装就显得有悖列祖列宗。怎么办呢？再回到裙子又觉得有碍行动，于是有人想出一个好办法，把裤管做肥，着装者站在君王或高官两侧，好像是穿着裙子。这样，远看起来维持原造型，但迈开腿时也能很快行走，似乎两全其美了。结果就出现了中国古代的"阔脚裤"，当年时髦的全身打扮，被称为"广袖朱衣大口裤"。

这种两全之策没过几天又显露出不足，因为裤管太肥，加之古代丝绸麻葛面料轻盈且飘逸，所以走平地尚可，如若遇上个草丛泥泞之地，显然是多了许多累赘。着装者总是聪明的，有人率先想起一个法儿，需要赶路时，用三尺长绦带在裤管膝盖部位下紧紧系扎。这样一来，便利多了，因而得名为"急装"，也被直接称为"缚裤"。

20世纪80年代初，喇叭口裤随着改革开放的春风涌入神州大地，有人撰文说喇叭口裤早在中国魏晋时我们祖先就穿过，其实就是没系带子或系上缎带的裤褶下装。如果仔细对比，会发现喇叭口裤的腹臀部和膝盖之上特别合体，将裤管逐渐放大是从膝盖部位之下，因而和大口裤只是有近似之处。

　　古代流行的"阔脚裤"，先是很肥很长，长至脚面，柔软面料做成，走起路来还是很潇洒的，宛如行于碧波之上。但有个前提条件，那就是着装者最好腿长，否则会被认为腰带断了或是提不上去。喇叭口裤穿着时，也有这个问题。所谓"脚"，是人们常将裤腿称为裤管，裤管下口则被称为裤脚。

　　初夏街头，阔脚裤又为之一变，变得短了许多，形成七分裤、八分裤。这倒使我想起20世纪20年代末，中国因受到西方文化和生活方式的影响，人们开始接受并推崇现代时装。当年的《海上风俗大观》记载："至于衣服，则来自舶来，一箱甫启，经人道知，遂争相购制，未及三日，俨然衣之出矣。……衣则短不遮臀，袖大盈尺，腰细如竿，且无领，致头长如鹤。裤亦短不及膝，裤管之大，如下田农夫，胫上御长管丝袜，肤色隐隐。……今则衣服之制又为一变，裤管较前更巨，长已没足，衣短及腰。"看起来，如今的阔脚裤也不是多么新鲜，一百年前的时装和今天绝对有一拼。20世纪50—80年代，中老年家庭妇女都穿现在这样长至踝骨以上的黑绸裤，当时称"撒腿裤"。50年代前后时兴扎腿带子，我们小时候，爱把这种不太长又有点肥

穿缚裤的北朝陶俑
（传华北地区出土）

的裤子称为"捞鱼裤"。

总之，阔腿裤无数次出现，几乎过些年就兴起一阵儿，只不过20世纪90年代时称之为"裙裤"，再肥大些叫"裤裙"。名称总在变，而裤形却又似曾相识，这就是时装发展的螺旋形特征。

前几年普遍穿着的多是紧身热裤，裆部肥大的哈伦裤没有大范围流行开来，因而这样肥肥阔阔有长有短的裤形让人们眼前一亮。时装特点就是趋新，变成与原来穿着的不一样，就使大家感到新鲜。何为潮流？即一潮接一潮。

端午节的佩饰意蕴

端午，是中国人的大节，围绕端午有许多神奇的传说，还有许多应时的佩饰和特定图案。可惜，进入21世纪以后的人们，对于端午仅留下屈原的印象，只有赛龙舟和吃粽子延续下来，据说也和屈原有关。

实际上，端午的佩饰很讲究，有插在头上的，有系在臂上的，还有拴在胸前的。南朝梁宗懔在《荆楚岁时记》中写道："（端午）今人以艾为虎形，或剪彩为小虎，粘艾叶以戴之。"宋代陈元靓《岁时广记》卷二十一："王沂公端午帖子云：'钗头艾虎辟群邪，晓驾祥云七宝车。'章简公帖子云：'花阴转午清风细，玉燕钗头艾虎轻。'王晋卿《端五词》云：'偷闲结个艾虎儿，要插在秋蝉鬓畔。'"这些说的好像都是南方风俗，拿艾叶扎个虎形以辟邪。古人用"辟"而不用"避"，有两种解释，一种是通假字，再一种是前有打击邪恶的意思，不仅仅是躲避邪恶。

华北京津一带，有端午佩"老虎搭拉"的习俗。我小时候，市中心有穿胡同叫卖蚕和桑叶的，自家可以像买小鸡一样买来养。端午前，妈妈把蚕茧剪开一个头儿，取出蛹，再用线缝上，同时缝两个黄布做的虎耳朵。后面缝上一根黄布的小虎尾巴，然后将蚕茧染黄，再用墨画出眼和斑纹。20世纪80年代初，我在文章中写过这一手工艺细节，遗憾的是年轻编辑给加上几个字，说蚕茧外包上黄布，那就错了。妙就妙在蚕茧本身毛茸茸的感觉，虎耳虎尾确实没有，才只好用黄布。民间布艺往往体现出妇女的聪慧与灵巧，孩子们佩戴上老虎搭拉，总爱在一起比一比谁的最好。当年的母亲或祖母们，用绿布包上绿豆缝个小豆角，用红、白布装棉花缝红白樱桃，用紫布包棉花做茄子，用橘黄布做南瓜。布里是棉花，布外再勒上几条线，简直惟妙惟肖。

"老虎搭拉"最上为虎，串在下面的除了那些时鲜蔬果外，还有纸粘的小簸箕和黄线绑成的小笤帚等，最下则是一个装了花椒的小荷包，兼有讲卫生、去秽气和辟邪恶的意思。追溯其源头，可能与古代端午的长命缕有关。

长命缕就是以彩色线编结而成的。宋代高承《事物纪原》卷八："《续汉书》曰：夏至阴气萌作，恐物不成，以朱索连以桃印文施门户。故汉五月五日以朱索五色，即为门户饰……今人以约臂，相承之误也。又以彩丝结纽而成者，为百索纽，以作服者名五丝云。"到了清代，富察敦崇《燕京岁时记》已写道："每至端阳，闺阁中之巧者，用绫罗制成小虎及粽子、壶卢、樱桃、桑椹之类，以彩线穿之，悬于钗头，或系于小儿之背。"

古人过端午节，文化意蕴要比今日强得不是一点儿半点儿。也难怪，现代人哪有这么多时间？也没有如此的耐心了。以上所说的不过是古代端午佩饰的九牛一毛，看来非物质文化遗产的继承远不是这么简单，可谓任重道远。

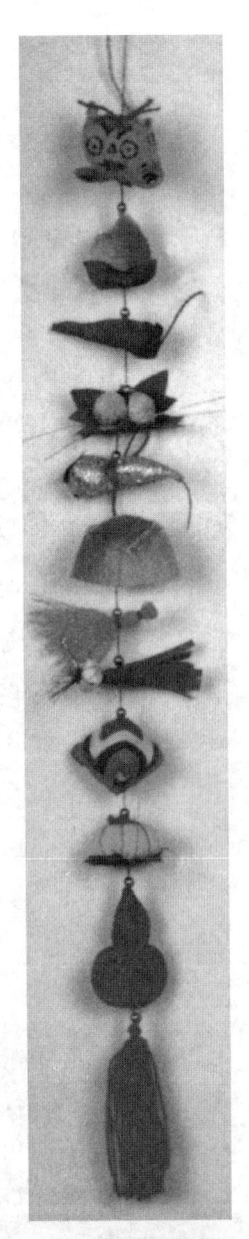

京津一带的老虎搭拉
（华梅藏）

体验馆内绣衣裳

——关于女红"非遗"的思考

随着电商的大规模兴起，实体店已显得门庭冷落。但是，体验馆和快餐馆越来越火，毕竟这得"亲自"来，快递很难解决。

走进体验馆，现代感十足。我虽然尚在教学科研一线，但怎么也是50后，我感到在这做针线活儿，有点儿不自在。周围都是全透明的玻璃墙，有个小桌后坐着收钱的人。你在这别管是做金属首饰，还是绣布料衣裳，甚或是捏个陶盆儿瓷碗的，都要按时间交钱。环境和工作条件没得说，远不是那些年陶吧可以比得了的。一切都好，只是没有了真正的心思所在地。

就说绣花吧。好像这些年人们常说的并在网上有定制兼出售的，主要是十字绣。所谓十字绣，原本叫"挑花""挑线""架花""挑罗""拉棱""撇花""十字股"等。这倒是一种传统的制绣技法。东汉时期即已出现。只不过，古人是以经纬线粗细均匀、间隔相等的布帛为地，而今人很多拿塑料窗纱，再细致的也不过是粗疏的麻布。这样一来，运用交叉的十字形针脚在绣面上拼列组成各种图案的绣法就简单多了。而且，原来要求针迹整齐、行距工整、十字大小保持一致的工艺标准也就很容易达到了。实际上，不能说这不算绣花，但这

唐·周昉《纨扇仕女图》中的绣花景象

仅仅是其中之一，我们不应该就此即觉得"非遗"了。

传说自尧舜禹时代就已经在衣裳上绘画刺绣了。《尚书·虞书》："衣画而裳绣"。1925年在陕西宝鸡茹家庄西周墓出土物中，有附于淤泥中的丝织物，上面已经有彩绣的痕迹了。考古人员在朱红色织物上发现了黄色绣线，并考证出其针法是辫子股绣。再晚点儿的有河南信阳光山春秋早期黄国墓出土的刺绣衣服残片，显示的是窃曲纹锁绣。同时期的墓葬还有湖北随县擂鼓墩战国墓和湖北江陵马山一号楚墓等，都出土了大量的刺绣衣衾，有绣衣、绣袍、绣裤、绣衾和多种绣了花卉纹的衣缘。

《诗经·秦风·终南》："君子至止，黻衣绣裳。"文献中关于绣衣的记载比比皆是，看来绣花这一中华民族的国粹，既不是十字绣一种，更不是毫无生机的扁平的电子绣模样。单说刺绣工艺就有平绣、锁绣、辫绣、洒线绣、贴绢绣、堆绫、铺绒绣、戳纱、影绣、皮金绣、迭绣、穿珠、雕绣、包梗绣、网绣、打籽绣、借色绣、挽针绣、剪绒绣、钉线绣、双面绣、抽纱等。再说具体的针法，则有滚针、接针、鸡毛针、撒针、迭鳞针、施毛针、钉针、竹节针、掺针、半环针、绗针、缉针、摽针、套针、松针、乱针、桂花针、抢针、勒针、盘曲针、狗牙针、锁边针等，数都数不清。为什么说还会有多种呢？因为这里说的都是总结出来的，而民间有许多自己发明专有的。特别是各民族长期积累传承下来的刺绣工艺，根本无法全记清楚，从这个角度来说，其实"非遗"的发掘与继承工作还任重而道远。

我们这一代人，小时候还做女红，最起码缝补衣服、袜子，钉个扣子的活儿，还是女孩子们都会的。我从小就学绣花，先是跟着外祖母和母亲学，用胡同里花样小贩的纸样贴在布上，然后穿针引彩线将其全覆盖。后来，由于妈妈是缝纫机绣花的设计工作者，因此我对机绣也熟悉了。我记得最具挑战性的是包针绣，将一根针放在图案要求的地方，踩缝纫机踏板，使带线的针前一针后一针，再前一针后一针，直至将横在布面的那根针全包住。然后再挨着它放上一根针，再把第二根针包住。缝纫机针是竖着一上一下的，排在布上的针是横着的，一根挨着一根。因此，稍一没把握好手推的绷子，本该在横针旁边扎进布里的竖针就断了。那是特别令人沮丧的，一是需要再换针，耽误时间；再者浪费一根针，等于损失成本了。当然，成功的愉悦也很多。每当几根针的包针完成后，抽出所有的横针，那份绣品上便是一个个排列整齐的彩色的管状立体效果了。完成者的心情别提多好了，这种获得感是未参与者所难以想象的。现在总赞扬工匠精神，我通过我自己做绣花发现，人们一般看到的都是辛苦，其实还有幸福，前提是真心热爱。传世工艺品为什么会做得那么精致？我们讲课时总说这是宫廷不惜人力物力。实际上，这里也有工匠的全身心投入，即使有无奈的成分，但一定有想做好的心思。要不，怎么会有鬼斧神工呢？

我结婚时，母亲在我衬衣胸前用补绣的手法绣了一串葡萄，也就是用另外一种布贴上的一颗颗葡萄，将这些葡萄的边缘绣好后，再翻过衣服，将原衬衣的每一颗葡萄里面剪开一个小口儿，塞进棉花再缝上。这样，绣好的葡萄就一颗颗鼓起来了。非物质文化遗产的继承与发扬，既然不是物质，那不正是手工中的这份心思吗？

也谈乌纱帽

或许乌纱帽至今有时还作为官员的代称，人们谈论起来也是乐此不疲，且屡屡见于报端。可是关心的人多了，说法也就五花八门，尤其是乌纱帽源于何物，更是说什么的都有。

前不久，有人说乌纱帽的出现是因唐宋间京城风沙很大，于是发明了用皂纱遮面的帽子，云云。那么，果真如此吗？

先说皂纱遮面，有一种从头上垂至脚面的大围巾，唐初时多为女性戴，这在《朝鲜服饰——李朝时代之服饰图鉴》中有形象资料，名叫幂䍦，五代后唐马缟著《中华古今注》中专有一段写"幂䍦"："唐武德贞观年中，宫人骑马多着幂䍦，而全身障蔽。至永徽年中，后皆用帷帽，施裙到颈，渐为浅露。……其幂䍦之象，类今之方巾，全身障蔽，缯帛为之。……开元初，宫人马上着胡帽靓妆露面，士庶咸效之。至天宝年中，士人之妻，着丈夫靴衫鞭帽，内外一体也。"再参考《旧唐书·舆服志》所记："武德贞观之时，宫人骑马者，依齐隋旧制，多著幂䍦。虽发自戎夷，而全身障蔽，不欲途路窥之。"这就很清楚了，今人说东京汴梁常年风沙弥漫，遮面的皂纱是乌纱帽的前身，这不是很准确。即使说官员戴席帽和裁帽，也都指的是垂下的纱，而非帽子本身。再一点这种遮面大围巾主要为女性戴用，后来大唐越来越开放，遂出现了帷帽，也是帽檐一圈下垂有纱。这种帽产生于隋，唐初一度被废，高宗时重又兴起，取代了幂䍦。据多部古籍记载，这种遮风沙的帽子是从西北、东北民族传来，即"发自戎夷"。

男性遮风沙用什么帽子呢？宋代士庶男子出行时有一种形似斗笠的首

服,也四周垂帽裙,名叫"衫帽"。明代方以智《通雅》卷三十六:"宋之衫帽,犹唐之帷帽幂䍦也。"看来这基本上是一码事。从造型到用途以至兴起时间来分析,都与官员的乌纱帽没有什么关系。

有文章援引古文献,说五代时开始命御史服戴帽,宋太宗淳化初年,又命公卿都戴这种帽子,即"皆服之",并进而推断自此官员戴起了乌纱帽。同时还引申为因恶劣天气,规定官员在京城中往来必须佩戴席帽、裁帽(裁帽垂纱比席帽垂纱少围一半),从而体现出宫廷对百官的厚爱。这样分析有点遭遇雾霾的意思了,今人想象得好温情。

乌纱帽,说的是黑色纱绢做成的首饰本体,不是垂下的纱质帽裙。因此,应从黑色纱绢裹头说起,而不是遮面。

乌纱帽的起源应溯至汉代幅巾,当时人以皂绢三尺裹发,缀有四带,两带垂在脑后,两带仅系头上,会曲折附项,因此被称为"折上巾"等。北周武帝时做些改进,叫作"幞头"。《资治通鉴》里称其"以皂纱全幅向后襆发"。隋代时开始用桐木为骨子,这样既能使顶子高起,又能方便戴用和摘下,同时使得唐代时幞头成为男子通用首服,且可随意改变样式。后垂两带的幞头为"软脚",中晚唐时在后两带之内放入铁丝竹篾为骨,这样便出现了硬脚幞头。宋代时以藤或草编成内壳,这种内装固定物自隋即被称为巾子。外罩黑纱用漆水涂过,后因漆纱越来越坚硬,也就不需要藤子内壳了。而且,原来下垂或上翘的两脚向两侧伸直,被称作直脚幞头。宋中期以后,两脚愈益长直。

戴乌纱帽的官员(明·佚名《沈度写真像》)

《宋史·舆服志》写到幞头时说："平拖两脚，以铁为之。"并强调是"国朝之制"。这就是明代官员乌纱帽的前期演变过程。

再说，早在魏晋南北朝时就有纱帽，分白纱、乌纱两种，《北齐书》便记有天子戴纱帽。唐张籍有诗云："黑纱方帽君边得，称对山前坐竹床。"怎么能说是因宋都城风沙大而引发乌纱帽呢？

还有人说是由"重戴"导致官员戴乌纱帽。我们可以看看究竟何为"重戴"。这是一种先裹头巾再加官帽的戴法，唐宋时期在文官、士人中流行。《宋史·舆服志》有详细记载。可能是因为"诏两省及尚书省五品以上皆重戴，枢密三司使、副则不"等相关规定，致使今人将重戴与乌纱帽联系起来。其实，还有另外一种规定，使之与打不打伞有关系，这些也与乌纱帽连在一起吗？如果这样说的话，在车骑服御制度中类似的规定很多。不能说今人知道乌纱帽，就什么都与乌纱帽扯到一起。

当然，21世纪的人说11世纪的服饰，谁也不是亲历者，况且历代的记录和注疏很多，说法不一，这就需要我们查阅尽可能多的文献，从中梳理出一个梗概。学术研究允许诸家各有一说，只可惜现在很多人不是在搞研究。服饰是个很严肃的话题，它不仅被留在岩画、彩陶、木俑、绘画上，同时还有大量的古籍牵涉到服饰。乌纱帽是实实在在的有代表性的中国古代服饰，容不得瞎猜。

补衣与时尚

报载,前不久有一大妈,将孩子刚买来的有几个孔洞的裤子连夜给补好了,结果可想而知,引来孩子极度愤恨。看到这条消息,有人觉得好笑,何必多此一举,糟蹋了时装;有人觉得同情,"慈母手中线"嘛?还是中华女性伟大。而我所看到的是时尚信息滞后。不知具体地区是哪,好像不是偏远山区,记者是颇觉新奇的。

早在20年前,即20世纪90年代中期,西方就开始流行乞丐装,当然那是缝好补丁的。不过几乎稍后,就讲究撕破、烧破衣裤,不缝裤边儿,草帽也拖着杂乱的草辫。人们将此时尚归结为60年代的嬉皮士和80年代的朋克风,认为是衣食无忧的西方青年的故意反叛。为此推波助澜的正是生于1941年的国际时装设计大师维维安·维斯特伍德,她曾被人称为"朋克之母"。

90年代的中国时装,已基本上与世界同步了。记得当时报上刊发了一幅漫画,有一少女穿着一条膝盖处有破洞的裤子过街,旁边一老者,递了20元钱说:"可怜的孩子,快去买一条好裤子穿。"当遭至少女嗤之以鼻并回应"老土"时,老人愕然了。当时老人确实还搞不懂。但90年代末电视台播"韩流"节目时,大家已经知道这不是西伯利亚来的寒流了。人们尽管看不惯,可是应该了解了。所以说,如果到21世纪第二个十年中期时,还把破洞裤补起来的话,那不是太闭塞,就是太执着了。

补衣确实是古人的生活常态。宋代贺铸《鹧鸪天》词:"空床卧听南窗雨,谁复挑灯夜补衣?"即为怀念妻子生前的情景。别说古人,就是20世纪50年代,家家都有针笸箩,里面装着针、线、布头儿和袜楦儿。棉质衣服棉质袜,尤其是袜子,总要打补丁的。

补丁和时尚密切相关,不用讲从欧美国家传来的乞丐服,即使是上世纪60年代初,我是小学生时学雷锋,也以上衣领部、肘部,裤子的臂、膝有补丁为好。只不过当时人们觉得那是思想进步,还不大懂时尚,其实今天看来那也是特定时期的潮流。时至今日,婴儿装的小裤子膝部也有两个别色的补丁,这能说是怕学爬时磨破吗?绝对是装饰了。

总起来看,平时补衣有两种情况:一是生活贫困,衣食不足,衣服破旧了却舍不得扔,只得补一补,接着穿。记得1960年节粮度荒时,就有专门的口号:"新三年,旧三年,缝缝补补再三年。"二是与此截然相反,即物质生活过于优越,人们对新衣已觉得不满足,于是或是撕几个破洞,或是打上几块补丁,以显示反常规。

还有一种不属于日常装的,如京剧剧装中的"富贵衣",也称"穷衣",就是把许多菱形、方形和不规则形状的杂色零绸,缀补在青褶子或青衣上,以表示剧中人物衣衫褴褛,穷困潦倒,如《彩楼配》中的薛平贵、《豆汁记》中的莫稽等。为了舞台上剧装不失其美,人们在京剧剧装程式化的原则下,采取了一种暗示穷困又不脏不破的特殊方式。中国人为了寓示这样的人物一时贫困但日后还会发迹,所以起了反意的名字"富贵衣"。

总之,补衣与服饰千丝万缕,补丁也因此有了许多意想不到的文化含义,如富极而装穷的时尚。

京剧中的男富贵衣(王家斌绘)

"头上长草"的广度延伸与深层思考

近些日来,无论纸媒还是网络,人们都在热议"头上长草"或"头上生草",一时间也可谓沸沸扬扬。实际上,就是少女们的头饰,今年流行自然植物景。有些是平面的,如印出花花草草图案的发卡,更多的则是立体的,用各种质料做成花草状、水果状的头饰,就那样让它们在少女头上盛开着,或是垂挂着,一阵风吹来,竟像真的植物一样。由于大家都觉得新鲜又好玩儿,因而发表了许多感想,进而产生联想,联想到哪儿的都有。

"头上长草"的发饰(吴琼绘)

　　能写文章的人联想很是丰富,有想到旧时卖人,被卖者头上插草标的;有想到古代女子头上插笄的,即后来的簪子;有想到"萌文化"的,举一圈儿娱乐界的明星例子;还有的搬出"个性标榜",认为这是搞怪;更多的则是从理论角度说到流行,引出来时代变迁和开放多元。

　　依我看来,这是人类装饰心理的一个返祖现象。人类最初的头饰,即是随手可以采摘到的鲜花小草。

　　从历史遗存来看,1920年在摩亨佐·达洛出土的古印度母亲女神,以泥塑成,头上即戴着高大且装饰性极强的花朵构成的饰件,年代至迟在4000年前。中国汉代女俑也有不少头上插满鲜花的,有的是当中一朵大花,旁边簇拥着小花;有的直接是数朵小花连缀在一起。山西大同北魏司马金龙墓出土的木版漆画上的女性,还有敦煌莫高窟唐代壁画上的妇女,都有头上插着数朵鲜花的形象。特别是莫高窟130窟唐代壁画妇女手中拈着的花朵与头上所戴为同一种,应是鲜花无疑了。这就不必再追到唐代《簪花仕女图》了。

从文学作品来看,屈原是文人佩戴鲜花的祖师爷,《楚辞》有大量诗句,描绘了直接用植物来做装饰的情景与方式。《离骚》第一句就是:"扈江离与辟芷兮,纫秋兰以为佩。"另有"佩缤纷其繁饰兮,芳菲菲其弥章"。屈原将这种未经污染尚带露珠的鲜花野草喻为志士的高洁,《九歌》中诸巫术人物形象也不乏花草饰品。宋代陆游在《临安春雨初霁》中写道:"小楼一夜听春雨,深巷明朝卖杏花。"如果说这还不确定是插在头上的话,那么李清照《减字木兰花》就写得非常生动了:"卖花担上,买得一枝春欲放。泪染轻匀,犹带彤霞晓露痕。怕郎猜道,奴面不如花面好。云鬓斜簪,徒要教郎比并看。"赵长卿《夜行船·咏美人》中写道:"拂掠新妆,时宜头面,绣草冠儿小。衫子揉蓝初著了。身材称,就中恰好。手捻双纨,菱花重照,带朵宜男草。"太多了,难以数计。

从人类"活化石"来看,至20世纪仍保留原始社会生活方式或基本原生态的民族,显示出活灵活现的植物头饰。如南太平洋岛屿的姑娘们,把一朵鲜花戴在左耳上,说明仍待嫁闺中,若戴在右耳上则表明已有意中人或是出嫁了。不仅少女,小伙子也以鲜花为头饰。在喀麦隆,人们直接取来草莓、苹果、椰果和香蕉,既有整个的,也有切成片状、块状再交叉镶嵌的,做成后是一组立体图案。为了防止新鲜水果变色,她们还用当地产的一种叫酒米果的野果汁液将头饰鲜果浸泡后再戴在头上。谁要是能够吃到姑娘头上的果饰,那就说明他得到了姑娘的芳心。

从民俗现象看,人们最熟悉王维的一首诗:"独在异乡为异客,每逢佳节倍思亲。遥知兄弟登高处,遍插茱萸少一人。"茱萸是一种有浓烈香味的植物。三月三，江南乡间妇女讲究摘荠菜花插于鬓边，谚云："三月三，荠菜花赛牡丹，女人不插无钱用，女人一插米满仓。"清明节头插柳的习俗唐代即有，唐代段成式《酉阳杂俎》卷一："三月三日，赐侍臣细柳圈，言戴之免蛊毒。"明代田汝成《西湖游览志余》："清明……前两日谓之寒食，人家插柳满檐，青茜可爱，男女亦咸戴之。谚云：'清明不戴柳，红颜变皓首。'"民间则传："清明不戴柳，来世变黄狗。"立秋之日，还有男女戴楸叶的习俗，或是以石楠红叶剪刻花瓣，簪插鬓边。

从现代社交平台看，女人们为了让自己在晚宴和舞会期间，头上的鲜花一直绽放着，就将花茎插在装满水的小瓶里，然后将小瓶巧妙地隐藏在发髻中。这样，花儿不但一直保鲜，甚至有些小花苞还会慢慢盛开，真是魅力无穷。墨西哥妇女讲究选择色彩斑斓、温顺可爱的小蜥蜴，用彩色绒线系好，别在自己的头发上，这种可以微微蠕动的"活的发卡"，被她们称为"上帝的饰物"。原本来自农村的装饰方法，被现当代时尚女性们极尽心致地演绎着，越来越新奇。

以上说的这些花草饰只是人类服饰中的九牛一毛，但就此可以说明几个问题。一是"头上长草"古已有之，且遍及全球。二是早先用的是真花真草，而今主要是塑料。三是别跟卖人的草标联系起来，二者风马牛不相及。四是不要以为这仅为普通的流行，转瞬即逝。五是不用寻到灵感来源，流行即有其合理性。有一点不得不面对的是，人口密集，大厦林立，高架桥撕裂天空，人们渴望回归大自然。而社会节奏快，生活压力大，又没有那么多时间去真正摆弄和欣赏花草。人心浮躁，还有对着牡丹去绣肚兜的那份心境吗？还有戴朵鲜花给情郎哥看的那份真情吗？信息和无休止的事物已经把生活和思维都扯成碎片。所以，插一朵塑料的小花小草就算聊以自慰，或者说是应应景，赶赶时髦罢了。

还嫌男服不够"娘"?

我小时候,即20世纪50年代,常听大人说某个男性女里女气,有点像娘儿们。到了80年代时,由于改革开放将经典剧目搬上舞台,一时曹禺的《日出》又为大家所乐道,再说某男性女气,就索性说是胡四,剧中的胡四举手投足确实比女人还女人。到了世纪之交,有些都市男人留长发,梳辫子,单耳戴耳环,穿紧身艳丽衣装,说话娘娘腔儿,社会宽容度就相对大了。

进入21世纪第二个十年,网络语言中出现的"娘"特指男人做派显女气。小青年们平时说某男性穿着或举止太娇柔,也称之为"娘"。网络语言有它的时尚性,还是挺形象的,有时候也可一针见血。

今年时装T台上又出现一股男装女性化的潮流,时尚杂志将其称为"孔雀革命"。实际上,"孔雀革命"最早提出是20世纪60年代的事儿,源起于日本。中国人1984年翻译的日本人竹内淳子所著《西服的穿着和搭配方法》中还一次次提到。书中转引一位英国评论家沙贝尔的话说:"公狮子尚有鬣毛,可是男人只有灰色的西装……"作者在结语中又强调:"现在已经不是'孔雀革命'那种随心所欲的年代了。在男人之间的交往中,必须表现出充沛的精神而又可靠的'男子汉气概'。"我个人理解,这里与时代风格有关,也与工作性质有关,一般来说,白领是不大敢闹什么像雄孔雀一样去展示美丽尾羽的举动的。

在中外历史上,都有过男装女性化的倾向。《颜氏家训》中讲:"梁朝全盛之时,贵游子弟……无不熏衣剃面,傅粉施朱,驾长檐车,跟高齿屐。"魏晋南北朝时正是文人反抗儒家思想统治的时候,各种奇异的服饰和穿着方法都出现过，不过总体来说人们并不接受。《后汉书·光武帝纪》载："时三辅吏士东迎更始，见诸将过，皆冠帻而服妇人衣，诸于绣镼，莫不笑之。"古诗中有："夹衣荷花红，单褶茄花紫，道途属目不知耻，甘自腼腆学女子。"都是对男装向异性靠近的反感与讥讽。

率先着新奇服饰的人是不畏惧讥讽的，甚至还以此为荣。《三国志·魏书·何晏传》中就记录了一个"服妇人之服"的尚书何晏。裴松之注中记载何晏"动静粉白不去手"，"行步顾影"，人称"傅粉何郎"。在唐人房玄龄等编撰的《晋书》中，傅玄对此评价道："此妖服也。夫衣裳之制，所以定上下殊内外也。……若内外不殊，王制失叙，服妖既作，身随之亡。末嬉冠男子之冠，桀亡天下；何晏服妇人之服，亦亡其家，其咎均也。"显然这是基于儒家思想而言的。

欧洲17世纪末至18世纪初，即号称太阳王的法国国王路易十四时代，男子讲究戴高大且插满羽毛装饰的帽子，披着卷曲浓密的假发，全身装饰着缎带、皱褶、蝴蝶结，脚上还穿着高跟皮鞋。美国一位服装心理学家在总结这一时期的男装风格时说："男子穿紧身衣、戴耳环、花边皱领、金刚钻装饰的鞋、扣形装饰品和羽毛帽，他们举止的女人腔是服装的女人腔直接派生出来的……化妆品、香水、花边、首饰、卷发器和奢侈的刺绣，所有这一切成了当时男性最时髦的装饰。"

从服饰社会学来看，造成男装女性化的原因多种多样，但最主要

装饰华丽的欧洲男装
（法国让·弗朗索瓦·德·特鲁瓦《求爱》）

是和平时代。如果战火纷飞，抗击和不抗击者都不会过于花哨，以致弱化女性形象。一般来讲，长年无战火，衣食较富足，人们尚奢华寻新奇时，会由有影响力的人或某种社会思潮带起一股男性追求女性服饰美的流行趋势，总之是闲着没事时容易出现。

当今世界继1967年"孔雀革命"之后，2015年又兴起一轮男装女性化潮流。这次是男装设计者们喜欢"高中女教师般的套装"，"妩媚性感的收腰"，再便是"少女心泛滥的荷叶边"。只是设计者和经销者都在慨叹，弄出的动静虽然不小，但与女装男性化相比，还是"缺少市场认可度与持续的生命力"。

为什么会这样？因为主流社会的男性热衷于强调男性的威严与气魄，至于舞台形象，那是另外一回事儿。如霍尊在唱《卷珠帘》时，披着看不清是男还是女的长发，那种样子既不像画家也不像导演，而且没有大胡子，干干净净的，宛如美国大片《指环王》中的小精灵。他唱的歌声轻柔柔的，再配上特定背景与音乐，一切都显得魔幻且神秘，那是一种艺术造型。

回到日常生活中来，一位男士着女性化的服装去应聘，外在形象这一关就过不去，更别提跟人家谈买卖了。如果在政治会谈和商业交际中男装女性化，更是极易引起别人的侧目。如今时装已经很多样了，还嫌男服不够"娘"吗？

"不修边幅"与艺术范儿

大约有六七年了吧，人们形容某人外貌有特色，或是有风度，或是特立独行，爱说"有范儿"。语言是有时代性的，20世纪六七十年代，爱说某人"有派儿"，五十年代时说"有派头儿"。就像"帅"与"酷"一样，形象所指有近似之处。

正由于有这种形象或气质的归类，人们对艺术家的印象，往往是男性头发较长，有的还在脑后揪起一个马尾巴。留胡子，而且长一些，怎么也要过了下颏。整个形象乱蓬蓬的。当然，也有反其道而行之的，索性将头发剃光。身上衣服则是该长的短一些，该短的特别长。破个洞不管它，撕个口子就任凭其被风吹拂，而且还脏兮兮的，不要鲜亮与笔挺。这种打扮风格应该说自古就有，只是当代画家和导演尤其爱这么穿，因而也就形成了一种所谓的"艺术范儿"。

"艺术范儿"就是不能和常人差不多，最好是反差大些。历史上爱把这种穿着风格说成是"不修边幅"，或"不衫不履"，也有说"粗服乱头"的。相比之下，"不修边幅"较为含蓄文雅，用的地方最多。"不衫不履"不是不穿衣服鞋子，而是不按常规穿，显得不太对劲儿，《中国成语大辞典》上释为："衣着不整齐。形容性情洒脱，不拘小节。"并引《老残游记》九回："这个人也是个不衫不履的人，与家父最为相契。""粗服乱头"用的不多，因为除了《世说新语·容止》里说裴令公"脱冠冕，粗服乱头皆好"外，别处不多见褒义。因为古人重孝在身时，要为父母守孝三年，这三年之内，粗布衣不收边，披麻散开，不梳头。所以后人不多用粗服乱头，反而有比喻不讲究文字书法或文章章法的，如明代王世贞《题祝希哲小简》

中写道："书极潦草，中有结法，时时得佳字，岂晋人所谓裴叔则粗服乱头亦自好耶？"后来《清史稿·梁同书传》也这样用："中锋之法……虽不中亦中，乱头粗服非字也。"

"不修边幅"用得最广最长，只因《后汉书·马援传》中说："公孙不吐哺走迎国士，与图成败，反修饰边幅，如偶人形，此子何足久稽天下士乎？"以后人们就用这词来形容了，如《北齐书》《旧唐书》中都是以它与"多饮酒，多任纵"合起来说。《儒林外史》还写道："他又不修边幅，穿着一件稀烂的直裰，靸着一双破不过的蒲鞋。"

中国人不笑话这样穿衣者，主要是源于道家思想。老子的核心论述，即"是以圣人，被（披）褐怀玉"。意为圣人谦和朴实，好像是穿着最低贱的粗毛衣服，但心中却似玉一般清明且可贵，也就是有着高尚博大的胸怀。后人不断注疏，都是强调"不欲自炫其玉，而以褐袭之"。《庄子》中讲："曾子居卫，缊袍无表，正冠而缨绝，提襟而肘见，纳屦而踵决。"说孔子的学生曾参居住在卫国时，穿的袍子以乱麻为絮，几乎没有衣面；一想戴正帽子，帽带就断了；刚想系住前襟，胳膊肘却露出来了；一提鞋，鞋后跟竟断裂。但尽管这样，他依然"曳屣而歌商颂，声满天地，若出金石"。这就是说，衣衫破败，丝毫影响不了一个人的美质。依我所见，这样赞誉一般只限于文学艺术界，古今政界人士都不敢如此穿着。

西晋至六朝时，士人讲究酒乐丹玄，并崇尚乱项科头解衣当风，直接违背儒家礼仪。其中"竹林七贤"

画家笔下的古代文人
（唐·阎立本《孔子弟子像》）

最潇洒最超脱。竹林七贤之首刘伶，至今还在酒名中出现，足以见其影响深远。这些不按常规穿衣戴饰的不只出现在中国，西方社会20世纪60年代时即有嬉皮士，80年代时还出现朋克，以衣服不整齐、撕破洞、飞碎片儿、帽檐裤脚不收边儿为主要着装特色，再将头发用发胶捻成几个小尖角儿，袖子或胸前装饰个骷髅。当时，有中国人将其与中国西晋士人相提并论，好像都是不拘礼法。实际上，这二者有区别，西晋士人是满腹经纶，恰逢乱世，空怀报国之志，转而饮酒奏乐吞丹谈玄，"散发而乘鹿车"（刘伶）。而当代青年则是物质生活过于充裕，精神生活又非常匮乏，因而以怪诞服饰形象面世，以求得逆反情绪的舒泄。

可以这样说，从服饰社会学来分析着装形象，确实有一定规律性，但其中并不是像概念和算式一样有稳定的概括力，服饰形象所表现的相当复杂。回到这个题目上来，即所谓"艺术范儿"类着装者，有的真有才，有的却是刻意制造出这种形象。就拿长头发来说，有人确实与贝多芬样儿沾点儿边儿，有人跟抗日电影里的汉奸一个模样儿。多说一句，20世纪30年代时的男人齐肩长发是因剪辫而来，那叫"马子盖"。

荷叶罗裙一色裁

——谈夏装古韵

当代人一到夏天,就想法儿少穿衣服。如今私家车多起来,地铁、公交都有空调,但是人们只要不上班,就尽量少穿衣服。

为此,看不惯袒胸露背和上露肩下露腿的人都问我:中国人过去夏装怎么穿?我说这还真一言难尽。

儒家经典"三礼"之一的《礼记》,成书于汉,相传为西汉戴圣编纂。选编了秦汉以前有关礼仪论著的核心内容,其中就有"冠毋免,劳毋袒,暑毋褰裳"的规定。即不准随便摘掉帽子,因为男子二十而冠,吉有吉冠,丧有丧冠,这是礼制的重要内容。劳动累了热了也不能袒露肌肤。春秋战国时男女尊卑皆穿的深衣,就是"被体深邃",后来的深衣甚至有绕襟好几圈的。如果是直裾,便不能穿着登堂入室。原因很简单,怕露出内衣或身体。历史故事和戏剧中的"负荆请罪""击鼓骂曹"才会裸露上身,以此表示折服或悲痛,即非常态。

当然,汉代画像石、画像砖上留下的乐舞百戏男舞者一般上身赤裸,那是艺人,知识分子和官员肯定不行。《史记·司马相如列传》中记:"相如身自着犊鼻裈,与保庸杂作,涤器于市中。"写的是司马相如和卓文君私奔后开了一个小酒馆,文君当垆沽酒,相如在那穿着条大裤衩刷碗。文君父亲就因为觉得这样太栽面了,才与他俩恢复关系。

"暑毋褰裳"的"褰"是指把衣服提起来,这就很明白了,多热都不能掀开衣服的下摆,哪怕一角。像如今人们将背心或老头衫儿下摆卷起来,露出上腹和后腰,绝对不合礼制。再结合《礼记》中的"衣毋拨,足毋蹶"和"不涉不撅"等等，就可以想到中国古人夏天着装的讲究了。不过，古人规定很细，也给出一点宽容，如果涉水就可以暂时提起衣服，以免弄湿了。

　　当代人这么讲自我，当然不愿再受这种束缚了。我研究服饰多年，发现除了以上所说的意识形态之外方面的因素，还有两个原因：一是没有电动制冷设备和锅炉、汽车时，天气没有这么热。我有个亲身体会。上世纪整个90年代，我住在柳州路实验小学对过的低层高密度楼房一楼。90年代初期乃至中期，开着单元门缝，再开着小院门，那穿堂风简直凉快极了。偶尔用一下电扇，扇出来的风也是凉的。90年代后期不行了，前后胡同里装了好多空调外挂机。噪音且不说，我再开门窗，进来的全是热风加废气。好在2001年我搬家了，新房里也装了空调。

　　二是古人穿的衣服虽然很严实但肥肥大大，而且质地很生态，葛、麻、棉、丝等很透气，很爽身的，同时吸汗。我曾见到一件清代的罗衫，身袖肥大自然形成通风小环境，"罗"这种丝织物就是在不透明的情况下有许多小孔。这件衣服的后背还有许多稍大的孔，也就小米粒般直径吧，放在光线下一照，竟然是一个大大的"福"字。这显然在增加了通风的基础上，又在寓意吉祥。沙漠地带的人们为什么都穿肥阔长袍，戴包头或围巾？就因为在防晒的同时还可以通风。现代医学已经证明，天气热的时候，光着身子比穿上衣服要热，如果再暴晒呢？所以更需要加大衣服的遮覆面了。

　　除了上述日常夏装外，还有一些专门用于演出时穿的，如竹管背心或苇管背心。2009年我去贵州还见过少数民族的这类服装，它不仅穿着凉

穿薄纱夏装的唐代女子
（唐·周昉《簪花仕女图》）

爽，更重要的是可以导引汗水向下流。试想，旧时演曲艺的小杂耍馆哪有空调和电扇，可是谁见过相声演员的大褂前后湿一片呢，大褂里穿一件竹管坎肩就管用。

　　说起古代的夏装，极易联想到古时的采莲女，那才叫原生态。南朝梁刘孝威诗曰："金桨木兰船，戏采江南莲。……露花时湿钏，风茎乍拂钿。"同时代的刘缓写道："楫小宜回径，船轻好入丛。钗光逐影乱，衣香随逆风。"唐王勃有诗句："采莲归，绿水芙蓉衣，秋风起浪凫雁飞。桂棹兰桡下长浦，罗裙玉腕轻摇橹。"唐王昌龄写得更生动："荷叶罗裙一色裁，芙蓉向脸两边开。乱入池中看不见，闻歌始觉有人来。"多么像一幅有意境的《采莲图》，少女服饰形象与大自然融为一体，那种惬意、那种素朴、那种纯天然，今日空调室内和水泥路上还能享受得到吗？

以服饰解读"大咖"

前不久，人们纷纷议论几位商界名人的穿着，好像是发现了这些"大咖"的心态改变，并由此推断行业趋势。有人大加评论，有人质疑，从服饰看人靠谱吗？

先看看这些人的揣测轨道和依据，某集团董事长在中国企业年会上，一改以前的深色正装打扮，穿着天蓝色休闲西装上衣和白裤子，不扎领带，且表态要向互联网大佬们学习。人们据此推断，他要从硬件产品制造商转型成既能为智能互联网提供硬件产品，同时还能提供相应的应用服务。看起来，他想跟上电商形势，改变原有的传统企业家形象。还有的互联网企业大咖，黑色西装上衣敞开着，同时不扎领带，被解读为既对现有规则表示尊重，又宣告自己渴望自由。如此云云，有的对，有的不对。

实际上，这种解读方式本身并不新奇，自古就有。《荀子·子道篇》中记述这样一件事："子路盛服见孔子，孔子曰：'由，是裾裾何也？昔者江出于岷山，其始出也，其源可以滥觞，及其至江之津也，不放舟，不避风，则不可涉也。非维下流水多邪？今女衣服既盛，颜色充盈，天下且孰肯谏女矣？由！'子路趋而出，改服而入，盖犹若也……"孔子的意思是说：你衣服太华丽，又满脸得意的神色，天下还有谁肯向你提意见呢？于是子路赶紧去换了一身合适的衣服回来，人也显得谦和了。当然，这是儒家的中庸思想，既不要太显富，也不要太简陋。

道家关注内心的修养，认为衣装破旧没有关系。《庄子·山水》中记载了一个故事。庄子穿着一件粗布衣，而且打着补丁，鞋子上面的系襻没有了，用一根麻绳系着，就这样去见魏王。魏王说："何先生之惫邪？"庄子反驳道："贫也，非惫也。士有道德不能行，惫也；衣敝履穿，贫也，非惫也。此所谓非遭时也。"衣敝履穿，虽然庄子不以为然，但魏王还是以常人的视角去解读的。

　　正因为服饰形象在某种程度上显露一种身份和心态，因而民间俚语中有："人靠衣装，佛靠金装"，"话是拦路虎，衣是瘆人毛"。其社会基础造就了"衣帽取人"。谁都在批判这种态度，但又谁都不愿放弃这种塑造形象的手段，故而就有了果戈理的《钦差大臣》、马克·吐温的《王子与贫儿》。安徒生在童话中将此又加以延伸，通过公主睡在二十床鸭绒被上仍觉得硌得慌这一细节，推断出此人乃真公主。

　　中国改革开放之初，外国记者以中国领导人穿西装还是中山装，来推测是继续走开放之路呢，还是再退回来，曾被喻为"政治晴雨表"。新中国成立之前的1948年，国民党大选，蒋介石希望孙科当选副总统，未想到是李宗仁胜出。李宗仁却不知趣，他问蒋介石就职仪式上穿什么衣服，蒋介石说军装。结果是，李宗仁一身戎装前来，而蒋介石一身长袍马褂。场景照片显示，蒋介石俨然长者，李宗仁却成了马弁。

　　第二次世界大战结束时，有一个日本受降仪式，裕仁天皇身穿燕尾服正装，显得谦卑，而盟军总司令麦克阿瑟穿着美军衬衫，敞开领口，表现出对战败者的蔑视，根本没拿日本当回事儿。美国记者拍摄的照片被作为《生活》杂志封面，传到日本时，日本人为之泪垂。

　　回到生活中，如果某女士一贯套裙高跟鞋，突然换成运动服、旅游鞋，并把头发剪短，那不是下定决心要运动减肥，就是要去找"小三儿"玩儿命。某男士疲于奔命，难免胡子拉碴，衣冠不整，不是买卖砸了，就是情场失意……

　　服饰形象可以解读，不可全信，也不可不信。因为有些是自然流露，也有些是刻意改装，既牵涉服饰社会学，也连接着服饰心理学，这正说明文化的复杂性。

着装培训能出名媛？
——兼析古代审美点滴

近年来兴起培养"名媛"的培训班，很多冠之以学校名号，安排一些着装及礼仪的课程。据说十来天就能培训出"名媛"，当然入学者要交上十万八万块钱。如今不光是一二线城市，小县城里也很火。结果呢？

这要先从"媛"字说起。在中国权威辞书中，"媛"的第一个义项是美女，并引汉毛亨"美女为媛"之说，举例则为《诗经·鄘风·君子偕老》："展如之人兮，邦之媛也！"以我搞服饰文化研究的角度看，诗中第一句话就说明了这位女性的身份。"君子偕老，副笄六珈"，毛亨传："副者后夫人首饰，编发为之。笄，衡笄也。珈，笄饰之最盛者，所以别尊卑。"在《周礼·天官·追师》中，记有专职人员"掌王后之首服，为副，编，次，追衡笄"。郑玄注："王后之衡笄，皆以玉为之，唯祭服有衡，垂于副之两旁，当耳其下，以纮悬瑱。"

这就是说，副笄六珈多为王后及诸侯夫人祭祀时所戴。笄是簪子，头饰中簪为单腿儿，区别于双腿儿的钗。衡是横插在发簪中起固定作用的簪子。副、编、次都是取他人发与己发结为一起。六珈是将六支簪子插在副上。垂在副两旁的瑱，亦称珥，是一种珠玉耳饰。"以纮悬瑱"即用丝带悬挂着耳饰。"副笄六珈"的具体样子，在河南密县打虎亭汉墓壁画和画像石上，能够依稀看到。总之，《诗经》中所描绘的"媛"，从她头戴的首饰上看，就不是个平民阶层的女子。说其贵族，应该没有错。

《诗经·鄘风·君子偕老》说这位美女"委委佗佗，如山如河"，即有从容的举止，端庄的容貌，而且山一般的静穆，水一般的明耀。在此基础上才提到她披着华丽的外衣（象服是宜）。她那乌云一般的黑发（鬒发如云）上，戴着宝玉的耳饰（玉之瑱也）和象牙的头饰（象之揥也）。那高贵且白皙的脸庞，宛如天神一般。她穿着彩鸟羽毛的衣服，是那么的鲜明，还有那红丝绸的上衣，又那么的艳丽，上衣外罩着宽阔又柔软的外氅……这样的整体服饰效果，古人将其总结为"子之清扬，扬且之颜也"。看来古人也讲颜值，而且歌颂这种高雅的美。这才为"邦之媛也"。

近现代的中国发达城市，如北京、上海、天津，也有名媛之说。首先是出身名门，容貌端庄秀丽，再加上穿着得体或别具一格。当然，名媛还要有一定的影响力，不仅仅是身份和知名度，要以才貌双全、正义凛然、眼光高远、真知灼见赢得大家赞赏，给人们留下深刻的印象，如林徽因、陆小曼、赵四小姐等。看来，名媛的诞生是需要多方面因素的，成"媛"尚且不易，更何况名媛呢？

着装礼仪培训班的大规模盛行是在20世纪90年代初，开始多叫形象设计，有"自我形象塑造班""文化礼仪培训班""仪态仪表培训班"等。21世纪初，综合型的培训中心不断涌现，商业特征越来越明显。这种培训班逐渐走向"高端"，在一座大厦里租几间房做教室；找一个高鼻凹眼的金发大妈做"校长"，教几个肯花钱的学员怎样系丝巾、怎样注视、怎样微笑、怎样致意，等等。总之，就是着装搭配的几个要点，进入所谓社交场合的几个注意事项。这一类培训班为提高全民素质做了一些工作，这是应该肯定的。只是，几天能培训出名媛，难免有些忽悠的成分。

在如今快节奏的社会里，女性与男性可以并驾齐驱，女性也可以踢足球，练举重，玩柔道，连练拳击的都有了，干什么还要女性再回到那举手投足都显出阴柔之美的时代呢？也有人说，如今学的是西方礼仪，以显出宫廷范儿，那就更是东施了。

我见到过从淑女或名媛培训班出来的学员，喝水、走路确实慢了不少，笑起来也有模有样，据说"茄子""鸭子"都过时了，现在是咬着一根筷子练笑。穿着打扮好似很专业,"搭配"齐全,一切都好像精心准备了似的。只是,这些举止给人的感觉特别假,言其做作一点儿也不过分。于是我想,不知她要挤公交时会怎样?地铁门要关上而她还差一步时会怎样?洪水来了会怎样?不得而知。

  三十多年来,我也应邀搞过此类讲座,题为"着装艺术与服饰文化",包括服饰搭配、着装应扬长避短等六个方面,讲技巧,更讲规律,最重要的则是文化。早就有人问我怎么穿出魅力?其实,怎么穿也穿不出魅力!别说普通着装者,即便是以穿衣为职业的时装模特儿,也不是只靠五官和身材。不少模特儿为了猫步终其青春年华,到头来只是一个毫无内涵的空架子。可是,2016年里约奥运会开幕式上,巴西的世界名模吉赛尔·邦辰一出场,顿觉气势非凡。同是走台,能一样吗?

  大家都知道法国路易十五的助理兼情人蓬巴杜夫人,她的着装有众多可圈可点之处,当年画家也为她的形象气质所倾倒,留下了不少有价值的佳作。蓬巴杜夫人不仅自身容貌超群,而且有着极高的审美品位,她所设计的宫殿氛围和沙龙格调,成为设计史上耀眼的坐标。不用举再多的例子,有一句诗是真理——胸无城府心常泰,腹有诗书气自华!

气质高雅的欧洲贵妇
(法国弗朗索瓦·布歇《德·蓬巴杜夫人》)

古祭服上的"天人合一"

中国古人重祭祀，祭天祭地丝毫也马虎不得，尤其是天子祭礼，直接关乎社稷的安顺与绵长。天子祭服，乃至祭祀的车队、马匹、旌旗，都要从颜色上与"天"保持一致。这里的"天"，即自然界。当然，这在中国人有关"天"的概念中，只是一解。

试想，在春夏秋冬四季，天子率队赴东南西北郊行祭祀礼，整个队列的颜色都有严格规定，顺应天意，形成鲜明的各自不同的四种色调，那是何等的气派！小时候不懂，以为这是一种迷信，一种形式。待研究服饰文化三十余年以后，才感到这不是古人的荒谬，更不是无知，而是一种深奥，一种无与伦比的崇高。

《礼记·月令》记载，春日祭祀，天子要"乘鸾路，驾仓龙，载青旗，衣青衣，服仓玉"。这是最基本的，至于为什么要这样，不这样而反如其他三季会有什么害处，都写得清清楚楚。而且，春祭还要分成三次，即孟春、仲春、季春。单说这队列，天子要乘坐带有青铜鸾铃或有鸾凤车辂的车子。古文中"路"通"辂"，即车。鸾是传说中凤凰一类的飞禽，通"銮"，后专用为皇帝銮驾车饰，《后汉书》《三国志》中都有记载。驾车的马要冷灰色的皮毛，美其名为仓龙，"仓"通"苍"。车上插着蓝绿色的旗帜，天子以及参加祭祀礼仪的大臣们也都要穿上蓝绿色的衣服，并佩青玉。

中国古人常将蓝绿色称为"青"，古诗中有"青青河畔草"，再熟悉不过的如"青山绿水"。当然，有时也指黑色，这在《尚书·禹贡》中已出现。大家习惯的用法如指头发为"青丝"。"精不精，一身青"，大家一听就知道穿一身黑，那是近代的事。古代表示黑色更多用的是"元""玄"

或"皂"。

　　春祭中的蓝绿色，自然是为了符合"杨柳青青"的总体春日色调。想来这其中有古人对天的敬畏，也有对天的谄媚，总之是想接近大自然，以求不违过。中国古人在西周初年时，将"天"视为人格化至上神，将"人"局限为人间统治者。春秋时思想家子产将"天"指为天象（星象），将"人"概括为人的社会生活，正所谓"天道远，人道迩"。春秋末年越国政治家范蠡提出"天因人，圣人因天"。这说明已达到一种哲学思想的境界。汉代大儒董仲舒郑重提出"天人合一"，认为"天"既有自然外貌，又有四时现象，同时还能监察人类行为，降下灾祸或祥瑞。这种观点影响深远，如今的人们还爱说：人在做，天在看。而且，随着人类无限开发而导致的生态环境恶化，人们不再一味地相信人定胜天了。

　　在这种重新思考的学术研究背景下，再来解读古祭服上的四时服、五色衣，领悟明显加深了。四时服好理解，就是按春夏秋冬四季颜色穿用的服饰。五色衣是中国古人在春、夏、季夏、秋、冬五时，讲究春用青，夏用朱，季夏用黄，秋用白，冬用黑。这些在《后汉书·舆服志》和《后汉书·东平宪王苍传》中就有记载了。

　　实际上，《礼记·月令》中虽没有用"五色衣"这几个字，但已经记得很具体了。除以上提到的春日青色祭服外，夏日祭祀时，天子"乘朱路，驾赤骝，载赤旗，衣朱衣，服赤玉"。这里记述到季夏，但未提黄，而是在夏季后面的内容中，专说了一下"中央土"，然后记天子"乘大路，驾黄骝，载黄旗，衣黄衣，服黄玉"。可能后来将此改为季夏用色了。因为《礼记·月令》中只有四季，却加了一个"中央"这样的方位概念，后代学者索性将其归为季夏了。

　　《礼记·月令》中写秋日祭祀时，天子要"乘戎路，驾白骆，载白旗，衣白衣，服白玉"。冬月里祭祀，天子则"乘玄路，驾铁骊，载玄旗，衣黑衣，服玄玉"。试想，祭祀车队一色青，一色红，一色黄，一色白，一

东汉画像石上的君车出行（旧拓本，王家斌摹）

色黑，那可是够威风的。单说这种对祭天祀地的严肃性，就让人敬佩不已。年轻时想，夏天本来就热，再穿红，多燥啊！再说秋天百花凋零，大自然的颜色少了，一队白衣白马白车，不是更无色彩感觉了吗？冬天一队黑，那简直令人压抑了……我曾天真地想，挂历就应该反季节。不然，夏天外面特热，回到家里一看墙上的挂历，又是光照强烈，繁花似锦。而冬天外面已经很冷了，一到家，又见墙上冰天雪地，何苦呢？后来才懂得，挂历是挂历，挂画是挂画，一个"历"字就说明了四时节气。可能古人就是这么想的。

中国人的"天人合一"观念不仅体现在古祭服上，帝王冕服上身黑下身绛红，也是为了顺应天地的所有时间与空间。再说，为什么上衣下裳作为礼服的最高形式，高于连身的深衣和长袍呢？也是为了象征天与地。中国人认为天地乾坤是有顺序的，不得违抗。虽说对"天"和"人"的探讨各时代各学派都有不同见解，天与人确实也是一对历经数千年的哲学范畴。但是，这个话题并不遥远，小孩子受到惊吓时也会喊出"天啊"。所以说，中国古祭服上所表现出的与大自然保持一致的思想，还是有文化基础的，这也从一个侧面显示出中国文化的博大精深。

花 如 人

——古人诗中的服饰形象

春天来了,人们都去赏花。今人与古人不同的是,如今花下相机多,手机多,长短变焦,各式自拍架,但见花吟诗的人确实少了。也许还有专职诗人在吟咏,可是年轻学生已不知诗人在哪里?

时代在变,赏花的方式在变,这本无可厚非,只是我从服饰文化学的角度来看,显然作诗要比花前留个影更有意义。

桃花在绿叶陪衬下有种娇憨的姿态,极易使人联想到着装的人,进

古代仕女倚柳远思(明·尤求《人物山水图》)

而想到人的生命与灵性。明代赵福元曾写道:"神仙拥出蓬莱宫,罗帏绣幕围香风。云鬟绕绕梳翡翠,赪颜滴滴匀猩红。千娇百媚粲相逐,烂醉芳春逞芳馥。"写活了春天盛开的桃花。红的是揆匀胭脂的脸庞,绿的是仙女头上的翡翠首饰……清代严遂成写得更为具体:"砑光熨帽绛罗襦,烂漫东风态绝殊。息国不言偏结子,文君中酒乍当垆。"砑光,是用石头去碾磨皮子、布帛,或用竹石去压陶坯使之暗暗发光的工艺,砑光帽就是由砑光绢做成的帽子。唐玄宗时汝南王李琎喜欢戴砑光帽并缀上红花,在酒宴上打曲作舞。绛罗襦,是深红色的纱罗短上衣。息国是春秋时的一个小国,楚文王听说息妫貌美,灭息国将其掠为夫人。息夫人被称为桃花夫人,供奉她的庙宇在湖北汉阳县北桃花洞上。文君即卓文君,她与司马相如私奔后,曾在临邛当垆卖酒。"中酒"是喝醉了酒的意思,自然是脸带红晕。唐代崔护曾有"去年今日此门中,人面桃花相映红"的名句,由花及人又及服饰形象,再及历史典故,使桃花这一植物平添了几多颇有韵致的魅力。

梨花雪白,鲜亮,一丛丛开满全树,可以使人产生如驾春风、如步青云、如入仙境的感觉。唐代殷璠曾写:"云满衣裳月满身,轻盈归步过流尘。"这就是作者在欣赏春风吹拂下的洁白的梨花时,陡然想到洛神的美妙身姿,轻盈,神秘,恍若超凡。

玉兰花也在春日盛开,它花开九瓣,色白微碧,香味似兰。仅从形象上看,就容易让人联想到白璧无瑕的玉女。明代文徵明写道:"绰约新妆玉有辉,素娥千队雪成围。我知姑射真仙子,天遣霓裳试羽衣。"看来,那一簇簇绽放的晶莹如玉的玉兰花,使作者陶醉了,他恍惚看到月中嫦娥率领仙子婆娑起舞。南宋王灼《碧鸡漫志》中说:"开元六年,上皇与申天师中秋夜同游月中,见一大官府……素娥十余人舞笑于广庭大树下。"这其实是文化奇观,并非自然场景,但是明初绘画四家之一的文徵明却从玉兰花想到特殊着装者群,仿佛是一队队白衣女子在表演"此曲只应天上有"

的霓裳羽衣舞。同为明初四家之一的沈周，也曾在玉兰花摇曳的姿态中，看到一系列服饰形象之美——"翠条多力引风长，点破银花玉雪香。韵友似知人意好，隔阑轻解白霓裳。"

海棠花也可以让人联想到美丽的女子。宋代陈与义就写过："红妆翠袖一番新，久向园林作好春。却笑华清夸睡足，只今罗袜久无尘。"在诗人眼中，海棠花宛如一个个佳人，鲜红的衣裙，翠绿的长袖，新妆刚罢，全身焕发着明媚艳丽的光彩。在这里，诗人也是先想到杨贵妃骄矜慵懒的出浴娇态，又提及洛神飘逸潇洒罗袜生尘的风致，实际上联想的基础还是服饰形象。是服饰形象的客观现实，使花的色、质、情、貌都具有了人的生机。

另一首宋代郭稹作的海棠诗，更具体地提到了曾经流行过的面妆："破红枝上仍施粉，繁翠阴中旋朴香。应为无诗怨工部，至今含露作啼妆。"诗人看到的海棠花蕾是红的，绽开的花朵也是红的。然而，在张开的花瓣上好像敷着一层淡淡的铅粉，红中微微露出粉红色，于是层次感油然而生，一朵朵海棠就像是美人的脸颊。一旦缀上露水，便恰似汉至唐流行过的"啼妆"了。《后汉书·梁冀传》记载："冀妻孙寿色美，而善为妖态，作愁眉，啼妆。"啼妆即是以粉涂在眼角下。服饰是历史记载的一部分，往往在文化史中留下痕迹。

赏花重在赏，诗情画意无限而服饰形象又在眼前，这才不负大好春光。

吉祥祝福在童装

清末民初儿童围嘴（华梅藏）

无论古今中外，凡一牵涉童装，总有无尽的祝福在其上。为什么小生命可以长大？为什么物种可以繁衍？皆因长辈对幼小生命的呵护。人类更是这样，长辈把所有的祝福都给予孩子，别管哪一个时代，哪一个民族。只不过，早先是一针一线缝绣出这份爱，而如今是用钞票去换取了。比较起来，还是手工更有心思寄寓其中。

小孩子不懂着装的意义，可是大人懂。除了御寒保暖防晒防风之外，就是期望孩子茁壮成长，而且最好能有出息，中国人的最深层次就是盼望孩子能光宗耀祖。

虎头鞋虎头帽应该是最具典型性的童装形象，其含义主要是辟邪，也使孩子显得威武雄壮。当然核心宗旨是护佑婴幼儿，助长孩童正气。

少数民族孩子的衣服更有讲究。如西北地区撒拉族，婴儿出生前，要准备好名叫"干格吕希"的白色小衣服，表示刚降到人间的生命是圣洁无瑕的，同时希望孩子平安无忧。有的人家还给孩子颈项间戴三角形的白色护符，内装经文，撒拉语称"图木尔"，用来辟邪驱鬼。

西南地区侗族儿童的帽子是最能体现母亲织绣技艺的服饰。孩子冬天戴的帽子为红色，帽顶上绣着人们联袂踏歌的图案，用以祝福孩子一生幸福，无灾无难。还有的用红、蓝、黑、白色补花做成，图案为如意纹，以期望孩童万事如意。最有民族工艺特色的是马尾绣童帽，以马尾缠彩色丝线，再钉绣成花纹，使之形成浮雕感。再钉银线以成凸棱边，历经几十年还能保持坚固和艳丽。这样的工艺与装饰，寄寓着长辈祝愿孩童长命百岁，永远富贵。侗族背儿童的背带上，也绣着吉祥的图案，如当地民众深信光明的太阳纹、龙纹，可以保佑孩子平安如意。太阳纹最能显示侗族人的自然崇拜，妇女们在童装上绣光芒四射的白色圆形花纹，或是绣各种花卉的五彩缤纷的圆太阳纹，再有便是用五彩绣片拼成大团花，以反映侗族人对太阳的虔诚和祈祷，她们把太阳纹绣在童装和背带上，就认为是给了孩子护身符。

最有意思的是，不仅儿童穿的衣服，即使是给孩子的玩偶，也同样反映这样一种祈福心理，这里有着深深的民俗意义。如陕西宝鸡地区盛行一种布艺玩偶，是母亲或祖母、外祖母送给新生儿的特殊礼物，就好像天津人讲究新生儿的第一个除夕，要由舅舅或舅爷送个大红鱼灯一样，绝对不能疏忽。这种郑重的玩偶是一对公母猴相对而坐，两猴都捧着仙桃，头戴斗笠，身穿肚兜，背上缀着立体的花，稚气十足的猴粗眉圆眼，直鼻、噘嘴，嘴唇上还涂着红红的唇膏。别看布猴体形不大，却承载着家族对后代的期冀。"猴"谐"侯"，寓意仕途，中国人认为"学而优则仕"；斗笠帽仿清代官帽，盼孩子做官，飞黄腾达；满身花朵象征吉祥富贵，仙桃则寓意健康长寿；公母猴一对夫妻，则盼望着子孙繁衍且幸福绵长……

不要小看儿童服装，它在历史长河中有着相当重要的位置，因为关乎民族的生生不息。

民间祭俗中的服饰

谁都知道，中国汉族人信宗教的不多，但是从历史上就讲究祭天祀地拜祖宗，而且各行各地都有自己信奉的神灵，如烧窑的敬窑神，唱戏的拜梨园神，连娼妓都有自己供奉的神。普通民众在不同区域中分别有对来自佛教、道教和民间的诸神灵的祭祀活动，比起皇家祭祀仪式少了许多隆重，但正由于植根民间也就多了几分情趣。

民间祭祀风格五花八门，不拘一格，因而其中所涉及的服饰也说不清有何依据。只是因为出于一地的信息互通，大家都遵循着一些既定规则，形成一些共识的特有形象。

中秋节祭俗中的兔儿爷形象（王家斌绘）

有一种神穿文官官服，如天官，这是源自道教的大神。因为总有"天官赐福"的年画，近代民间也将其视为福、禄、寿三星中的福星。天官在年画中多作一品文官的服饰形象，头戴官帽身穿红袍，胸前有仙鹤补子，腰围玉带，足蹬朝靴，同时留着五绺长髯。福、禄、寿三星有福寿双全和升官发财的吉祥寓意，所以清代起就开始将福星与财神形象相合，财神也成了一品文官的服饰。再有穿文官服饰的就是阎王或说城隍爷，及其手下的判官，或许因他们都是冥国的官员，自然就是一身执法文官的服装。《斩鬼传》卷一描绘判官的形象是戴一顶软翅纱帽,穿一领内红圆领,束一条犀角大带,踏一双歪头皂靴,长一脸络腮胡须,瞪着一双圆眼。当然,判官有多位,有时钟馗也被人们称为判官。钟馗的服饰有两种,有的书上着民服,如宋代沈括《补笔谈》引高承《事物纪原》说,唐明皇梦见的钟馗是"顶破帽,衣蓝袍,束角带"。在很多人物画上,钟馗都是戴着幞头,穿着朱砂点涂的红袍,皂靴,一副唐宋男服的典型形象,但当钟馗作为门神时又作官服状并手拿笏板。宋代郭若虚《图画见闻志》中载:"吴道子画钟馗,衣蓝衫。"需要注意的是,此处的"蓝"不一定都是指颜色,有的是通假字,即指"襕衫",也就是唐宋间男人都穿的下安一横襕的圆领袍衫。

神穿文职官服的还有不少,先说穿天子冕服的,有玉皇大帝,一看那垂旒的冕冠,特别是颈间的方心曲领,就是宋明时期确定的高级官员服饰形象。穿帝王冕服的还有雷王,这来自广东雷州半岛。因为道教将黄帝称为雷王,后来根据玉皇大帝为玉皇大天尊,雷王被称为雷声普化天尊。再后索性将黄帝唤为九天应元雷声普化真王(天尊),这样穿帝王装也就理所当然了。其他还有三官,也叫三元大帝,清代乾隆年间北京就有三官庙和三官庵31座。三官即除了本文前面提到的天官以外,还有地官、水官。全作一品大员穿着。四值功曹是小神,其官名一看就知是低级官吏,但由于负责记录、呈递公文等工作,因而也着官服,执笏板。

武将打扮的神也有多位,如真武大帝,还有与此相关的龟蛇二将。北京故宫钦安殿中的龟蛇二将就不同于武当山金殿中的蛇绕龟腹,而是戴盔贯甲,衣带飘逸。道教山门内的青龙、白虎二神,也是着铠持械。再如马、赵、温、关四大元帅,更是武将装扮。在《三宝太监西洋记》中,描绘他们为"铁作幞头连雾长,乌油袍袖峭寒生。渍花玉带腰间满,竹节钢鞭手内擎"。

神穿红衣,在中国民间传说和形象塑造中很普遍,人们印象最深的便是天妃娘娘，南方人称妈祖。福建莆田县湄洲岛的神女林默，就被记录为"常衣朱衣，飞翻海上"。宋徽宗宣和五年，给事中路允迪奉旨出使高丽时遇到大风暴，他闭目祷告后，果然看见有位穿红衣的神女站在船樯上。天津建卫以来漕运发达，因而娘娘宫是天津人主要的祭祀庙宇。旧时妇女讲究穿一身红衣正月初一抢烧第一炷香，如今人们也要在年前去一趟古文化街。福建女子也学着妈祖穿红衣，只是不敢与妈祖一样，所以在上衣下摆和裤腿下截缝一块黑布。天津妇女来得火爆，不但过年，结婚都讲究红衣红裙，红鞋红袜，红手绢，红背包，头上红绒花，那叫一个红！还有一位朱衣神，与科举考试有关，传说欧阳修做考官阅卷时，常觉身后有一朱衣人点头，凡点头的时候恰恰认为该试卷可取，但是回头看又不见人影。后来读书人科考前，拜孔子、魁星，也拜朱衣神。中国人一定觉得，着红衣本身就是吉相。

中国裕固族帽顶的红缨即为永记祖先为保护部族而做出的牺牲（王家斌绘）

　　服饰不仅仅出现在神灵和祭祀者身上，有时还是特定道具。民间女子祭厕神紫姑时，取粪箕一只，"饰以钗环，簪以花朵"，另用一支银钗插在箕口上，有时还将箕口对着摊在案上的碎米，用银钗在米上画。扶箕的都是女性，这源于唐代起始的紫姑信仰，实际上仍保留着浓浓的原始巫术意味。

　　正由于服饰有着广泛且又具体的文化语言，因此在民间祭祀中往往具有很严肃的特定意义，这里显示的即是文化的立体性状与文化内核。

簪花饰面总多情

古代诗中不乏描绘服饰的句子,读来颇觉感人,尤其是髻上簪钗描眉点唇的诗句,往往把着装者表现得相当细腻,以至让读者为之动情,甚至久久难忘。

古代女子足不出户,而丈夫或情人又免不了远行奔前程,因而也就有了关乎别离和思念的话题。别管是女子自己作诗,还是男性文人揣摩附加感受,再或是诗人以此为题,暗喻其他,总之是留下了许多脍炙人口的诗句和有价值的服饰资料。

汉陶俑上的簪花形象
(四川成都永丰东汉墓出土)

精致、细腻、贴切,是今天所稀缺的,因而有时间的人不妨读一读,体会一下,重温一下慢节奏社会里的情思,那种隐隐的、深深的情。

读一些有关头上配饰的诗词,就能领略许多。宋代戎马诗人辛弃疾在《祝英台近·晚春》中将深闺女子与情人在杨柳岸边的分别情景,描述得凄凄切切:"宝钗分,柳叶渡,烟柳暗南浦。"古人头上的钗是两股,簪是一股,因而情人分别有分钗相赠的习俗。南朝梁陆罩《闺怨》说:"偏恨分钗时。"唐代白居易《长恨歌》描绘身处海上仙山的杨贵妃:"闻道汉家天子使,九华帐里梦魂惊。"她"含情凝睇谢君王,一别音容两渺茫"。为了"昭阳殿里恩爱绝,蓬莱宫中日月长。回头下望人寰处,不见长安见尘雾"。她决定"唯将旧物表深情,钿合金钗寄将去。钗留一股合一扇,钗擘黄金合分钿"。"钿合"是镶嵌黄金螺钿的盒子，多为漆制首饰盒。这样，将钗的两股，捎去一股，留下一股；盒的两爿，捎去一爿，留下一爿。这里当然是古代人表达情感的一种方式。结合得宠时"云鬓花颜金步摇，芙蓉帐暖度春宵"和"六军不发无奈何"时的"花钿委地无人收，翠翘金雀玉搔头"，都能看出头上配饰所隐寓的社会语言。

宋代女词人李清照写词应该更有亲身感受的文化深度。她有一首《菩萨蛮》写道："绿云鬓上飞金雀，愁眉敛翠春烟薄。香阁掩芙蓉，画屏山几重。窗寒天欲曙，犹结同心苣。啼粉污罗衣，问郎何日归？"这里将古时一对夫妻在临别时的缱绻之情，描绘得恰如其分，主要通过女性发式、面妆、佩饰、衣服原料来表现的内心活动，更是堪称绝妙。

元曲中也有不少类似以头饰来表达思念的句子，写起来更直白。如王鼎《一半儿·题情》四首之一："鸦瓴般水鬓似刀裁，小颗颗芙蓉花额儿窄。待不梳妆怕娘左猜，不免插金钗，一半儿髾松一半儿歪。"还有贯云石的套曲《一枝花·离闷》，其中一段为："花钿坠懒贴香腮，衫袖湿镇淹泪眼，玉簪斜倦整云鬟。"活生生，真切切，这还不算最感人的。有无名氏作《红绣鞋》中，写女主人公在描花样时，竟不知不觉写出了远去的恋人的名字，结果更加伤感，于是，"裁剪下才郎名讳，端详了辗转伤悲。把两个字灯焰上燎成灰，或搽在双鬓角，或画作远山眉"。说心里话，这可真够有创意的，恐怕只有那个时代的人，才能这么活在诗中。

有几句词，总让我难以忘怀。前述辛弃疾的"烟柳暗南浦"后，有"鬓边觑。试把花卜归期，才簪又重数"。她把头上的簪子取下来，一个花瓣一个花瓣地数过，每一个花瓣代表情人的一个归程。数一数，心上人何时归来。可是，才刚数过将花簪戴回头上，又不放心，再次取下来重数。那份思念，那份期盼，有谁能理解呢？

当然，也有借服饰来说别的事情的例子。人们最熟悉的莫过于唐代朱庆余的"妆罢低声问夫婿，画眉深浅入时无"。作者欲考进士，特意在试前写诗给主考官张籍,意思是说:"我这样的文章合不合现在的标准呢?"而张籍本人也有近似的诗句:"君知妾有夫,赠妾双明珠。……还君明珠双泪垂,恨不相逢未嫁时。"他这是拒绝唐宪宗时平卢节度使李师道的收买,故诗名为《节妇吟》。

头饰是物质的,面妆也离不开螺黛和胭脂,但它们同时又是精神的,代表了一个时代一个民族,一种思潮一种理念,这就是文化,服饰文化。

褡裢不是老虎搭拉

——关于中国古人的盛物包

今年的端午与往年有所不同，一改多年来只注重粽子和龙舟的做法，开始提倡多角度继承中华文化，因而就有更多的报道牵涉艾草、五毒和雄黄酒。京津一带，媒体出现了有关老虎搭拉的文字描述，可惜的是错写成褡裢了。

需要提出的是，老虎搭拉是一条绳穿上蚕茧做成的小老虎、布制裹棉花的小红白樱桃、小辣椒、小南瓜、小茄子、小豆角等应季蔬果，还有线缝的小笤帚、纸折的小簸箕，最下是一个红布香囊，里面装上花椒。端午时缀在孩子的上臂或是颈项间，为吉祥辟邪的民俗串饰。而褡裢是中国古人的背包，完全是另外一种概念。

翻开权威词典，"褡裢"一条是这样写的，同"搭裢"，亦作"搭连"。中间开口，两端可装贮钱物的长口袋，搭在肩上，小的也可以系在腰间。《红楼梦》第一回："将道人肩上的褡裢抢过来背上，竟不回家。"

褡裢还可以同"搭膊"，亦作"褡膊"，又叫"搭包"。是一种长带，中间有袋，可束腰间，也可驮在背上。《京本通俗小说·错斩崔

近代日常用褡裢（王家斌绘）

宁》:"身穿一领旧战袍,腰间红绢搭膊裹肚。"

"搭膊",又作"褡膊",用绸或布做成的长方口袋,中间开口,可装物品,或肩负,或手提,也可系在衣外作腰巾。

《中国衣冠服饰大辞典》中涉及褡裢及其别名的共九条。除了以上的几种以外,还有"褡袱""褡包"等。

我在这里不厌其烦地说褡裢,意在说明这是一种中国古人用的背包,而老虎搭拉可以写成老虎耷拉,是垂挂的吉祥饰件,并不能盛物。褡裢则是用一长条布,两端回折,两边缝上从而成了中间相连的两个口袋,可以背在人肩上,也可以放在驴背上,小的就像对开的钱包。这种出门背个褡裢或将褡裢放在驴马背上的做法至20世纪50年代还有。河北省保定地区将其称为"上马子"。

总有人问我中国古人的背包,褡裢就是最常用的,其文字描述主要出现在元代以后小说中。再比这简单的是一块包袱皮摊开,中间放上要带的东西,滚裹几圈,两头儿一系搭在肩上。这种用法直至新中国成立初期,农村孩子上学裹书还用。当年解放军小米加步枪,那粮食袋也类同这种包,只不过缝成一个圆筒装上小米,两头系在胸前。

比褡裢早的是"囊""袋",再或"合包"(荷包)。"囊"最早出现在《诗经·大雅·公刘》中,应是始于商周,男女均用。《礼记》《汉书》中都有记载。《旧唐书·舆服志》记载的"算袋",一般是官员佩于腰际,有点像今天的公文包,以皮革或布帛制成,也称"算囊"。囊的实物见于湖南长沙马王堆汉墓,竹简中有四枚记其"白绡信期绣熏囊一素缘"等,出土确实有四个,形制为两截,双层,外有彩绣。整个造型呈长条形,最大的一件长50厘米,最小的只有32.5厘米,腰部有带,可供系佩。出土时一个囊中装有茅香根茎,其余三个分别装着花椒、茅香和辛夷。显然是香囊,也称熏囊。

汉代画像石上的人物,有佩戴绶囊和鞶囊的形象资料,实际上绶囊是鞶囊的一种，只是专门盛放印绶。另有"笏囊""招文袋""书袋""方便囊""刀笔囊""直袋"等，在古书中不乏记载。最为今人熟悉的应是《三国演义》中的"锦囊妙计"。"锦囊"是指织锦制成的口袋，唐代李商隐《长吉小传》中写道："背一古破锦囊，遇有所得，即书投囊中。"

清代起，由于满族保持着原游牧民族随水草迁徙的习俗，致使盛物袋更多了，而且有许多专门的如"眼镜套""肩袋"等。"荷包"更是多见，明西周生《醒世姻缘传》中多处提到"合包"，清代更是留下许多实物。荷包可以装钱，也可以放香料。如今人们热衷于中华结，其实那些八宝、流苏，原来都与荷包有关。

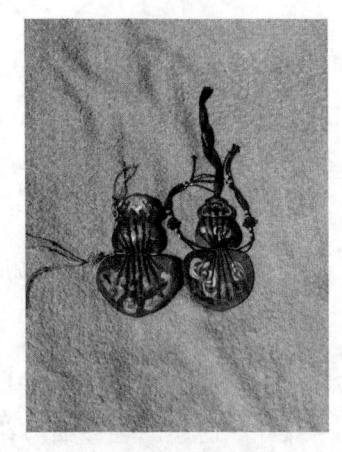

清代民间荷包（华梅藏）

"二月二"不动针线的潜在意义

中国人讲究过"二月二"。一则是腊月、正月刚过,人们还游兴未尽,还想有点好玩儿的节日活动;二则确实天气暖和了,人们也想舒展一下腰身,沐浴一下春日的阳光,于是"二月二"就被披上了许多神秘的色彩。

早在唐代,白居易曾有《二月二》诗,写道:"二月二日新雨晴,草芽菜甲一时生。轻衫细马春年少,十字津头一字行。"至明清两代,多部书有关于这一节日的记载,"二月二"又被称为"花朝节""踏青节""挑菜节""春龙节",俗称"龙抬头日"。这是个汉族传统节日,但是苗、壮、布依、满、侗、黎、畲、鄂温克、赫哲等少数民族也过,流行于全国各地。

"龙抬头"的说法比较普遍,明代沈榜《宛署杂记》说:"宛人呼二月二日为龙抬头,乡民用灰自门外委婉布入宅厨,旋绕水缸,呼为引龙回。"龙是神圣的,在以农业经济为主的中国,格外看重龙的呼风唤雨神力。在这一有关龙的节日里,人们用彩纸、草节或细秸秆穿成串悬于房梁,称之为穿龙尾。做饼称为龙鳞饼,吃面谓之龙须面,食菜团子谓之食龙蛋……

京津一带讲究"二月二"这天烙饼,煎焖子,炒绿豆芽。大人孩子都剃头,尤其是孩子,据说龙抬头这天剃去头发,可以去百病,幸福安康。妇女们一天不动针线,唯恐扎伤龙眼。

那么,为什么这天不做女红了呢?今天看起来,实际是给终年劳作的女性们放一天假,就像是"三八"劳动妇女节似的。京津一带讲究除夕不做针线活,怕伤了诸神。蓟县农村讲究大年初一不缝衣服,唯恐引来一年受累。细想起来,这些都属于民俗禁忌,而很多禁忌都是有科学做基础的。比如:"正月不买鞋",其实是希望人们在除夕前准备好新鞋,以便以一个新的服饰形象乃至精神面貌出现在新的一年初始几天,从而起到振奋精神的作用。头一年有不愉快的,去一去秽气,新年新气象;头一年挺好的,祈愿新的一年越来越好。

"正月不剃头"也不能简单地归为迷信,这也是为了敦促人们在除夕前理发,以便初一见长辈亲友时,面貌焕然一新。今天的年轻人根本不做针线活儿了,所以无法理解为什么还有一天规定妇女不动针线。别说古人男耕女织,妇女要终日织布缝衣,就说20世纪五六十年代,女性都有做不完的针线活儿,诸如补袜子、做鞋、做被、缝制衣裳等,即便有了缝纫机,也是做一家老少的衣服被褥,有条件者要织一家人的毛衣毛裤。不用说别人,我到八十年代还给父母织毛衣,给丈夫儿子做衣服呢,更不用说拆洗缝制被褥。

《礼记》一书对秦汉及以前汉族礼仪加以整理编撰,保留下许多可靠

古代宫廷嫔妃也做女红
(清·佚名《胤禛妃行乐图屏》)

的社会意识与人生理念资料。《礼记·内则》记载："女子十年不出，姆教婉娩听从，执麻枲，治丝茧，织纴组紃，学女事，以共（供）衣服。"所以，女子做针线活儿，是天经地义的，不会做缝纫，常被人贬为"拙老婆"。我小时候听的经典故事就说某妻不会做针线，虽努力也做不成一床像样的被子，其夫出主意说把门板卸下来，比着门板做，不就能成长方形了吗？谁知做成后发现叠不起来了，原来把门板缝在被子里边了。

这故事虽听起来有些荒唐，却也有可能，如果从小没有在祖母、母亲指导下实践过，肯定不会，因此会被耻笑，由此足以见到女红的必要。

倘若女性与公婆、妯娌住在一起，疏于女红更会招致指责。从这里可以看到儒家礼教下的女性生活常态。正是在这种背景下，才需要有那么一天，妇女们可以堂而皇之地不做针线活儿，也不会遭到责备，因为怕扎伤龙眼。这就是民俗禁忌的自然表现。

从民俗学理论高度看禁忌，"禁"是禁止亦即不允许的意思，"忌"是一种因害怕或憎恶而力求避开的心理状态。在汉代学者许慎所著的《说文解字》中也有解释，国际通用名词则为 Taboo 或 Tabu，英文中译为"塔布"或"塔怖"，这个词来源于中太平洋的波利尼西亚群岛。民俗学家认为，禁忌是人类社会对某些言行及其方式的自我限制，它不仅来源于人们对某种神秘力量的畏惧，而且也包含着人们在与大自然作斗争中长期积累的经验，以及在长期人际交往中所形成的社会礼俗。

表面上看，"二月二"不动针线是迷信的说法，代表着落后，实际上却是积极的，合理又科学。这里有人类的智慧，也有着中国文化特有的巧妙与幽默。"不动针线"正是服饰民俗学中的一个生动范例。

露一截儿脚脖子成时尚

天气刚一暖和，年轻女性们就忙不迭地脱掉厚重的外衣，赶紧换上薄衫或裙装。有不少姑娘已经穿上短裙了，别人看着有点儿凉，但本人一定是追求美的意志占据上风，凉也不怕。更多的女性采取中庸手段，穿一条七分裤或八分裤，配一双无袜筒的丝质船袜儿藏在鞋子里面，结果是满街的姑娘媳妇们甚至还有小伙子都露着一截脚脖子，专业术语是踝骨。

不用说这种时尚穿法来自哪位时装大师的独家发布会，也不用溯源于哪个国际时装之都，香榭丽舍大街都不再是神圣的天堂了，我们还用去追寻时尚源头吗？

流行，对于着装来说，就是有人穿出一个新样儿，与以往不同，大家觉得新鲜，就跟着穿起来。就这么简单，待穿得腻了，又发现一个新样儿，又抢着换，总怕落后。因为没跟上就显得有点"老"，"老"就是过时了，过时了就意味着这个着装者没跟上时尚，而没跟上时尚就说明这个人什么也不知道。别说年轻人，就是看中老年人，在方跟鞋流行好几年时，还穿着细跟鞋，或是细跟鞋卷土重来很长一阵儿，这人还穿着方跟鞋，那就至少说明几个问题。一是该人经济窘迫，二是该人脱离社会，至少说时代前进了，他或她还停留在原地……

我研究服饰文化三十余年，仅就时装流行即在多部学术著作中从理论层面做过许多论述。抛开学术概括，用一个最通俗的说法，其实就是这么一个现象。当然，流行不是想当然，不是有一个什么新鲜怪样儿，大家都跟着学，它必须是符合社会潮流的，迎合当时当地追求的风尚，能给人们带来一时审美快感的。这样，就可以回到露脚脖子上来。

满街年轻人都那样露一截，一定他们觉得很好看，可是观看者却有不同联想，比如我联想到的就是宋代张择端的《清明上河图》。《清明上河图》是历史名画，描绘的是汴梁风景风情，图上有五百余人，隶属各阶层，穿戴都不一样。有官宦，有士绅，也有五行八作的生意人和车夫，其中不少是重体力劳动者，小贩也很生动。图上非贵族非士人的劳动者，大多穿着不太长的长裤，就这样露着一截脚脖子。如今即使不知道古画的人，也容易联想到下田的或摸鱼的。

古代劳动人民的裤形
（宋·张择端《清明上河图》）

记得十年前，女性们还觉得短丝袜是城市大妈的穿着，讲究点儿的怎么也要让丝袜长到膝上，如果是有点儿身份或不甘落个窘相的总是要在裙装里穿连裤袜，这才像个样子。尽管当年就50至70元一双，可能一上脚就破个洞，然后就跳一条丝，但是人们依然买依然穿。后来讲究不穿袜子，就那样玉腿直立，这才叫时髦，于是长丝袜短丝袜都显得陈旧甚或多余了，再穿连裤袜那肯定是"老派儿"的中老年人。又有问题出来了，光脚在凉鞋里，脚汗发黏发滑不舒服，因此又有了"船袜"。据说源于运动袜。这样鞋里舒服了，腿上也显得没穿袜，总之是人们的审美趋向越来越大众化。

大众旅游，大众消费，就好像法国大革命时大家都穿上庄稼汉的长裤，从而摒弃贵族的装束一样，一时也认为这是一种美，意识使然。从如今的西方国家政治活动就能看出来，人们现在不太崇拜精英阶层，不太喜欢小众，完全陶醉在大众文化风尚之中，所以着装上越随便越显得时尚。

又有老中医出来说话了，说内踝上四指是三阴交穴，那个地方最怕着凉。其实，膝盖、后腰，尤其是肚脐更怕凉着了，但是长靴短裙专门露着双膝，再不用说低腰裤和露脐装了。在寻求健康和追求社会美的对立问题前，人们宁愿牺牲健康去寻求时尚，这就是社会人的社会属性。穿衣服先想着身体，那就是老年人了，这是社会现实，谁也无法改变。

真要说起 2017 年时装趋向定调，应该是诗意科技。上海时装周已经传出信息，有关单位结合 T 台走秀，德国动态图像艺术家定制的京剧旦角开场视频，力求融合中国古典意蕴与摇滚风格的秀场音乐，再运用"神奇布料"，将科技与艺术完美结合。艺术家是艺术家，真要推动一场时装流行，还要企业和商家，最终决定于消费者群体，再想以一个大师的作品就引导时装流行的年代已经远去了，还是先来看这一截脚脖子吧！

小白鞋流行仅是营销策略好吗？

——关于品牌效应形成的多面性

原以为在时装如此多元化的今天，不会再有千军万马共挤一座独木桥的现象了，谁知最近小白鞋的流行势头特别猛，以至各媒体都在纷纷评论。大多数在说"当红小白鞋 Stan Smith 的成名路"，从而引出"小白鞋，大战略"的话题。

据讲，Stan Smith 小白鞋是阿迪达斯专门为美国前网球名将斯坦·史密斯设计的。结果呢，连史密斯自己都不得不面对现实，他说人们现在一提起他的名字，想到的就是小白鞋，根本不记得他的"大满贯"了。

我发现，各媒体连篇累牍地挖掘阿迪达斯如何使小白鞋红遍全球，甚至详细描述他曾怎样走出一条艰难的路，包括让名人穿，或是通过超市的饥饿营销手段，什么时候下架，什么时候又摆出来……别管怎么说，有一个量化指标，那就是2016年阿迪达斯的销售额达到93亿欧元，直逼耐克。

不过，有一个流行现象很有趣。我家总有朋友或学生来，近期别管是什么职业，或是属于哪个年龄段，都穿着一双小白鞋。颜色都是本白的，看样子都像是皮革，款式也差不多，浅帮，系带，平跟。我每每问道："潮人啊？小白鞋。"他们或她们都平淡地说："百搭呀。"好像不是那么匆匆忙忙地赶时髦，而是为了好配衣

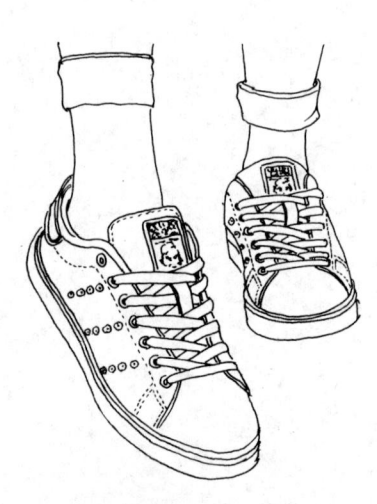

阿迪达斯小白鞋（吴琼绘）

服。四五十岁的人干脆说:"那时候不也时兴过白球鞋吗?"我再问:"阿迪达斯?"年轻人多是一脸茫然。我又补充道:"这不是阿迪达斯创的品牌吗?"大多数人都不知道,赶紧转移话题,只有极年轻的学生才会说,我也不知什么牌儿,我穿的这双好像是假的,很便宜。这就说明仿制的力量更大,人们赶时尚的兴趣更浓,热情满高。人们在服装上的求新求异,促成了时装潮流,再加上商家的推波助澜,由此引出我们对品牌效应形成多面性的思考。

按一般规律,生产厂家或某专门设计室首先要进行市场调研,然后拿出多个款式,再从中选出某一种或两种,设法让名人穿上,包括政界、文艺界、时尚界名人,以求形成名人效应。如今电商活跃,又衍生出一系列促成知名和吸引拥趸的营销手段,这样一步步做起,有可能是大成功,也可能只是小踢打,或是没什么响动了。但是,一旦成功,就会有无数"克隆"的制品出现,由于仿制品不用前期研发,无形中降低了成本。同时,仿制品不必讲究原材料的特有品质,即便以低价出售,也能赚钱。小白鞋风靡全球的状况已证明,虽然阿迪达斯前期费了这么大劲儿,但是它的销售额实际上只占了小白鞋真实销售额的一部分。

这种现象并不新鲜,有时装就有源和流,古来如此,唐代王涯《宫词》写道:"一丛高鬓绿云光,宫样轻轻淡淡黄。为看九天公主贵,外边争学内家装。"民间妇女纷纷仿效的"宫装",能与"宫装"真的一样吗?回到小白鞋上来,穿阿迪达斯的真皮 Stan Smith 小白鞋,年轻学生们有经济实力吗?再说也没必要,过些天又有一波时装潮,谁知又兴什么鞋呢?

那么,厂家或设计师为什么还要煞费苦心去创造时装品牌呢?这里还是贵在原创,别人怎么仿,也是搭便车。原创有设计主旨,由此赢得信誉,确定其不可仿制的地位。地位不是仅凭销售额争来的,但是服装品牌确立的地位确确实实能够带来可观的经济效益。而且,从某个角度来说,这个品牌将具有长久性信誉。这就是服饰经济学中必然要涉及的一个课题。

时尚男连体服来自军服

欧美最新时尚,色彩绚丽的男式连体服风靡美、法等国家。早在春末,就有时尚界人士预言会在夏日大规模流行。这种所谓连体服,实际上就是短袖衬衫和西装短裤连在一起,腰带系在哪个高度,可以随便调节,被称为RompHim。

从民用时装角度来评论,说RompHim能给所有男士带来舒适的穿着感,并将引起一场时尚革命。其诞生地应是芝加哥,据说设计初衷是让男士在穿着更加优雅时,还不会丢掉舒适。由于款式多样,设计者认为男士们都会选择到适合自己的一款,以体现最新的时代感。

其实,这种看起来最时尚最休闲最舒适的服装造型,来自于最紧张、最艰巨、最便于救助的战火纷飞的战场。两者听起来风马牛不相及,却在造型上不期而遇,时装就是这么不可思议。

早在"二战"期间,苏联坦克手的军服引起了德国人的兴趣。当年的苏军坦克兵就穿着一种帆布材质的土黄色连体服。天热时可以在内衣裤外直接穿用,气候寒冷时里面再穿上立领猎装式军用上衣和军裤。至于颜色,除了土黄以外,还有黑、蓝、灰等多种。

当时的坦克内空间狭窄局促,容易钩挂住战士

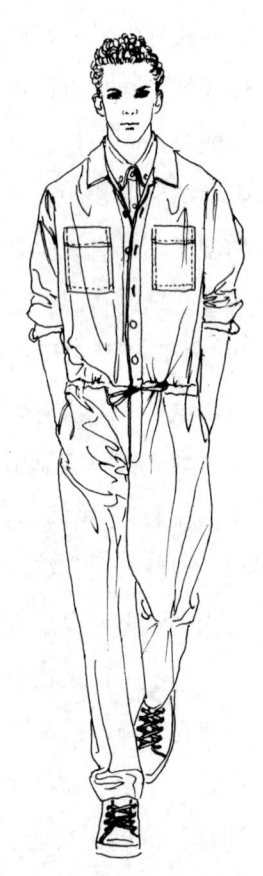

欧式男连体服(吴琼绘)

衣服的某一部位，而连体军服式样相对简单，不加任何标识，而且坚固耐脏，只会挂碰，却不容易钩住。再加之坦克内难免有弹壳和火炮炮尾等灼热物件，连体服可以保证战士的腰部不会被烫伤。

另外，连体服对于坦克兵来说，有一个最难得的优点，那就是充分考虑到战场救援和逃生。大家都知道，坦克兵只能通过坦克顶上部的舱盖口进出，当坦克被击中时，坦克内战士往往会受伤甚至昏迷，这时外部人员只要抓住内部战士的连体服衣领和肩部衣服，就可以很顺利地将伤员直直地拉出来，无疑节省了时间和力气，进一步保证了伤员被救治的可能。这些是当年德军时髦威武的黑色分体服无法做到的。后来，德军国防军和党卫军的装甲部队战服，从实战效果出发，大胆仿效了苏军的连体服形制，这说明了连体服的实用性能。

如果从时装角度来说，目前流行的男士连体服设计或许有多种灵感来源。人类的衣服形制本来就主要为上衣下裳和上下连体两类，中国战国时期的深衣，汉代以后的袍子、长衫、比甲，直至近代改良旗袍，如今全球人都穿的连衣裙等都是连体一类。只是如今将西式男短袖衬衫和男制服短裤连起来，看上去有点怪异，正因此才成为了时装。但是尽管这样，男连体服也可以找到其曾经出现的影子，如针织连体服等，只不过原来更偏重于内衣，而今堂而皇之地出现在公众场合，特别是被大肆宣传，好像人们又找到了一款从未有过的时装，又找到了一种追求新奇的审美与体验快感。

总起来可以这样看，人们越来越讲究舒适，同时又想新鲜，这样就发明出许多不太传统的新款式，总想变着样儿地弄出个怪怪的衣服款式，这正是服饰心理学研究中涉及最多的问题。

风吹仙袂飘飘举
——谈中国衣服的丝质与袖形

白居易《长恨歌》中写杨贵妃在仙岛上时,"忽闻汉家天子使,九华帐里梦魂惊"。于是匆匆下堂来迎接,致使"风吹仙袂飘飘举,犹似霓裳羽衣舞"。这里至少显示了衣服的几个特点,袂是衣袖,风是动力,风能把衣袖吹起来,就像当年在宫中跳舞时的优美与潇洒,那衣袖肯定是大而阔的。《韩非子·五蠹》中有"长袖善舞"之说,这样才能被风吹起来,而且吹得"飘飘举"。再者说,衣服的材质是柔软的,且菲薄易飘拂。人们形容清廉之官是"两袖清风",正因为中国传统服装款式是宽袍大袖,如果仅着铠甲,坚固又紧裹双臂的衣袖是很难兜住"清风"的。

中国画描绘人物时,讲究"十八描",明代邹德中《绘画指蒙》记载的,第一个就是"高古游丝描",另有"琴弦描""竹叶描""行云流水描"等。虽不是固定的18种,但都是根据古代人物画的线描笔法总结出来的,极尽描绘丝质大袖的功力。东晋大画家顾恺之传世作品《洛神赋图》等,已经显露出中国古人衣服的飘逸之感。至唐代吴道子时,其"莼菜条描"更是形成"吴带当风"的风格。"带"可单指衣带,也可泛指衣服。世人有将吴道子风格直接称为"吴装"的,更说明其描绘衣袖的本领和中国衣服的"当风"之状貌。现存画圣吴道子的《八十七神仙卷》和《送子天王图》有宋人摹本之说,但从画作本身来看,可以想象当年吴道子的庙宇壁画,确实是"天衣飞扬,满壁飞动"。宋代武宗元有《朝元仙仗图》,应该是直接受到吴道子影响,并传承至明代永乐宫的壁画人物,这些都可以间接表现或记录下中国传统服饰的飘拂特色,直接区别于西方的亚麻褶裙。

唐·吴道子《八十七神仙卷》

  如果说衣袖的形状，自古以来的大袖也不都是一个样子。春秋战国时期男女都穿的深衣，其衣袖虽大，但《礼记·深衣》中说："古者深衣，盖有制度，以应规、矩、绳、权、衡。"其中有"袂圆以应规"句，即是说从侧面看衣袖，呈一个大大的弧形。当时衣袖虽大，可是有一个较为紧缩的袖口，叫"祛（qū）"，直至汉代的袍子，都是有个相对窄瘦的袖口。至晋代时，大袖衫兴起，《晏子春秋·内篇杂下》所说的"张袂成荫"已经蔚然成风。《宋书·周郎传》记载："凡一袖之大，足断为两，一裾之长，可分为二。"从《洛神赋图》上看曹植及其随从官员，都是"冠小而衣裳博大"（《晋书·五行志》语）。这里显示的衣袖就是大敞口的，袖口不再紧缩，从此形成"褒衣博带"的中国服饰经典风格。

当然，风能把袖子吹起来以形成一种艺术之美，还需要一定的材质，这就是举世闻名的中国的丝织物。黄帝元妃嫘祖即"教民育蚕"，那就是说，至迟在新石器时代晚期，中国人已经懂得将野蚕家养，治丝以制衣。对于我们这个农业国家来说，男耕女织是整个封建社会的主要经济形式。湖南长沙马王堆汉墓出土的一件素纱襌衣最能说明问题，"襌"即单层衣，可为中衣，也可为罩衣。这件衣服衣长1.6米，袖子通长为1.95米，但重量只有48克，也就是不足一市两。这还不是纯纱的重量，因为衣缘和袖边都是绢的，绢为平纹布，比纱厚重。据当今考古学家测算，其衣用料约2.6平方米，去除边缘厚重的部分，实际纱的重量，一平方米只有12—14克重，其单丝条份仅11.3但尼尔，较之于现代的一些真丝织品，其纤度和单位重量均约只有一半。中国在两千多年前就已达到这种高度，难怪丝绸之路影响如此深远。

京剧成熟于清代，由于明亡清起时不成文但发挥作用的"十从十不从"中有"娼妓从而优伶不从"一条，因而使戏剧人物服装保留了明代服饰形象，而明代服装恰恰是唐宋服装的集大成者，所以中国古代的传统服装得以在真实形象上较为完整地保存下来。大袖之大而阔，材质之柔软轻飘都可以从京剧水袖上看个大致。据京剧知识书籍介绍，水袖可以延长和放大人物的手势，表达人物丰富复杂的思想感情，揭示人物变化多端的心理活动。是这样的，平常人一句"拂袖而去"，就能表明态度。一句"行人挥袂日西时"，就能生动地描绘出别离情景。如果穿着T恤，肯定无法"拂"了，只能说"挥"。中国服饰的文化内涵太多太多。

大唐繁华看长安

——唐代诗画中的仪礼服饰

陆上丝绸之路的起点是长安,自汉至唐数百年的驼铃商队,又使文化经济交流的耀眼成果集中呈现在长安。当年的盛景可以通过许多方面的成就显示出来,可是最醒目最通俗又最易被人读懂的实实在在的繁华却广泛地留存在服饰形象上,鲜活又自然。

一说到唐代服饰,人们首先会想到唐女那令人眼花缭乱的装束,但在长安却不然。长安是政治文化中心,一是政务人员集中,二是仪礼活动频繁且讲究规格,因而许多对于壮观场面的描绘都离不开服饰,包括衣服,也包括服装随件,如旗、剑、伞等。贾至在《早朝大明宫呈两省僚友》中写道:"银烛朝天紫陌长,禁城春色晓苍苍。千条弱柳垂青琐,百啭流莺绕建章。"紧接着专门写服饰:"剑佩声随玉墀步,衣冠身惹御炉香。"看,无论侍卫还是官员,着装都是很气派的。

王建有《元日早朝》诗,读来顿觉气势非凡。元日早朝指每年正月初一,皇帝受群臣朝贺,这在《新唐书·礼乐志》和《新唐书·仪卫志》中都有详细记载,仪式非常隆重。诗中多处借助服饰来渲染这种气氛,因而又多了让后人想象的成分和色彩模拟空间。"大国礼乐备,万邦朝元正。东方色未动,冠剑门已盈。帝居在蓬莱,肃肃钟漏清。将军领羽林,持戟巡宫城。翠华皆宿陈,雪仗罗天兵。庭燎远煌煌,旗上日月明。"仅这前几句,就涉及冠、剑、戟、旗等。翠华是以翠鸟羽毛为饰的仪仗旗帜,雪仗是指仪仗队的服饰装具颜色。《新唐书·仪卫志》中记载:"次左右五卫白旗仗,后骁卫之次,鍪、甲、弓、箭、刀、盾皆白。"可见礼仪相当讲究。下面写皇帝的服饰形象以及整体氛围:"圣人龙火衣,寝殿开璇扃。龙楼横紫烟,宫女天中行。"皇帝穿着最正式的礼仪服,即上衣下裳式的冕衣,上面绣绘着十二章。十二章是十二个图案,分别有日、月、星辰、山、火、龙等,帝王穿着最高规格的礼服,参加大礼,头上戴前后各垂十二旒的冕冠。

诗中还写到前来朝贺的各国使臣:"六蕃倍位次,衣服各异形。举头看玉牌,不识宫殿名。"这是诗人自己的想象,以大唐当年的国际地位,恐怕很多外国使臣都是中国通呢。反正别管是中国人还是外国人,都能感受到那种场景的震撼力。"左右雉扇开,蹈舞分满庭。朝服带金玉,珊珊相

陕西乾县唐李重润墓出土《宾客图》

触声。"这里听到的不是富庶人家后花园的环佩叮咚声，而是官服佩玉以及仪仗兵器相碰的铿锵有力的声音，真是大震国威。

当然，最能给中国人历史自豪感的还是王维的《和贾至舍人早朝大明宫之作》："绛帻鸡人报晓筹，尚衣方进翠云裘。九天阊阖开宫殿，万国衣冠拜冕旒。"绛是红色或稍暗的红色，帻是中国古代男子所戴的头巾。因为从汉到唐，宫廷中不让养鸡，所以就专设宫廷宿卫头上戴鸡冠状的帻，每早候于朱雀门外，专传鸡唱，以代替天将亮时的鸡鸣，这就叫报晓筹了。尚衣是宫廷中掌管天子礼仪服饰的官员，这时呈上早备好的符合规格的礼服。九天形容宫殿高大，而阊阖本是通天之门，在这里直指皇宫大门。万国使臣穿着各自的民族服装前来朝贺，足见当年大唐君临天下的威风。

也有学者认为，万国是指唐王朝的封疆大吏、附属国的王臣以及一些外国使节，这在樊珣《忆长安》中出现过，原句为"万国来朝汉阙"。如何解释万国并不重要，诗里所现毕竟是唐诗惯用的夸张手法，正如"白发三千丈""飞流直下三千尺"。可惜的是，诗中未细说这些官员衣服的"各异形"都是什么样。《汉书》《后汉书》一直到《清史稿》都有对外国人服饰的记载，但都不太详细。

好在有一些绘画作品弥补了这个缺憾，如唐章怀太子墓中的《礼宾图》上显示出三个比较清晰的异域服饰形象。另外，早在南北朝时期梁元帝萧绎有《蕃客入朝图》等三十余幅画流传于世。现在中国国家博物馆收藏有萧绎的《职贡图》，原画了35个国家的使臣，现存只有12使了。唐代阎立本也画过《职贡图》，画中所绘的是唐太宗时，爪哇国东南部的婆利、罗刹二国派人前来朝贡，途中又与林邑国使臣相遇，结队于贞观五年抵达长安，全幅图共有27人。元代任伯温画的《职贡图》，主要描绘的是北方游牧民族来进贡宝马的情景。清代也有《皇清职贡图》，明代《三才图会》画有175个国家或地区的人物着装形象。这些图的绘制虽然有的已在唐代之后，但它可以给我们提供"万国衣冠拜冕旒"的形象思考条件。

　　服饰不是语言，但是在真实记录历史事件和郑重仪礼氛围时，还确实有其不可替代的功能。

满碛寒光生铁衣

——从沙场大点兵的"战味"与"野味"说起

朱日和训练基地练兵场上的中国人民解放军建军 90 周年盛大阅兵式已经过去多日,但是那些英勇善战雄姿勃勃的军人形象,那些满眼望去尽是迷彩作训服的 9 个作战群队、34 个地面方队的实战状态,那些战车碾过土路扬起的滚滚沙尘依然令人震撼不已。

这次阅兵与 2015 年纪念抗战胜利 70 周年的大阅兵有多处不同。从服饰文化学角度看,上一次的军服军容是规格考究,队列严整,威慑力强,形象鲜亮,体现出大国的现代化部队整体面貌,而这次就是沙场大点兵。将官与士兵从训练场直接走上阅兵式,从阅兵式可以直接上战场,真个是雄浑无比的威武之师。

媒体上综合报道时用的题目"金戈铁马动山川,碧血丹心筑长城",使我联想到古人诗中的战场戎装形象。有些虽然年代已久远,可是那种雄心壮志与必胜信念,依然能跳出纸面,至今令人热血沸腾。

古诗中有关戎装的记述主要有"金甲"与"铁衣"两种。唐代经济繁荣,民服华丽,军服也华丽,这从敦煌石窟的天王像上看得很清楚。当年讲究军服的款式,头上有兜鍪,身上有铠甲,铠甲上的兽头吞口既能威慑对方,又能提升自我的必胜信心,同时穿用的战裙上有花纹,长靴上也有诸多精致纹样,胸前两个明光铠更是让将士熠熠生辉。金甲象征着大唐的昌盛与强大,因而唐代边塞诗人诗句中经常出现金甲。

岑参的《走马川行,奉送出师西征》以奇峻挺拔的笔法为后人留下了唐安西节度使封常清出征途中"将军金甲夜不脱"的动人场景。这并非

穿明光铠的武士
（陕西西安大雁塔门框石刻，王家斌摹）

"金甲"在唐边塞诗中的首次出现，王昌龄早就在"青海长云暗雪山，孤城遥望玉门关。黄沙百战穿金甲，不破楼兰终不还"中塑造了英武高大的"金甲"将军形象。其他描写"金甲"的诗篇还包括李白《胡无人》中的"天兵照雪下玉关，虏箭如沙射金甲"，卢纶《塞下曲》中的"醉和金甲舞，雷鼓动山川"。这么多的著名诗人都着力描写"金甲"，可见其地位之殊，意义之重。正统史书中也不乏将领着金甲的记述，如《新唐书·李勣传》："秦王为上将，勣为下将，皆服金甲。"在气魄宏大的诗歌中，高级别的将军普遍以"金甲"形象出现，显然在唐代具有普遍性。这里所说的金甲，有的是在铁甲上涂金漆，有的就是指金属制成的铠甲，中国人有将金属统称为"金"的习惯。"金革"还是兵器甲铠的总称，《礼记·中庸》："衽金革，死而不厌，北方之强也。"那么，有没有用黄金作饰的铠甲呢？有，1979年山东临淄大武村西汉齐王墓即出土了一领金银饰甲，菱形的金银饰片固定在铁甲片上，生动再现了汉武帝时期，也就是西域初开时期的王族铠甲特征。当然，这种以贵金属做装饰的铠甲，有可能是战时穿，也有可能专用于礼仪场合。

最有战场"野味""战味"的还是铁衣。铁衣，也称玄甲。从汉代开始成为史书和文学作品中经常描述的战服，曹丕《广陵记》："霜矛成山林，玄甲曜日光。"《木兰辞》："朔气传金柝，寒光照铁衣。"唐太宗李世民曾创建"玄甲军"以起到侧翼突击、追击的作用,并在战斗中功勋卓著。玄,是黑色。《史记·卫将军骠骑列传》中记载,在反击匈奴战役中立下彪炳功勋的年轻将领霍去病早逝后,汉武帝命令归降的南匈奴五万人着玄甲,即黑色的盔甲。从长安列队至茂陵以表纪念。"上哀悼之,发属国玄甲。"这在《汉书·卫青霍去病传》中有记载,并注曰玄甲即铁甲。别管怎么说,诗中的铁衣是在强调铁甲的厚重和冷峻,更重要的是无可替代的阳刚之美。

战国秦汉年间,戎装经历了由金属铠甲取代皮甲的历史转折,当时使用最多的是青铜,尤其用于头盔,古人称为兜鍪。很快,由于青铜质地和造价方面的原因,铁取其地位而代之。最早的铁甲出现于战国中期,后经过不断发展,演变为由甲身、双袖和垂缘三部分组成的典型汉代铁甲。1968年在河北满城西汉中山靖王刘胜墓中出土了迄今最为完整的西汉铁甲,共由两千多片甲片编织而成。甲片分槐叶形和四角抹圆的长方形两种形状,普遍经过淬火,硬度与延展性均较好,使铠甲整体具有优越的防御功能。

2015年大阅兵后我写的一篇文章,题为《甲光向日金鳞开》,这次有一句诗涌上心头,即李益的"平明日出东南地,满碛寒光生铁衣"。碛,指浅水中的沙石,可指沙漠。用来歌颂这次的沙场扬威,简直再合适不过。

我研究人类服饰文化学（上）

1995年，我个人撰写的百万言并配500余幅图的学术专著《人类服饰文化学》出版。这部书是我从事服饰史论教学与研究十余年后，依据教学体验和深入学习社会科学，即不再局限于工艺美术和服装艺术之后的一部自成体系的学术著作。

作为第一批在美术院校给服装设计专业讲授服装史论的教师，我提出了"人类服饰文化学"的理论体系，即以人类服饰史、服饰社会学、服饰生理学、服饰心理学、服饰民俗学和服饰艺术学组构而成。该体系既不同于泛泛的服饰文化研究，又区别于就服饰论服饰，显然已脱出了美术或说艺术的范畴，向跨学科研究迈出了有价值的一步。

2005年，我在此立意上进行拓展性研究，又拟定了八个部分的目录，即服饰政治学、服饰经济学、服饰文艺学、服饰科技学、服饰教育学、服饰军事学、服饰考古学、服饰民族学。从那时开始，说是研究，实际上是进入了一个学习的过程。颠颠簸簸，反反复复，在艰难中走过了八个年头。

2013年，我以完成全书85%的成果申报教育部人文社科后期资助项目，题为"人类服饰文化学拓展研究"。成功获批后，这部书的定稿就被正式提上议事日程。为了跟上时代的飞速发展，我又在原八个部分之后加上了两部分：服饰传播学和服饰生态学。

"人类服饰文化学拓展研究"结项书稿

而今，这部又是百万言的《人类服饰文化学拓展研究》出版了，时隔22年的两部人类服饰文化学学术著作，体现了我的教学实践和社科研究过程。同时，也使我在学术研究如何创新方面，有了许多心得体会。

一、学术研究要敢于更新知识体系

无论人们如何评论当今与以往，时代都必然在前进，人类历史总会不间断地打开新的一页。因而，学术研究，包括自然科学和社会科学都必须勇敢并不懈怠地更新社会意识与观察视角。以21世纪为例，微电子学、光电子学、计算机科学等，特别是大数据、云计算，都使人们快速进入了信息与智能时代。自然科学已经从分子水平、基因角度和复杂系统去着手研究了，在这种大形势下的社会科学还延续过去模式去研究能行吗？这里不是说研究的对象与内容，史实当然不能变，传统的精华更需要格外珍惜，变的应该是当今社科工作者的研究理念。

我在《人类服饰文化学》中，提出了人类服饰史的概念，试图打破国家与民族的界限，从全人类共同经历的童年、少年至成年来诠释或分析服饰的发展与演变。这就等于从概念上打破了惯用的单元思维模式，全方位地反映了人类所走过的服饰之路。为什么要这样分？一是地球村、世界人的时代已不能满足于原有的本国看本国或一国看他国的单纯视角，全人类的文化行为与艺术规律需要我们以整合的高度去加以审视。二是社会科学在新技术革新浪潮的冲击下，正在由常规层向宏观、宇观层拓展，向微观层深化。我们不能再满足于原有的理念与方法，没有理由再墨守成规。

当代新学科研究权威金哲先生说，从静态型科研转为动态型科研，从常规型科研变为创造型科研，从封闭型科研转向开拓型科研，由一般意义上的借鉴移植转向内在联系上的交叉渗透，把经验总结、历史反思与追踪求索、超前意识紧密结合起来是当务之急。就这一个研究理念，支撑着我撰写了50部著作，包括学术著作，也包括相关教材，还包括随笔和其他图文书。事实证明"新"体现了健旺的生命力。只有创新，才可能使学术研究为文化事业做出贡献。

二、学术研究要从板块理论向交融理论推进

一般而言，板块理论是由于历史积淀而形成的固有研究模式，在一个基本稳定的领域或范畴之中，有无数人或几代人在数十、数百年间探寻着，及至成熟期获得一致的认可。这在当代往往被称为学科，如美学、社会学等。

学术创新的初衷，包括了从板块理论向交融理论的推进，因为随着研究广度和深度的拓展，常常需要不同学科之间的交叉渗透、彼此融合与相互作用。多少年来，人们认为服饰隶属于艺术，进入现当代以后，又总爱将服装设计归为艺术设计。实际上，服饰品是物质，可以说艺术创作的成分多一些，但还绝对涉及经济，很多时候也为政治所左右。如当服饰品被穿戴在着装者身上，与人构成一个完整的服饰形象再进入社会生活时，就不是单纯的经济产物和艺术品了。因为人创造了服饰，服饰的材质、色彩、纹样以及款式的形式与采用都不是偶然的，既直接反映了人类的生产力水平，又真切地反映了人类的审美心理和艺术天赋，尤其反映了时代的不同和社会规制的差异。总之，服饰的制作乃至穿着过程是人类文化行为的综合结果。如此说来，怎么能就服饰本身来论述服饰呢？服饰本身既不是轻飘地悬浮在社会之上的，也不是一个由物质到物质的过程，而是由精神至物质然后返回为精神的过程。服饰之精髓恰恰是人类文化精神的相互交融与高度集中。

我研究人类服饰文化学（中）

我在研究中发现，一个婴儿呱呱落地是赤条条的，给婴儿穿上小袄或围上裸被是人被服饰文化包裹的最初样式。服饰品是艺术的，至于包上什么以遮体，这要因时代、地区、民族或微至村落所决定，显然涉及了民俗与历史文化，包括民俗传承，也包括地理与气象学。小兜兜要盖上肚脐，以免着凉，这是关于生理的，涉及早期医学的初探。长辈要以手工或礼品形式体现对新生儿的祝福，这是心理的，更是人类学的。《诗经·小雅·斯干》："乃生男子，载寝之床。载衣之裳，载弄之璋……乃生女子，载寝之地。载衣之裼，载弄之瓦。"也就是说男孩生下来要放在床上，给他穿上象征礼服的衣裳，并给他玉器（寓意礼器）把玩；而女孩子生下来要围上被子，放在地上给她陶制纺轮玩。这显然是以社会思想为依据的，带着深深的儒家思想印迹，不同于简单的民俗与艺术。服饰文化学为了解决这一类事象的正确运用，故而在此基础上，顺应新思维，即考虑到"结构性跨学科"。

三、学术研究要允许多维型思维的动态发展

毋庸置疑，现代科学技术已形成高度综合与高度分化的态势，纵向深入与横向切入，渐变与突变乃至反弹，巩固传统阵地与开拓新领域彼此交替，相依共存或齐头并进。

与自然科学同处一个时代的社会科学，必须解放思想，确立新的认识系统和知识理论。因为只有新是不够的，新颖性要伴随着科学性，同时要具有确定性和逻辑性，盲目追求新还不能达到学术创新的水平与目的。巴普洛夫说："科学是随着研究方法所获得的成就前进的。研究方法前进一步，我们就更提高一步，随之在我们面前也就开拓了一个充满着种种新事物的更辽阔的远景。"具备多维型思维是学术创新的一个基本条件，正因为多维，也正因为新，使如今的社会科学研究已明显地出现"科学文化"的色彩。

新学科研究者认为，新学科与传统学科相比，有几个特征：富有生命力，展现新的逻辑起点，使用新的术语概念，构成新的理论体系，等等。当然，正因为新，也在成长中显示出不足。金哲先生在《新学科探索印迹》中将其归纳为：新学科含义的非一致性；新学科研究领域的不确定性；新学科研究方法的非同一性。

我在多年研究服饰文化学的过程中体会到，近代各学科划分越来越细，专业化日益加强，研究对象与研究方法表现为单值对应关系。而至现代乃至当代，社科工作者们试图突破原有的格局，力求在学科专门化基础上再探索综合化和整体化。特别是21世纪以来，关于自然科学与社会科学之间的相互渗透，成为人们新的议题。

基于此，我在《人类服饰文化学拓展研究》中，设立了十章，每一章内容都是经过精心思考和反复琢磨的。如服饰政治学，这一部分的研究宗旨，是服饰学与政治学的交叉融合，不是服饰与政治的简单平行。谁都不能否认，服饰在国家统治和国际交往中有着不可替代的地位，例如各国政要的服饰，在任何场合均是政治语言，而不是艺术，更不是工艺。它不代表某一种构思的新颖，实际上细至微处都是政治宣言。如奥尔布莱特的胸针外交为世人所知，在出席什么仪式，表明什么政治态度，大家都可以从她的胸针上看出来。

中国正史中有10部史书专设《舆服志》，详细记录了一个朝代的服饰仪仗制度，古人称为车旗服御，隶属于政治制度之中。总之，人类社会需要维护统治秩序，解决政治问题。由于政治是人的政治，而人又离不开衣装，因而形成了服饰学与政治学在某些界缘上必然产生的融合。

服饰经济学更应该成立。服饰肯定与经济分不开，甚至可以说，从服饰的最初材质，乃至成型、染色，以及生产、销售，均与经济密切相连。经济学中不可能不涉及服饰，服饰学中也不能脱离经济，这两个学科的交叉乃至互融是必然的，尤其在现代社会中。商品社会到来以后，服饰产业集群就有意识地关注服饰材质的来源，关注服饰产业链的构建，进而有计划有目的地提升服饰品牌竞争力，以各种经济手段促成服饰商品的最佳价值构成。这时候，服饰商品的成本核算迫使有关人士必须以经济学的视角去思考和运作。这时候的服饰，不再限于是物质与精神的结合物，而确确实实成了一种"经济作物"和"经济商品"。无论是成批量生产，还是有意手工制作，都不可避免地涉及价格。价格已经说明，服饰不是仅指长辈为儿女或是家庭内自供的生活必需品了，而是已发展为一种可以参与商业运作并可为经营者带来经济效益的产品了。

我研究人类服饰文化学（下）

在这次研究中，第三章有关"服饰科技学"的表述遇到很多困难。主要因为学术界只认为有科技史，而在是否有"科技学"一说上存在分歧。现代服饰离不开科学技术的发展，尤其是在服饰功能上，这是有目共睹的，但是如何使服饰学与科技学交叉并加以论述，显然不是很容易。

在这个问题上，我们进行了十余年的探讨，包括遍览有关著作和采访请教科技界人士。后来我发现，"科学""技术""科技学""科技史""科技史学"以及有关于科学技术的"论""学"等，都是来源于西欧，因而在以汉语去正确翻译英语的过程中，产生了一些歧义。本来就是舶来的词汇，与汉语很难无缝对接。这也就无关紧要了，毕竟我们是在研究服饰与科技的相互作用，或者说科技对于服饰发展的直接影响，因而也就没必要去强行分辨再去组合了。本来服饰文化学就是创新，所以内含的服饰科技学也就把重点放在二者的交融与交叉上，这就可以达到我们研究的目的了。

事实已经证明，科学技术使服饰发展的思维、理念以及具体操作、实施等方面，都发生了翻天覆地的变化。人们不能回避，也不能忽视科技对于服饰的影响。

关于服饰教育学的提出，我想学术界不会有什么异议。服饰是自然的人进入社会所不可或缺的精神与物质结合性包装，因而有关着装的教育肯定也是随之而来的。在这里，教育主要分为两大块：一块是关于人如何着装的修养教育，这是每一个人自童年就开始接受的教育。再一块既包括来自长辈的有关服饰工艺制作的教育，这在工业社会之前是必不可少的家庭服饰教育，也包括通过师生或师徒等专业学校和企业内部的形式来完成的教育。这里不能说没有情感，但主要是社会性的，反映的是一种社会需求、社会现象和社会教育特征。最突出的是规范式和技术性。

服饰军事学与军事学始终是相互交融的，因为军事与其所涉及的服饰，必然是同步推进或提升的。最明显的一点，就是冷兵器时代与热兵器时代对军事服饰有着不同的需求，军事服饰要想适应战争需求，一定要进行质的改变。否则，将不予存在。到了信息化作战时代，战服已经成为人与人交换信息的工具，如在战服及其随件上就可以进行视觉接收、听觉接收，并进行动作发送和语言发送。

服饰文艺学更应该成立，因为服饰学与文艺学的交叉交融是再自然不过的了，服饰与文艺几乎是孪生姐妹，在人类社会发展中联袂而来。可以说，服饰中部分直接来源于文艺，而文艺又始终离不开服饰。不但服饰与文艺是相辅相成、共同发展，而且服饰学与文艺学也是互通的，有许多一致之处。能否这样认为，文艺隶属于艺术，服饰也在一定程度上隶属于艺术，二者本来就撕扯不开。

服饰民族学需要说明一下，民族学有一套自己的研究规程与方法，服饰民族学不等于服饰套用民族学。服饰民族学是新学科，隶属于人类服饰文化学的研究体系。服饰民族学的确立，基于服饰文化所产生的民族基础。这里不是仅仅叙述民族服饰，而是探讨民族服饰生成过程中所出现的同中之异和异中之同，进而从所生成地域的物质文化去剖析民族服饰的区域特色。然后，从精神文化层面去研究各民族人民在服饰文化中所倾注的灵魂之光。其中既有早期信仰遗留下来的印迹，又有传统习俗形成服饰惯制而传承下来的精华。如此说来，服饰民族学所强调的是民族精神在服饰上的体现。

服饰考古学应该说现在就有化石意义，因为它的确立就是从服饰学与考古学的交叉和交融中进一步为服饰文化学研究提供更多更可靠或更为系统的资料。服饰考古不仅指田野考古中所挖掘出来的服饰文物,还有古洞窟、古岩画、古墓壁画以及古墓中出土的文字书籍和绢质、纸质绘画。在这里,我们还牵涉一个技术层面的问题,即考古工作中的修复。因为对于服饰品来说,尤其是纺织类面料,首要的就是使其保存完好,保持原貌,否则将完全失去考古的意义。对于服饰考古学来说,这一技术层面还需要随着科技的进步而不断进行新的探索。

至于服饰传播学的研究,只能说是刚刚开始,我们尚嫌稚嫩,传播方式已经在21世纪发生了翻天覆地的变化,即使在今天,也是转瞬即逝,如果能够跟上就不错了,但是很不易。即使我们现在使用的资料是最新的,待到有些读者读到的时候,肯定就不够新了。

服饰生态学这部分和服饰传播学都是新想法的衍生物。服饰生态学的提出,显然是在低碳环保生态等人类新理念诞生的基础上萌发的。从某个角度来说,它有些地方是与服饰科技学相对的,服饰科技手段是想改变自然,而服饰生态理念却想留住自然。

总之,《人类服饰文化学拓展研究》就是在新形势下的新思考,说不上成熟,但绝对是有益的探索与尝试。随着时代的进步,我们还将付出更大的努力,也将获得更有新意的研究成果!

唯将旧物表深情
——谈爱情信物的隐意之谜

自有人类便有爱情,原始人表示爱情的服饰信物是什么?我们现在很难确定。不过,从"活化石"——20世纪仍保持原始社会生活方式的未开化民族来看,人们已经懂得互相赠送花、草或简易加工的首饰了。重要的是,它往往不是简单和表面的赠予,而是其中有意想不到的内涵。

中国诗词是一个巨大的宝库,而诗词又最热衷于描写情思,有关爱情信物的诗句中有许多涉及服饰。《诗经·邶风·静女》:"静女其娈,贻我彤管。彤管有炜,说怿女美。自牧归荑,洵美且异。匪女之为美,美人之贻。"后人注释,有将姑娘送心上人的彤管解释为红色管状初生小草的,有将其释为红色首饰的。别管怎么说,好像都是佩戴在头上或身上的饰物。诗的最后一句说,不是赠物有多美,而主要是为心爱的人所送,因此爱情信物所表达的是情意。为什么佩饰或贴身服饰最多,就是因为服饰离人体最近,古人认为带着体温或体味的信物才能真正代表情意,这在文学作品和民间习俗中都能找到痕迹。

《红楼梦》第七十七回,写晴雯抱屈临终前,宝玉去探望她。"晴雯拭泪,就伸手取了剪刀,将左手上两根葱管一般的指甲齐根铰下,又伸手向被内将贴身穿着的一件旧红绫袄脱下,并指甲都与宝玉道:'这个你收了。以后就如见我一般……'"民间习俗中还有给患单相思的人熬药时,想方设法找来那个暗中情人的腰带放在药中一起煮,据说就能管事儿。这说明了一个问题,即服饰是人人都穿戴的,因而服饰作为爱情信物,最能贴近人进而贴近心。

只不过，上面这两个例子过于凄美，爱情作为信物本可以很"诗意"的。

除了《诗经》中有许多较为纯朴的服饰作为爱情信物外，后来的诗词中也不乏描写。如唐代姚月华诗中即有"金刀剪紫绒，与郎作轻履"句。中国古代文学中有一种谐音的手法，唐代蒋防《霍小玉传》中已有用"鞋者谐也，夫妇再合"的说法。到了明代，吉祥图案中常画一个铜镜，镜前摆着一双鞋，这幅图就是"同偕到老"。看来从古至今女性爱送心上人自己手缝的鞋子，有足服贴身随人行之意，也有同偕的隐语。

那么，头上的首饰就更有定情的意义了。宋代柳永《二郎神·七夕》："穿针楼上女，抬粉面，云鬟相亚。钿合金钗私语处，算谁在回廊影下。"这里借用了《长恨歌》中唐明皇与杨贵妃的爱情故事，当"宛转蛾眉马前死"的杨贵妃在仙山上见到唐明皇派来的道士，不禁想起当年"七月七日长生殿，夜半无人私语时"的情意，因此将唐明皇送她的金钗和首饰盒，留下一半儿，另一半儿托道士给唐明皇捎去。白居易在《长恨歌》中写道："唯将旧物表深情，钿合金钗寄将去。钗留一股合一扇，钗擘黄金合分钿。但教心似金钿坚，天上人间会相见。"这里的"合"通"盒"，钗区别于簪子是两股，形似今日的发卡。这样把钗留下一股，加上盒子的另一半儿捎回，更能说明深深的思念之情。为什么要送旧物呢？因为旧物中的一些情意往往是二人都经历过并能勾起回忆的，再者说送旧物还说明二人的爱情不同于和其他人的感情，即使不是爱情，友人之间将自己心爱的一把好刀或是什么随身之物送给挚友，那受赠之人一定不会是交情一般的朋友。旧物中有故事，更有情思。当然，不是所有给人旧衣物的都是这样，把自己不想要的衣物送给别人，那是另外一码事儿。

哪样的旧物才能表深情呢？《红楼梦》中写宝玉让晴雯给黛玉送去两条"半新不旧的手帕子"，本来晴雯还怕黛玉恼呢，未想黛玉"体贴出手帕子的意思来，不觉神魂驰荡"。随即让人掌灯，在帕子上写道："眼空蓄泪泪空垂，暗撒闲抛却为谁？尺幅鲛绡劳解赠，叫人焉得不伤悲！"手帕也属于服饰中的随件类，仅从以上几段描述就不难看出，古今服饰作为信物，远不是多少克拉的钻戒所能证明一切的。世间万物，最珍贵的往往是金钱买不到的。真正的情意，包括爱情，也包括亲情或友情，经常性地以服饰为信物，而服饰恰恰最适合充当这个载体或媒介物。

长坬出猎马，数换打毬衣
——说中国古人的马毬运动服饰

多年来，我总想了解一下中国古人体育运动时有没有专门的服饰，可是遍览古籍古画和当今人们有关这个内容的著作与论文，发现古代体育项目很多，当代人描述时也说得很详细，只是依我看来穿的就是常服，最多不过是比较简便适体的日常服饰，不穿礼服，也没有专门制作的运动服。

虽然"今人不见古时月"，但是"今月曾经照古人"（李白诗句）。古人留下的场景、形象与感受，足以使我们现在还能体味到那种酣畅淋漓。尤其是唐代李廓的那句"长坬出猎马，数换打毬衣"，永远给人以激情与豪迈，吟诵起来简直热血沸腾，千余年后今天的人们仍能从中体会到当年体育运动沁人心脾的快乐。

唐代李廓有《杂曲歌辞·长安少年行》十首，诗中有"划戴扬州帽，重熏异国香。垂鞭踏青草，来去杏园芳"，有"追逐轻薄伴，闲游不著绯"，还有"倒插银鱼袋，行随金犊车"等有关服饰的句子。有人认为这就是纨绔子弟，我倒觉得也不能这么简单地予以评价。李廓确实是宗室宰相李程之子，宪宗元和十三年（818年）进士，任过刑部侍郎、宁武节度使等官职。他描述的肯定不是贫困农夫的生活，应该是大唐都市中上层人士休闲情景的真实写照。例如"不著绯""倒插银鱼袋"等都在点明不着官服，不用戴好进出宫廷的通行证，显然是休闲打扮。

唐章怀太子墓壁画中专有《马毬图》，画面动感十足，骏马奔驰，骑在马上手握毬杖的人，就戴着平时戴的软脚幞头，穿着丝制的圆领短胯袍衫或是翻领对襟胡服，窄袖、合体，腰间束带，下为长裤并乌皮靴。这是

唐·李贤墓出土《马毬图》

大家最熟悉的一幅打马毬的古画，其实古迹中还有精彩的。

北京故宫博物院藏有一幅唐代佚名画家的作品，名为《游骑图》，画中共七人，其中五人骑马，两人步行。他们有的夹着弹弓，有的背着弹丸，还有人腋下夹着打马毬用的毬杖。画中人均为男性，都是头戴幞头，只不过有软脚较长的，有软脚较短的。这几人皮靴都是高靿，而且除了黑色的以外，还有米色和土红色的。腰间均束革带，带的两端在腰后下垂，穿的就是唐代男性典型常服。如果按一般文字资料讲，初唐幞头两脚偏长，中唐开始缩短，但这幅画中有长有短。皮靴也是多讲唐人着乌皮六合靴，这里却至少有三种颜色。有一种可能是，当年休闲装的足服确实可以自选颜色，还有一种可能是，画家为了避免皮靴与鞍鞯同色显不出来，所以换种颜色，以突出足登革靴。

宋代著名画家李公麟有《明皇击毬图》传世。因为打马毬也叫击毬、击鞠，再加上这一运动就是在唐宋两代流行，而中国诗人、画家都有描绘前代人的习惯，或是借用前面的朝代来说当代的事情，如白居易写《长恨歌》，第一句便是"汉皇重色思倾国"，以借喻唐明皇。宋人画唐人击毬，无论其中夹杂了多少宋人的情景，但宋人写唐毕竟比今人写唐要接近得多。这幅图共画了十六人，四人守两门，其余人征战击毬，尤以中间争抢

宋·李公麟《明皇击毬图》

者最为火爆,骑着马的人团成一簇,而簇中又以唐明皇李隆基为核心,那些嫔妃、臣下、侍从都顾不上皇帝,全盯着地上的毬。这里的男人也都戴着幞头,只不过有软脚与硬脚之分,硬脚则有的在两侧折上,有的在脑后交叉竖起,形同后世的折上巾。由于是水墨画,所以看不出色彩的丰富变化,但是画家将袍衫上的纹绣描绘得相当精致,革靴上也有贴绣花纹。

《明皇击毬图》上有六位女性,头上有花饰,并用丝巾裹住发髻,其中一人还戴着纱罩花冠,每位双眉之间都有花钿。身上穿着最传统的襦裙,而且还披着披帛,脚蹬云头履,没有显出太多胡服痕迹。当然,宋代画家画时可能在一定程度上出于自己的好恶,不一定真实,我们只能说接近真实形象。在十六人中,数皇帝的衣服最讲究,明皇虽然也是戴着幞头,穿着圆领袍衫,但满身纹绣,连幞头上都有花纹,腰带、马饰也比旁人考究。别管真实程度如何,宋人打马毬时一定也是穿着常服,这一点应该相信。

打马毬始于汉代。曹植《名都篇》写道："连翩击鞠壤，巧捷惟万端。"《宋史·礼志》中确有《打毬》一节，内中记有："打毬本军中戏，太宗令有司详定其仪。"紧接着写到怎样设立东西两个毬门，以及一系列规定，包括奏乐等。写到服饰时说："御龙官锦绣衣，持哥舒棒……两朋党宗室节度以下服异色绣衣，左朋黄襕，右朋紫襕。打毬供奉官左朋服紫绣，右朋服绯绣，乌皮鞾冠，以华插脚折上巾。"这样看起来，《明皇击毬图》无论是不是李公麟真迹，起码是按照宋代马毬运动规则描绘的，还是非常具有历史价值的视觉形象资料。

红袍不能随便穿

——谈古装戏剧的官服颜色

按照京剧服装的程式化，古装戏中的官袍，被称为蟒，一般上绣蟒纹或织有龙纹、云纹等。无纹绣的素面袍，则被称为官衣。这一类袍服有大致相同的款式，只因性别不同分为男袍长及脚面而女袍略短，露出下裳。最有标识作用的是袍服颜色，黄、红、绿、蓝、黑等，代表一定的身份、级别或特定性格。

蟒的色彩有10种，因而原称"箱中十色"。黄蟒中明黄、浅黄为帝王穿，杏黄、深黄为太子、亲王穿，红蟒为王侯、宰相、元帅、钦差、驸马等穿用；绿蟒主要为地位较高的武将穿用，有时也有绿林好汉穿；穿白蟒的多为少年英俊的官员，或是年轻的英雄，再或便是戴白髯口的老年大官……官衣也有这几色，总起来说，穿红紫官衣的官阶地位较高，穿蓝、黑官衣的地位较低。一般县令都穿蓝色官衣。

近来看空中剧院的京剧《画龙点睛》，新丰县县令总穿红官袍，甚至拜见皇上时也穿着浅粉色带大片银饰的官袍，不知道根据什么。我原以为新编历史剧的服装设计可能不太考虑老规矩，可是经典剧目《六月雪》中的县令也穿着红袍出来，直至巡按召见他时也未见穿蓝袍，实在有些离谱。本来我已十多年不再撰文评论电视剧中的古代服装了，只是觉得京剧服装有章可循，还是应该严谨一些。当然，传统京剧中也有例外，如《小上坟》中的刘禄景为县令，也穿着红袍。内行人知道，他不仅穿红袍，而且穿的是女官衣，即长度较短，以便于舞蹈动作，加之是个丑角儿，又属于喜剧，且为小戏儿，剧中又没有高级别官员，京剧界内也就相沿成习了。

也许有人会说，豫剧《七品芝麻官》中的县令不是一直都穿红袍吗？我想这里有几点可以理解：一则豫剧属地方戏，不像京剧这么"国粹"。二则这个县令也是丑角儿，且正义感十足，又贯穿全剧。很显然，他穿红袍比穿蓝袍要增加好多气势，也是符合观众心理的。

京剧却不是这样，历史长，早年即入宫演出，而且历史剧目多，重大题材多，最突出的是经典剧目中的戏词含金量特别高，这些历史人物谁想说服谁，都能举出许多前代的人和事，如《二进宫》。在当时没有这么多人识字的年代里，京剧宛如一部历史读物。加之京剧服装已形成一套深入人心、非常能体现特色的程式化，如不受朝代、地域和季节所限，服装细部如帽翅形状、冠前正中有无红绒球等都在显示出褒贬含义。这些都说明京剧服装无论怎么改革都应有个底线，其中新的武将穿靠没有那么宽大的前片，看起来接近古画了，实际上台下人看台上武将，身材瘦小了许多，威武之势大减。

还是回到官袍颜色上来吧。京剧服装遵循了明代服制，而明代作为汉文化的集大成者又主要吸取的是唐宋服饰。史实是怎样的呢？

据《旧唐书·舆服志》记载，贞观四年规定三品以上官员穿紫袍，五品以上穿深绯，六品七品穿绿袍，八品九品穿青袍。上元元年又规定文武三品以上穿紫袍，四品穿深绯，五品穿浅绯，六品穿深绿，七品穿浅绿，八品穿深青，九品穿浅青。明代开始以补子图案来标识官员品级，除了补子之外的袍服颜色也有规定，一至四品用绯色，五至七品用青色，八品九品用绿色。总之，紫红色的袍子为高官所穿，蓝绿色的袍子则为低级官员所穿，传统京剧服装大致遵从了这个原则。

看起来，戏剧文化中少不了服装这一课题，服饰文化中也离不开戏剧服装，这里面有许多问题需要关注。

军用靴履不简单

通常人们选用鞋子，无外乎从两点考虑：一是好看，二是舒服。可是作为军人的鞋子就很重要了，稍有差错的话，轻则危害健康，重则影响胜利。

19世纪中叶，欧洲工业革命带来的一系列变革，体现在普鲁士的新军服上。从统一战争开始，普鲁士便不惜重金为士兵配备了精工制作的牛皮褐色长筒皮靴。这首先被认为是一种具有高度实用性的军事服饰。普军的主要战场——中欧，气候湿润，道路建设不完善，春季积雪融化后道路泥泞不堪，只有穿长筒军靴才可以迅速通过，这也是普军将长筒军靴统称为行军靴的缘故。同时，由于做工和选材精良，普军长筒军靴的隔湿防潮功能较好。后来，第一次世界大战演变为一场战壕战，穿矮勒靴的士兵往往因长期潮湿患上"战壕足"。这是一种由于长期身处湿冷环境，双脚无法保持干燥而导致坏疽的疾病，如果得不到及时救治就得截肢。在20世纪的多场战争中，"战壕足"已经造成了不计其数的非战斗减员。但是，穿长筒军靴的德军中"战壕足"的病例相当少。这也是普军和后来德军一直穿着长筒军靴的缘故。再以后，随着第二

16世纪前期欧洲士兵（王家斌绘）

次世界大战进入尾声，制造军服的原材料开始匮乏，德军长筒皮靴靴筒逐渐缩短。

抛开实际功用，长筒军靴还是奠定部队心理优势和鼓舞士兵自豪感的重要手段。作为男性阳刚美的一种具体体现，长筒皮靴壮观瞻，有助于部队军容整肃和士气提高。德意志帝国首任宰相俾斯麦本人就是这一政策的热心鼓励者，他曾说过这样的话："行军靴的样子和行军时的脚步声，是军队的有力武器。"这句短短的话语包含了服饰心理学和服饰军事学中的诸多原则，也是普鲁士勃兴时心态的真实体现。

源于普鲁士军事改革的合身军装与工业化生产的军用皮鞋，此后成为世界范围内各国军队竞相模仿的对象。从20世纪后半叶起，陆军开始高度机械化、摩托化，步兵需要长距离行军的情况越来越少了，世界范围内的主流军鞋样式是系带的高勒军靴，侧重于能快速穿脱和保护脚底、脚踝。

新一代适合热带雨林气候的军靴，着重考虑了靴底的防穿刺能力。在1990年定型的新型热气候战靴，靴底专门包夹了金属片，但这不可避免地带来了舒适性下降的问题。改进型上使用制作防弹衣的凯夫拉材料代替了金属片，并在1993年的野外实验中取得了成功。这可以看作是护甲发展史上第一次侧重防护攻击人脚底部的尝试，也是冷兵器在20世纪依然具有蓬勃生命力的象征。

特种扫雷靴只装备扫雷人员，重量较大，活动不便，不适合于普通步兵。但随着科技的进步，在普通军靴设计中采用新技术新材料，可以使普通步兵面对地雷的冲击波杀伤有效地防护自己。这种军靴广泛使用吸能原理，在靴底加入蜂窝状的铝质保护层，蜂窝状结构被公认为是一种有效的吸能结构，被运用于小到包装纸箱大到直升机抗坠毁系统等多个领域，也是目前对抗冲击波杀伤的主要手段。

当然，军用靴履的样式也会因时代而有所不同，特别是经济条件，在一定程度上决定了具体的足服状貌。《晋书·宣帝纪》记载："关中多蒺藜，帝使军士二千人着软材平底木屐前行，蒺藜悉着屐，然后马步俱进。"看来这是采用木底鞋以对付扎人的蒺藜，显然是古代的行军了。不过只要是正义战争，人们会在艰苦条件穿用就地取材的鞋子，甚至克服不舒适、不耐穿等困难并取得胜利。

中国工农红军直至八路军、新四军再至中国人民解放军也不乏此类生动战例，八路军在伏击日军的平型关大捷中，指战员们主要穿着中国传统民鞋——布鞋，这种鞋虽然不耐磨、寿命短，也不够坚固，但其轻便、善奔、善爬的优势在山地作战的情况下就显得十分宝贵。在这场战役最激烈的时候，八路军（事实上参战的 115 师此时尚未办完易帜手续，仍应算是工农红军）部队曾与日军争夺一处重要战略高地——老爷庙，这场战斗将决定整个平型关战役的胜利与否。结果是八路军抢先一步登上老爷庙，这里起决定作用的是我们的革命精神，但也应该说与轻便的布鞋分不开。布鞋，说明有广大老百姓的直接支持，因为八路军作战是保家卫国，是赶走侵略者。相比之下，当时营养更佳、体力更好的日军却行动迟缓，其实，他们装备着上好的军用皮靴。在林彪的战后总结报告中有这样的文字："一到山地，敌人的战斗力与特长均要大大降低，甚至于没有。步兵穿着皮鞋爬山简直不行。虽然他们已爬到半山，我们还在山脚，但结果我们还是先抢上去，给他们一顿猛烈的手榴弹……"这说明军用靴履的坚固与先进并不是决定胜负的首要因素。当年中国人民志愿军那"走起路来无声无息的胶鞋"也使美军感到恐惧。

随着社会的发展，尤其是经济水平的提升，军用靴履的设计制作越来越趋向现代化，科技元素占据的比重日益增大。央视播放的"大国工匠"节目中，提到我们国家花巨资从德国引进军靴生产线，我们的技术人员又在此基础上探索改进，生产出既利于实战又保护战士身体的科技含量相当惊人的军靴。足服在全身衣服的最下面，但它的重要性不可小觑。

文人赏梅与衣装雅趣

大凡踏雪寻梅，或是痴痴对着梅花发出许多感慨的多为文人。但是，在咏颂梅的傲雪精神，将梅树喻为冷艳佳人之外，另有一些文人用梅花装饰自己衣装冠戴，因而也引出一些雅趣来，这一点我更为关注。

陆游就留下一些诗句，写出赏梅时与旁人不同的情致，尤其表现在自我着装形象上。如在《梅花》四首中写有："野艇幽梦惊岁晚，纱巾乱插醉更阑。"既写花也写自己。《看梅绝句》中写："老子舞时不须怕，梅花乱插乌巾香。"《梅花绝句》中有诗句："乱篸桐帽花如雪，斜挂驴鞍酒满壶。"别管陆游一生经历如何，看来被人视为放达，并自号放翁，还是有道理的，仅凭几句赏梅诗就显得与众不同。赏点儿梅花，不光带醉意，而且闹得衣服帽子上都是花儿。宋人还是像唐人一样戴幞头，只不过唐人是以黑色丝织物裹在头上，而唐后期至宋，就为了脱戴方便而里面衬上一个竹木的硬壳了。陆游所说的乌巾，应该就是这种幞头。

当然，放翁还有更浪漫的想象和做法，如在《大醉梅花下走笔赋此》中写道："花香袭襟袂，歌声上空碧。我亦落乌巾，倚树吹玉笛。"吹笛簪帽好不热闹，《芳华楼赏梅》："放翁年来百事情，唯见梅花愁欲发。金壶列置春满屋，宝髻斜簪光照坐。"这里的"宝髻"不一定指女性。《浣花赏梅》："老子人间自在身，插梅不惜损乌巾。"《次韵张季长正字梅花》："插瓶直欲连全树，簪帽凭谁拣好枝。"看来，陆游赏梅时，很喜欢折一小枝插在巾帽上，同时诗人感觉到"要识梅花无尽藏，人人襟袖带香归"。这后一句是《看梅归马上戏作》五首中的一句。当年宋代画院命题画的题目曾选"踏花归来马蹄香"是有时代意识与自然环境为基础的。无论是桃李芬芳时的春游，还是冒着严寒顶着霜雪去寻梅，都可以带着满身的"原生态"回到家中。

陆游也知道自己举止有些怪，他在《园中绝句》中写道："梅花重压帽檐偏，曳杖行歌意欲仙。后五百年君记取，断无人似放翁颠。"读陆游的赏梅诗，诗中有情，情中有趣。《观梅至花泾高端叔解元见寻》中写："春晴闲过野僧家，邂逅诗人共晚茶。归见诸公问老子，为言满帽插梅花。"这是一番怎样的情景，怎样的画面啊！文人赏梅感受是立体的，既有视觉欣赏，也有嗅觉享受。陆游在《小园竹间得梅一枝》中写："枝横淡月影在此，蕊插乌巾香馥手。"

明·杜堇《梅下横琴图》

其他文人也有不少将观赏梅花与衣饰形象联系起来的诗作，如元代冯海粟在《梅花百咏》中专有《剪梅》《簪梅》《妆梅》篇。第一篇写："手挽冰枝那忍摧，莫教香雪涴苍苔。并刀轻断梢头玉，笑引春风上鬓来。"这在当时没有那么多游人的野山僻岭上或是自家庭院，确实算为雅趣。第二篇写："对雪看花可自由，兴来宁复为花羞。临风一笑乌纱侧，却胜黄花插满头。"这里的"黄花"可能是直接指黄色的山菊花，也可能是源于南宋严蕊的《卜算子》词，词中最后一句写："若得山花插满头，莫问奴归处。"即是象征自由，与冯海粟此诗的第一句意思相符。第三篇写："当年点额偶成真，别是宫中一段春。赢得世间传故事，纷纷总是效颦人。"这是诗人想起中国古代女子的"梅花妆"，也称"梅妆""落梅妆"，是妇女双眉额上点出的梅花样妆饰。因为相传是南朝宋武帝之女寿阳公主正月初七（即人日）卧于含章殿下，微风吹落梅花，不偏不倚正落在公主额上，拂之不能去，遂引起宫人纷纷仿效，所以也被称为"寿阳妆"，直至宋代欧阳修《诉衷情·眉意》中，还有"清晨帘幕卷轻霜，呵手试梅妆"。

明清之际的文人王船山，特意写了《和梅花百咏诗》，因史上多有梅花百咏，所以人们认为他不一定是和冯海粟。王船山的诗中也有《剪梅》《簪梅》《妆梅》等，写得也挺好。文人赏梅容易联想或塑造成衣装雅趣，这也许正是服饰文化的玄妙之处。

时装与个体穿着效果的矛盾

凡是身心健康的人,都喜爱新鲜事物,如以服饰心理学而论,其实人们对新流行的时尚装束都有所感知,只不过有些人敏感且马上行动起来;有些人则看到了却对此没有浓厚的兴趣,更不屑于追时髦;还有些人则比较麻木,根本不知道眼下流行什么时装……这就构成了人类社会的一部分。

流行什么样装束,肯定牵涉款式、颜色、花纹和质材。那么,是不是穿上就显得时髦呢?这只能说懂得并在意的人能看出某人跟上了潮流,至于本来就不知道的人,任凭周围或电视上明星穿上了什么最前沿的时装,也一概无感觉。

再一点,就是流行的时装都是穿在模特儿身上或套在人形台上好看,但是穿在具体的着装者身上却差异很大。即使说新的装束就具有美的意义,也要看"衣服架子"。我们时常看到,同样是最新服装式样和穿法,不是在每个人身上都能取得时装效应,其中有不少是不显其美反现其丑。

举个例子说,锥形裤又到了。这种上肥下瘦的裤形流行过好多次,鲁迅笔下就曾嘲讽过站在那儿像圆规似的两条腿,尽管那不是时尚,或许是脚踝处扎着腿带,可是能够说明,这种裤形不是所有人穿着都好看。我见到近来很多男歌星和时尚青年都穿着这种锥形裤上台,由于脸部和上身较胖,显得整体很不稳定,越往下越紧瘦的裤腿愈发使人感受到上体的块头儿太大。也许现在人讲求这种卡通效应,只是实在是不好看,这不免令人感到遗憾。

时装历来是推陈出新的,永远是改变刚刚流行的样式、色彩或配套形式。时新的装束自人类有了饰件或衣服起就开始出现了。中国唐代的白居易诗中已有"时世妆"之说，20世纪30年代美国人类学家玛格丽特·米德在《三个原始部落的性别与气质》中，以山地人和居住在海滨的阿拉佩什人为例，说明阿拉佩什人更为时髦，原因就是他们能从沿海商人的过往船只上买到新式的装饰品或实用品，尽管只是贝壳佩饰或篮子、罐子。而山地人又从海滨人那里学到新的草裙编制方法和不同式样的发型。这说明，现代时装的概念虽说才通行百余年，但人类对时装的追求心理是与生俱来的。

我研究服饰文化学三十多年，后来感到白居易《上阳人》中说这位早年选进宫中的秀女"玄宗末岁初选入，入时十六今六十"，结果是"未容君王得见面"，这些是可信的，因为这在封建社会里是一直存在的现象。可是，说她依然是"小头鞋履窄衣裳，青黛点眉眉细长。外人不见见应笑，天宝末年时世妆"，或许有些渲染的成分。除非是她本人固守五十年前的时装，不然的话，即使她再深锁宫中，也不可能一点都不知道外面时尚的变迁。

这就是说，时装是每一个人都感受得到的，而且人们在购新衣时，肯定会趋向于时装，只不过是本人穿上是不是合适。除了前面举过的胖体型穿锥形裤以外，还有时兴肥大衣服时不是体型略胖的人穿着好看，恰恰是穿在商场里瘦于正常人体型的人形台上显得优雅。正如圆脸人不要选圆形眼镜，哪怕正时兴，因为容易产生重复感。体型较瘦的人不适合过于适体裹身的衣服，即使流行"小一号"，那也会暴露本人身体的不足……

总之，时装是时装，它不可能适用于所有的人，这就是时装与个体穿着效果之间的必然矛盾。怎么解决呢？有一个简便易行的方法，那就是顺应流行趋势，然后选择适合自己的。说起来浅显，但真正实施起来却涉及所有着装者，因为它包含在服饰社会学、服饰生理学、服饰心理学范畴之内。

当代着装礼仪现状与走向

一晃，21世纪的第二个十年都快过去了，人们步履匆匆，一个劲儿地迎来送往，忙不迭地总结与展望。我关注的，自然是着装。

社会节奏快了，从世界范围看是从工业革命开始，从中国来看是自改革开放开始。但真正飞快，是从网络普及开始。这一次，是全球、全宇宙都快起来了，与人关系密切的着装礼仪也不可能不变。

表面上看，人们正在想方设法地提高生活质量，健康意识是强化了，时尚理念更没得说。最吸引人的是名牌，最能体现科技进步的是智能服饰。可是，还有时间去仔细品味服饰的穿着礼仪吗？光忙着双11、双12，打折多少？某品牌在哪国买更划算？但如何在着装礼仪中去享受那种文化，实在是顾不上了。

当然，古代人有一些繁文缛节确实不可能再延续下来，不过这并不影响我们去再现一下当年的礼仪氛围。如今不正讲究穿越吗？

中国汉代前有《周礼》《仪礼》《礼记》三部关乎礼制的文献，后人称之为"三礼"。先别说宫廷大礼，就说老百姓的日常着装礼仪，也有许多规矩被记录下来。"男子二十，冠而字"是现在大家都熟悉的"成年礼"，不少少数民族也有，只是具体年龄不一，仪式和服装遵循本民族的传统。如今学校等有关单位也举办"开笔礼"等，感觉形式的成分多了些，小孩子们认为挺好玩儿。真正的冠礼，是礼的基础。从此，这个年轻男子便"玄冠玄端"，一身大人的装束了。那为什么要这样呢？《礼记·冠义》："故冠而后服备，服备而后容体正、颜色齐、辞令顺。"应该懂事了，并从此要负有一定责任并履行一定义务了。少数民族的男青年也是在冠礼上经受住考验，然后才可谈婚论嫁，可以参与议事，但是也要为该部族的安全随时准备献出生命。

冠礼之前的男孩子什么装扮呢？刘海戏金蟾的刘海就是典型的童子头，即垂髫。李白《长干行》："妾发初覆额，折花门前剧。郎骑竹马来，绕床弄青梅。"即说未成年人都是头发垂着，可以抓起几个小辫子称丫髻。"女子十有五年而笄"，也叫"笄礼"，就是女子成年礼时才开始把头发总起来，然后以簪（笄）穿过发髻固定。现当代的女子早就不在乎发式成年不成年了，20世纪30年代时就有刘海儿头，即齐眉穗了，21世纪更看不出来是姑娘还是媳妇了。当代人看重法律，不太重视约定了。从原始社会部落生活开始，很多着装礼仪不一定来自法制，更多的是约定。

中国古人特别在乎亵衣，要放在外人看不见的地方。为什么长期穿绕襟围裹式长衣？为什么要先跪后坐？都是怕露出里面的衣服。亵衣即内衣，而现在到处都是内衣广告，活生生的只穿内裤的真人广告灯箱，早已为世人所司空见惯了。再说，内衣外穿流行好多年了，泳装上街也是十多年前的时尚，比基尼泳衣还会引起人们的震动吗？

西方人着装礼仪也是越来越淡化、简化了，甚至被抛弃。美国人埃米莉·波斯特的《西方礼仪集萃》1922年问世，1991年中文译本出版。那时一个婚礼可是讲究，仅婚礼服和宾客礼服就有多种规定。起码有正式昼礼服、正式夜礼服和半正式昼礼服。身份区别为新娘、女随从、新郎、男随从和新娘父亲、新娘与新郎的母亲、新郎父亲、女宾、男宾等。就说男宾的正式夜礼服吧，如果女宾穿长礼服，男宾穿夜小礼服；如女宾穿短礼服，男宾则穿黑色西装……当代人听着就觉得麻烦。

当代西方人的婚礼服已经五花八门了，不但新娘能穿超短裙，新郎也能穿牛仔。别管东西方，90后的小青年根本不想受此束缚。原来不理解什么叫"后现代"，现在看起来在着装上尤其明显。当我们还在努力学习TPO原则，讲授如何按时间、地点、场合穿着时，西方年轻人早就喊出

"三不"，即着装不讲年龄，不讲身份，不分场合。虽然这些不是主流声音，却也在一定程度上显示出人们对原有礼仪的蔑视和背叛。

  21世纪的第二个十年，无论发达国家还是发展中国家，无论富裕的地区还是贫穷的区域，都变得快起来。可以这样说，哪怕休假、旅游都再难把节奏降慢。于是，衣着越来越随便，礼仪越来越简单，谁还有时间去费心费力地安排自己或家里人的着装礼仪呢？别说没工夫，即使有，太复杂了也会觉得与时代不合拍。网络把全球缩小了，一部手机使人自身很难得到轻闲。以后会怎样？人类社会化的手段之一——着装礼仪将会走向何处？也许我们不必想得那么远。李世石都打不过阿尔法狗了，或许人类还要听听机器人的意见了。

时装的前世今生

述说不尽，鲜活永远
——"时装的前世今生"开栏语

不用再从学术上去考证"时装"一词了，也不要再去寻求概念与定义。我写时装写了三十年，古人的心思，今人的脚步，一直追随着"Modern"与"时世妆"，从未停歇，或说从未想过稍稍放缓……

时装永远是新的，只要人类存在！

无限的遐思，围绕着人的装束。可以这样说，人们总是想去穿着新鲜的，以前没有的，或是在以前的基础上衍生出来的，或是将过去久远的再拾起来改一改……有人说，时装流行是循环的，无外乎长了短，短了长，十年一个周期，过时的衣服不要丢，十几年后还能穿。实际上，这只是现象，只能说明一种时装的流行规律，再循环也不可能是呈圆圈状的，只会是螺旋形的，时装怎么回归也回不到原来的那个点。

我看时装像江河的水，它奔腾向前，永远充满激情，一些曾经随着浪花飞舞的颗粒会沉淀下来，成为闲置状态的河床，这就是民族民俗装束，这里蕴含着传统的文化。而水会继续前行，欢快地唱着、跳着，不时闪出奇美的浪花。波涛汹涌而又优雅自在，难怪庄子在《秋水篇》中描绘的河伯会"欣然自喜"。

我看时装还像大海的潮，潮水一阵阵袭来，也是永不懈怠。站在海滩上会发现，潮水涌向岸边时姿态不一，但全是洋溢着旺盛的生命力。一潮退下去了，新的一潮又掀起，不要去追究月亮引力对地球的作用，我们只需从美学、从时装流行的角度上去欣赏，就可以慨叹大自然的魅力。山水赐予我们灵感，我们在"天人合一"中陶醉。

时装的前世今生

我看时装还像现代社会的人，躁动、不安分，没完没了地求新求异，这也会让我想起久远的执着追日的夸父，今人追起时尚来也是如此执着。社会若封闭，时装则无从谈起，白居易在《上阳人》中写了一个在后宫待了近五十年的可怜巴巴的宫人，"玄宗末年初选入，入时十六今六十"，"妒令潜配上阳宫，一生遂向空房宿"，她不仅未见过皇上，也不得见外人，结果是"小头鞋履窄衣裳，青黛点眉眉细长。外人不见见应笑，天宝末年时世妆"。这个例子离奇吗？并不。在没有电也就没有电视的偏远山村，至今还能保留着纯正的民族服装。在有人出山或有人进山的小村里，人们已忙不迭地换上了现代时装。试想一个孤岛上，如若没有船从岛边驶过，人们怎么会嗅到时装的味道？

眼下正因网络把全球串成一片，铺天盖地的信息中自然少不了时装，而现代人又不甘寂寞，缺乏沉静与淡定，因此时装也就不用再像过去那样流行了。我曾将流行分成几类，如瀑布类，即上层人影响到百姓，这一类为常见；如泉水类，即民间影响到国家统治者，牛仔裤是一例。细分之，有首都流向周边城市，唐代白居易就写"时世妆，时世妆，出自城中传四方"；也有的是由一条商道主干道向两侧浸润；或是由海边向内地逐步产生影响。如今这种流行渠道缩短，国际化、地球村已使时装的流行犹如飞船一样，甚至可以用光速来计算了。

在今天的时装身影上，我们依稀还能捕捉到过去曾有的精彩，那些立领弧摆、那些牡丹卷草、那些巴洛克、洛可可、杨贵妃的袒领、拿破仑的三角帽，甚至于路易十五时期的富丽无比的刺绣都会被今人又演绎在21世纪的时装上。为什么？

时装的生命无限，魅力也无限！

"时装"一词虽然从19世纪才闪烁出耀眼的光芒，查尔斯·弗雷德里克·沃思被尊称为现代时装之父，是他开辟了由设计师来左右时尚潮流的历史新纪元。可是，新颖的、产生影响的进而带动某些人热衷追求，或能引起着装者群趋之若鹜的服装却不是近现代才有。回顾过去，时装有着无上的辉煌，展望未来，尽管后现代思潮已大大动摇了设计师的引领位置，但时装仍然会引发人们无穷的美感，无尽的追逐……

　　时装永远领跑着爱美的人！

忆兮唐装

在中国人的生活中,"唐装"被说了好多年,仔细分析,人们所说的唐装实际上是对襟立领,绸缎面料,疙瘩襻儿。凡稍有中国服装史知识的人,都会轻而易举地说出这是清代的装束,而非唐代服装。那么为什么被称为唐装呢?归根结底还是因为唐代人在世界上影响太大,以至于外国人统称中国人为唐人,外国唐人街就是一个有力的例子。不仅如此,唐代图案中出现的卷草,也被外国人称为唐草,这些都说明大唐帝国在世界范围内的深入人心。

唐代服饰,应该是中国服装史上最为灿烂的一页。一是丝绸之路自汉代以来,直到唐代终于结出硕果。所谓西域,既有中国少数民族聚居地,也有西亚、中亚、欧洲,大唐人正是以博大胸怀、广收博采后形成一种"颇具异邦风采而又不失本国情调"的服饰风格。可以说,唐代服饰是融合了大半个世界的文化经典而后形成的令中华民族引以为骄傲的亮点。再者唐之前的魏晋南北朝是继春秋战国百家争鸣之后的又一个学术活跃时期,尤其是外来的佛教,带来许多异国的艺术精华,使中国人在儒家的入世与道家的出世之间寻求到一种美妙的思维空间。两晋士人的"酒乐丹玄"大胆违背儒家礼教的行为又打开一条通向自由王国的大门。因此唐代服装是既有民族的精华,又有突破旧规为所欲为的特点。当然,其中很重要的一点是唐代政治相对稳定,而经济又十分繁荣,隋代的丝绸成就直接奠定了唐代服装业的繁华。

唐代人的气魄有多大?前沿意识有多强?迅速形成又迅速更换的发型与眉式真的让人瞠目结舌,如若没有优越的生活环境,可观的生活资源,

古人唐装形象（元·钱选《杨贵妃上马图》节选）

开放的着装意识，悠闲舒适的享乐趣味，是不可能出现的。如此变幻的眉式令唐女们只能拔去真眉，而以黛青随着眉式的演变而及时跟上时尚。

薄如蝉翼的纱罗衫，罩着唐女丰腴的躯体，臂弯轮廓可以自然地显露出来，肆无忌惮的袒领也可让"胸如白雪面如花"的特质美展示得一览无余。

唐代妇女着装讲究配套，如穿襦裙装，一定要头梳髻，身穿短襦与长裙，也可外罩半臂，也可肩披帔子与披帛，脚蹬线鞋或绢鞋。如穿男装，则头戴幞头，身穿黑色圆领袍衫，腰扎革带，脚蹬乌皮六合靴。骑在马上，好不飒爽英姿！如穿胡服，则头戴尖顶番帽，身穿翻领胡服，下穿长裤，脚蹬皮靴或毡靴。这里体现出一种高雅，一种讲究，这些既离不开充裕的物质条件，也离不开高贵的人世修养。唐人就是唐人，唐装就是唐装，仅那牡丹的雍容华贵、大气典雅就不是一般朝代所能企及的。因此，唐代服装是唐代服装，今日泛称的唐装是唐装，这里好像没有什么必然的联系，更何谈一致？

我常想，清代人的服装是古服中距今最近的一种，因而被认为是标准的有代表性的中国人服装，其实就疙瘩襻儿而言，唐至明时汉人服装尚未出现。我们看今日所谓的唐装，也不是正式的原汁原味的清代服装了，而是几经改良，屡屡呈现时装味儿了。

　　既然大家通称的唐装已经成为时装化的中国装，那何不选些大唐时期的服饰文化元素来设计时装，从而展现我们的大国风采呢？

　　也许，随着我们在国际上的地位越来越高，经济越来越强势，影响越来越广泛深入，我们重现衣冠大国的梦为时不再远。

　　真想呼唤，真正的唐装，归来兮。

当代唐装（徐路藏）

裸色，曾经时尚

某报"时尚看点"栏有人撰文说："从服装到妆容，裸色毫无疑问已经成为2010秋冬最当红的颜色。在经过万千繁复与夸张之后，时尚界又开始推崇简约经典的裸色系。当红设计师们巧妙应用深浅不一的裸色，混搭深浅不同的米色、淡黄和白色，重装上阵，将这个秋冬渲染得格外沉静……"

在我看来，这个流行的裸色系不一定是给人带来"强大的疗伤感"，实实在在的是，人们又厌烦了近两年来的鲜艳服色。在时装的迅速生成又瞬间老化继而消失的过程中，人们总在寻求一种新的、有别于刚刚流行的时尚服饰，包括式样、色彩与整体风格。

如今时兴的裸色系，即指淡淡的颜色，如肉色、浅粉、米黄、本白等，总之不是浓艳的。其实这在欧洲人的经典婚纱上早就是纯洁的象征，按照最正规的礼仪，处女新婚着洁白的婚纱，再婚或第三次结婚时应穿着淡蓝或浅粉红色的。别管是不是有宗教因素在内，我们应该看到，人们也曾喜爱一种淡雅的颜色，这终归是历史的真实。

唐代诗人张祜的《集灵台二首》描述了虢国夫人拜见唐玄宗时的场景。虢国夫人是杨贵妃的二姐，她被皇帝召见时，竟以淡妆上朝："却嫌脂粉污

当代裸色装（吴琼绘）

颜色，淡扫蛾眉朝至尊。"《太真外传》记："虢国不施妆粉，自衒美艳，常素面朝天。"这在化妆史上也被传为佳话。

翻开古诗集，会看到很多有关淡雅衣装的描绘，都极美的。如南唐后主李煜写的《长相思》中有一位纯静的少女："云一涡，玉一梭。淡淡衫儿薄薄罗，轻颦双黛螺。"诗人常由白莲花想到娴淑女子，又爱将优雅的女子喻为白莲。元代洪焱祖写："龙涎万斛绛云重，彼美西人一粲逢。獭髓无痕冰作骨，羽衣初试水为容。瑶池宴罢醒看醉，月殿妆来淡胜浓。未许何郎能斗洁，诗仙玉立众宾从。"好一个"淡胜浓"。清代郑辉典有一首诗，以白梅咏洛神："仙人缟袂倚重门，笑掷明珠幻絮魂。谈到罗浮忘色相，谪来尘世具灵根。洛妃玉骨风前影，倩女冰姿月下痕。独立自怜标格异，肯因容易便承恩？"

有时候，可能正因一身素雅的服饰形象给人留下深刻印象，唐代武元衡在《赠道者》中写道："麻衣如雪一枝梅，笑掩微妆入梦来。若到越溪逢越女，红莲池里白莲开。"可以想象，淡雅的服饰形象能够给人留下多么难忘的视觉记忆啊。

将时光推回至古埃及和古希腊、古罗马时期，其间还历经苏美尔、亚述，那些健硕的躯体披着本白色的衣衫。就是那样一块布，即可以裹成大围巾式服装。围裹的程序和模式有好多种，加上别针，就可以形成多种款式，由建筑风格而留下形象资料的多利亚式和爱奥尼亚式，永远地留下那

古罗马雕像《厄勒克特拉欢迎奥列斯特》
（公元前1世纪）

一个时期的飘逸与洒脱。

在色彩应用中，各民族都有自己的一套规则或更深层次的文化解说，有时截然相反，有时却呈现出一致的巧合。罗马帝国时，参加竞选的官员要穿漂白了的宽松长袍，以区别帝王的紫色长袍。国王之外的王室或贵族其他成员，可以穿用紫色镶边的白色长袍，而平民百姓只能穿白色外袍，以至于白袍就成了罗马普通百姓的标志了。

中国也是这样的，《隋书·礼仪志》载："大业六年诏，胥吏以青，庶人以白，屠商以皂。"庶人就是老百姓的意思。同时，一般士人未进仕途者，也以白袍为主，诗中曾有"袍如烂银文如锦"句，《唐音癸签》也载："举子麻衣通刺称乡贡。"举人也是指未当上官的考过乡试的"知识分子"，麻衣则是本白的麻织料衣袍。

古罗马安东尼王朝的女性形象雕像

在中国，长期以来汉族人丧服多用白，尤以未漂的本白为重孝，这几乎成为常识，但也有例外，晋时长衫有单、夹二式，颜色多喜用白，喜庆婚礼也用白，《东宫旧事》记："太子纳妃，有白縠、白纱、白绢衫、并结紫缨。"看来，白衫也曾用作喜庆礼仪之服。

裸色系，多少时尚在前头！

时装的前世今生

人体彩绘走至今

眼下时装模特儿面涂妆彩已不算新鲜，普通人看球赛也爱在脸颊上画个心形或国旗什么的，以借此宣泄自己的感情。这在服饰生理学和服饰心理学角度上是正常范围内的人体异化行为，说不上好，也说不上不好。

原始社会时期的人类，或者现代仍处在原始社会状态下的人们，往往讲究在面颊和躯体上涂彩，以此来作为对人体单色皮肤的补充，他们的动机首先是保护自我。保护自我的心理又起因于精神和物质两方面：一是尽量涂上传说中的神的样子，或者自己这个部族祖先的样子，以取悦于神或表明自己的族裔，终归是为了求得非自然力量的保护。二是直接涂抹保护油脂和颜料，既可驱逐害虫又可恐吓野兽，主要形色都是带有夸张性的，总之是利于自己的生存。进化了的民族有的也涂抹色块来表达心情……

生活在非洲丛林中的匹格尼斯人，认为往身上抹黑色是一种吉祥与美好的象征，同时还以黑色涂抹不同花纹来表示自己的情感，如黑圆点表示轻松愉快，黑色三角、方块表示企望美丽等。

缅甸妇女讲究涂面，他们常在面颊上涂一小块黄色，有时还把这块黄色勾描成别致的花纹。缅甸人将这种彩妆叫作"达那卡"。"达那卡"是用香木在小石磨上加水研磨出来的黄色浆汁。用这种浆汁涂抹

非洲象牙海岸的原始性面部涂绘（王家斌绘）

面部，不仅可以祈求幸福，还可以感觉到凉爽并散发着幽幽的香气。

马里的黑人妇女讲究画手、染足和染牙龈等。画手是用胶布剪出图案，贴在手掌心，然后在睡觉前把调制好的"散沫花"粉涂抹在手心上，并用布将手包好。只要一夜工夫，粘贴染料处就变成了红色。如果连续染并包好几夜，就成了所需要的黑红色。

印度的妇女除了讲究在额头上点吉祥痣外，也爱染手心，我在马来西亚和泰国购物时，两次看到印度女店主的手心上有黄色花纹，当即要求拍摄下来，她们很自豪。

美洲沙罗特皇后岛上的海达印第安人用红、黑、绿及蓝黑色颜料混以膏脂用来涂面涂身。她们常在面部涂绘上各自加以装饰的图腾标记，有的用红、黑两色在脸上画出鱼形，鱼的头部直向额间，尾端分开伸向两颊，其余部分画于鼻眉之间；有的在右眉上画一条黑色的鲸，在左眉上画一条红色的鲸；有的在腮上、额上画出鲑鱼、章鱼；也有的画太阳、月亮、星空或云彩的图案。

北美温哥华岛上居住着怒卡特印第安人，他们也喜欢用兽脂拌和颜料在脸上涂抹图形，并在湿润的图形上撒上云母碎片，使整个脸上的图案都闪闪发光。

巴西巴凯里部落的印第安人，在他们儿女的皮肤上画一些黑点儿和黑圈儿，使他们的皮肤很像豹皮，这显然与图腾崇拜有关。另外，美洲霍萨吉、巴达哥尼亚、火地岛等区域的印第安人都有涂抹全身的习惯，看来这是人类一种必然的需求，最低限度是对皮肤的补充与刻意强调。

现代人体彩绘已然成为一种现代艺术门

当代人体彩绘（吴琼绘）

类了，欧美有专门在模特儿身上绘画以代替服装的，台下观众正奇怪这身衣服怎么如此紧瘦合体，经知情人透露才发现，那双道针码、扣眼以至纽扣连同全身衣料都是画上的。现代人已经不信奉图腾，也不像原始人那么崇尚神圣，要的只是出奇怪异，这就够了。

正值辛卯春节到来之际，民间还有在孩子额头上点红点儿的习俗吧？从古至今，变异着，也延续着……

真真假假金属装

21世纪的时装虽然多元得令人眼花缭乱，但还是有一些很显眼，像闪烁着金属光彩的面料、真的金属纤维的面料以及零零碎碎缀满一身的金属饰件还是在说明一个真理，人们总在创造时装，同时又从以往的服饰中寻求灵感。

真的金属衣装，其实应该是战争中的铠甲和兜鍪。在中国神话中，与黄帝大战的蚩尤就曾被描绘成"铜头铁额"。据说他能"吞吃沙石"，实际上这不正是从陶器时代到青铜时代过程中人们看到的炼铜工艺吗？希腊神话中雅典城保护神雅典娜从父亲宙斯脑袋里跳出来（出生）时，就身披铠甲，手持长枪。西方的战神和中国的武财神等，都是威风凛凛，离不开金属武器和衣装。

发现于希腊奥林匹亚的科林斯式青铜头盔

在世界上，波斯是很早使用铠甲的国家之一，公元前480年，波斯皇帝泽尔士的军队已装备了铁甲片编制的鱼鳞甲。在幼发拉底河畔杜拉·欧罗波发现的安息艺术中，已有头戴兜鍪身披铠甲的骑士，战马也披有金属鳞形马铠。波斯的锁子甲，或称环锁铠，已于3世纪时传入中国，三国魏曹植在《先帝赐臣铠表》中提到过。金属铠甲在西方常被做成按人体关节分段的整体式样，塞万提斯在他的《堂·吉诃德》中专门描绘过骑士金属装的结构与形状。

时装的前世今生

中国古人的盔甲，原本是青铜，后改为铁质，还有些不是铜铁质的也要涂上金色、银色的漆。唐王昌龄诗云："黄沙百战穿金甲，不破楼兰终不还。"李贺《雁门太守行》中的"甲光向日金鳞开"，岑参《走马川行》中的"将军金甲夜不脱"等，都是在通过金属盔甲的渲染来赞美英雄精神。

当然，金属装也不只用于盔甲，中国古时就有用金箔捶成金线绣织的衣服。南朝梁刘孝威《拟古应教》诗："青铺绿郸琉璃扉，琼筵玉笋金缕衣。"唐裴虔余《柳枝词咏篙水溅妓衣》："半额微黄金缕衣，玉搔头袅凤双飞。"元张可久《春日湖上》词："两亦奇，锦成围。笙歌满城莺燕飞。紫霞杯，金缕衣，倒着接篱，湖上山翁醉。"这里既有舞衣也有富贵人家妇女的高级盛装。

1966年4月，在美国纽约豪华的阿斯托丽饭店的舞厅里，举办了一场别具一格的金属时装表演，那些以钢链、铝片、金属圈儿和珠儿以及荧光塑料做成的超短裙，加之金属上衣、女帽、腰带与鞋，将光与

穿明光铠的武士俑
（河北磁县湾漳北朝墓出土）

色的迷人之美创造到极致。设计师认为，用2800多个金属圈儿联结起来的衣服更省时省力，更加刺激。穿着者认为她真的与日月同辉了，观赏者则认为那穿在外面的银质塑身上衣很容易使人联想到古代的金属束腰……

在巴黎举行的1996年时装演示会上，机器人形金属紧身女装将金属装又推向一个新的高潮。模特儿穿的衣服主要由银质金属片制成，外面再披上聚氯乙烯的披风，俨然一队天外来客。当年正是电视剧《变形金刚》热播的岁月，因此穿一件金属色面料的防寒服，或一顶金属质感的摩托帽

盔，再戴上一副金色或银色闪光面料的手套，特像人人皆知的"威震天"和"擎天柱"。

时光又过了十多年，金属光泽或金属质料的衣服再次引起人们的兴趣，T台上下频频有金属装亮相，大家都想创造出现代的质感来，这就包括耀眼的闪光、流畅的廓形与装饰线，一切在显示现代科技，这才感觉有新生代的味道。

E时代（电子时代）时装是电子＋机械，农业文明已被远远地抛在脑后……

当代金属装（吴琼绘）

到底什么是汉服？

早在 20 世纪末，中国的大学生们率先提出：汉服才是中国人的国服。进入 21 世纪后，大学生们不但讲究穿着汉服去过中国人自己的传统节日，如端午节、中秋节等，甚至走上街头倡导节日或隆重礼仪时穿汉服。于是经常有各地的大学生来找我，他们穿着自称的汉服，想听听我对汉服的意见。这就牵扯出一个问题，到底什么是汉服？

在中国服装史中，有相对于少数民族的汉族服装，有相对于其他朝代的汉代服装，如果我们笼统地把京剧舞台上宋明朝代留下来的大襟长袍、儒巾等叫为汉服，显然有些概念不清。

我曾为此在《人民日报·海外版》上撰写过一篇文章，题为"汉服堪当中国人的国服吗？"。举几个古籍中的例子，如《辽史·仪卫志二》中写道："会同中，太后、北乾亨以后，大礼虽北面三品以上亦用汉服；重熙以后，大礼并汉服矣。常服仍遵会同之制。"清代谈迁《北游录·记闻下》中写："辽史，太宗德光入晋后，皇帝与南班汉官用汉服，太后与北班契丹臣僚用国服。其汉服即五代晋之遗制也。"这里说得很明白，那就是辽初建国时，礼服分为二式，汉族官吏用五代后晋的服制，被称为"汉服"，或称"南班服制"；契丹诸臣仍穿契丹民族的衣服，称"国服"或"北班服制"。耶律德光在辽会同元年（938 年）决

汉代女服形象（陕西西安任家坡汉陵从葬坑出土陶俑，王家斌摹）

定，遇有重大朝会时，皇帝随汉官穿汉服，主要由通天冠、远游冠、进贤冠等汉族政权的传统官吏服饰组成。通天冠是秦代时吸收楚冠样子定制的，作为皇帝常服；远游冠也是从楚而来，只不过多为诸王所戴；进贤冠多用于汉代，为文吏、儒士所戴的一种礼冠。

与此相类似的没有作为服制的汉服之称，如近代徐珂在《清稗类钞·服饰》中写道："高宗在宫，尝屡衣汉服，欲竟易之。一日，冕旒袍服，召所亲近曰：'朕似汉人否？'一老臣独对曰：'皇上于汉诚似矣，而于满则非也。'乃止。"以上两种古籍记载中出现的"汉服"之称谓，主要是指区别于少数民族的汉人之服。

再见记载中的汉服，有直接标明朝代的，如明代文震亨《长物志·衣饰》："至于蝉冠朱衣，方心曲领，玉佩朱履之为'汉服'也，幞头大袍之为'隋服'也。"

那么，我们如今的大学生们热衷的汉服是什么样呢？看了一些，包括报纸图片的，也包括照片的，还包括对面坐着的真人秀。斜领大襟或许是一致的，领子上有领缘，即在浅色衣服上包有深色的领口边缘，从左向右掩，这符合中国汉族人的右衽，这一点区别于契丹、女真等族人的左衽。长袍也是比较一致的，当然也有女大学生穿半长的，有点像僧服，总之是宽衣大袖，看上去确实有些古代服装的感觉。男生爱戴一顶黑布做的上有平顶的儒巾，如飘飘巾；女生则长发略扎而披在肩背，下穿一件高腰古裙，手拿一把清绢制团扇。看上去有些像古人的服饰形象，蛮

当代人的汉服（吴琼绘）

有意思的，也有点儿像戏服，因为京剧服装本来就是选用宋明服装，而宋明服装还是从汉唐而来。明代是中国封建社会中汉族人执政的最后一个王朝，明前有辽、金、元代，明后又是清代，因此明初建时即废除胡服，统一为汉文化模式，而后明亡清始时，又因不成文的"十从十不从"中有"儒从而释道不从，娼妓从而优伶不从"，因此中国汉族常服得以在戏服中被留传下来。

这就难怪了，大学生们的汉服为什么像戏剧舞台上的古代服装呢？京剧戏装中确实留下了中国服装的精粹。

犀利哥与乞丐装

网络就是挺厉害的，迅速生猛，推出一个时髦人物很便捷且传播很广。犀利哥就是一个例子。

原以为，"犀利哥"的产生源于现代青年对无拘无束又狂野奔放的一种赞美，但未想到竟会因此酿出"犀利哥服"。仔细看一下，如今衍生的着装风格是一种散漫的、不讲搭配的，故意扮作新贫状且无视社会规范的。也就是说，这种风格的服饰配套自20世纪60年代以来数次出现过。

20世纪60年代末，欧美一些青年由于物质条件充裕而精神生活匮乏，从而刮起一股"嬉皮士"风，不仅举止上讲究我行我素，着装上也一味地追求怪。自此至20世纪80年代初，西方国家的街头上，总能看到裤腿儿敞开着走的男青年，大号曲别针穿在耳垂上，上衣松垮着，且满布大大小小的洞。

1983年5月，香港理工学院举行了该院第九届时装展，当年获得冠军的竟是一款乞丐装。评审专家们一致认为，这款衣服有一种浓浓的流浪味道。

在时装界营造这种反传统的叛逆精神，并推出"朋克"风貌的无疑要追溯到服装设计大师维维安·维斯特伍德。她在1973年于伦敦街头开

当代网传的犀利哥服饰形象
（吴琼绘）

创了"摇摆起来"的时装店。至1977年,伴随着"朋克"风的大范围兴起,她索性将店名更改为"世界末日"。后来,她又于1981年创作了怪怪的令人生惧的"海盗服"。

乞丐装的典型模式是衣服包括帽子不收边儿,新衣服也要做出虫蛀状、火烧痕,最好出现一个个不规则的洞。成年人甚至公务人员的休闲式西服、毛衣上也要补上几块其他色料的补丁,而且要补在通常易磨破的肩部、肘部上。

中国改革开放刚刚打开国门时,恰是20世纪70年代末,虽说又过了几年才普遍流行乞丐装,可是中老年依然不理解。四五十年代出生的人因为经历过三年节粮度荒,过惯了贫困的生活,衣服袜子破了补上补丁接着穿是常态,在"文革"前后还被认为是艰苦朴素的表现,当年这样穿是很积极、很无产阶级的样子。改革开放后日子好了,再加上化纤面料不易破,人们已不习惯穿补丁衣服了。记得有一组漫画,一姑娘穿一条有补丁又有洞的牛仔裤走在大街上,旁边走过的老年人实在看不过去,遂掏出20元钱送给

当代乞丐装(吴琼绘)

姑娘,要她去买上一条新裤。未想,遭到姑娘白眼,挨了一句骂:"老土。"

20世纪90年代初,巴黎时装大师圣罗兰·卡尔拉格裴直接推出"褴褛风格"的时装,跟着,一位来自非洲国家马里的30岁的设计师以"胡立·贝特"为名推出系列乞丐装。他的设计思路已经不是无病呻吟,"为赋新词强说愁"了,干脆从跳蚤市场买来残次衣服,然后将这些破衣烂服裁剪再制造出新式服装……

那个时代的人们认为,年轻人追求异端,希望放荡不羁,似乎流露

出世纪末一种淡淡的忧伤。可是进入新世纪已经十年多了,为什么波西米亚风迟迟不去,无内衣时装愈演愈烈?人们一阵儿想回归昔日的优雅,一阵儿又想摆脱礼仪的束缚,有时突发异想欲重温骑士装的浪漫,有时又想放松一下自我,寻求一种对现实的逃避。总之,人们都想要一个为所欲为的空间,而这样的空间在服饰形象上很容易找到。可以说,所谓"犀利哥服"是一种服饰语言的调侃,同时是一个时代服饰形象的代名词或集中了某种理念的视觉形象。

服饰总是文化的。

时装的前世今生

小花衣裙卷土重来

2011年起始,时装圈儿又见散落且布满全身的各式小花朵。一时间,艳丽的桃花、浅淡的野菊、高雅的郁金香、浪漫的玫瑰以及抒情诗般的蔷薇出现在少女们的衣裙上。春的气息,秋的韵味,抑或还有四季的芳香一齐袭来,人们似乎感受到,时装界距离大自然越来越近了……

实际上,人类自着装以来,一直钟情于鲜花野草,只不过历经工业革命又进入电子、激光、信息时代的衣服图案,机械或者说非自然的内容与形

欧洲小花裙子(让·安东·纳赫伊斯
《1520年阿尔布雷希特·丢勒参观安特卫普》)

式太多了。人们在创造太空服以求时尚贴近科学前沿的时候，视花草图案为跟不上形势，认为只有光滑的闪亮面料以及几何形才是"新时代"。

苏格兰、俄罗斯的民间花裙上，很多是洋溢着乡土气息的小花。新中国初建时，大量引进苏联的花布面料和布拉吉（连衣裙）款式，最泛滥时连拉三轮车的工人都穿着花布衬衫。20世纪50至60年代中期，姑娘少妇们讲究小花布棉袄，即使职业女性穿双排扣的翻领灰布"列宁服"，也要在衣领处和下摆边缘故意显露出俏丽的小花布。

再往远处说，20世纪20至30年代的旗袍，也曾讲究花布。当年的艳丽花朵与阳丹士林布平分秋色，紫红色的丝绒和暗花的丝绸能够完全取代小花布吗？显然不能，各有各的美，各有各的审美需求，仅韵味一点也难分高低，因为文化特色与内涵是不能以价格来划定的。

如往近处看，我们在21世纪门槛内外时就曾流行过一阵花朵服饰，当年的T台上一下子满是东方的花草，甚至除了写实的花草以外还有来自中国画上的水墨写意花卉。当时的西方世界认为中国乃至东方还是富有原始美感的地方，一些带着露水的花草似乎使人们回归了自然，嗅到了泥土原本的馨香。十多年过去了，这次连中国的80后、90后们也珍惜大自然的赐予了。于是，整个世界的年轻人都张开双臂热烈地拥抱大自然。

中国人不是正在大讲国学吗？想那两千多年前的大诗人屈原就爱花草如性命。"朝饮木兰之坠露兮，夕餐秋菊之落英……芳与泽其杂糅兮，唯昭质其犹未亏……佩缤纷其繁饰兮，芳菲菲其弥

当代小花裙（吴琼绘）

章……""芳"即谓以香物为衣裳,"泽"谓玉佩有润泽。"缤纷"指盛貌,"菲菲"则指勃勃生机与芳香的程度。屈原的意思是,佩服愈盛而明,志意愈修而洁。很显然,三闾大夫是以爱花草喻个人的修养倾向。虽本意是不与祸国者同流合污,但也从服饰的描绘上给我们以文化浸润。同在《离骚》中,诗人强调:"制芰荷以为衣兮,集芙蓉以为裳。不吾知其亦已兮,苟余情其信芳。"大家都知道,莲花是"出淤泥而不染,濯清涟而不妖",而以莲花裁制成衣裳,是屈原对于个人志向与人格的视觉强化。回到衣服面料本身来说,花草还是有植物灵性同时又可以与人类情感产生共鸣的。

中国古代诗人总爱以花喻美人的服饰形象,元代进士余阙看到红梅翠竹,吟道:"竹叶梅花一色春,盈盈翠袖掩丹唇。休言画史无情思,却胜宫中剪彩人。"宋代诗人杨万里山居观海棠,吟出:"海棠雨后不胜佳,子细看来不是花。西子织成新样锦,清晨濯出锦江霞。"唐代诗人段成式更是从观花中获得灵感,直截了当地赞美衣服图案以及佩饰:"出意挑鬟一尺长,金为钿鸟簇钗梁。郁金种得花茸细,添入春衫领里香。"

好一个"添入春衫领里香",愿2011年的小花布给人类带来大自然本源的美!

如何界定劳动服？

2011年的初夏，各T台纷纷闪现劳动服的情影。我看了多家时装公司多位设计师的亮点，忽然感觉到，"五一"国际劳动节前后推出劳动服风格的时装，是不是时装设计师也应时到节了？很显然，这时亮相的劳动服并不是职业装范畴中的劳动者在劳作时所穿的工作服，而是带有那么一种隐约的似有似无的劳动服的样儿，或者味道。

由此引出一个话题，古代的劳动服什么样儿？中国改革开放前的劳动服什么样儿？不要小看了这最不起眼甚至也不会太贵的劳动衣装，这里面有着很深的文化。

宋·张择端《清明上河图》中的劳动者服饰形象（一）

时装的前世今生

中国五千年文明史中,劳动者的服装是不登大雅之堂的,更别说劳作时的衣服了。有一种衣服叫"短褐",褐是粗毛织物,在《诗经·豳风·七月》中就有"无衣无褐,何以卒岁"。短褐,是相对于长衣的只遮露上身的短衣。在古代,有学问或有钱的人都要穿长袍或长衫。这在宋代张择端的《清明上河图》中被描绘得清清楚楚。而"短打扮"本身就是劳动服的标志。鲁迅笔下的孔乙己,即使穷困潦倒以致破旧长衫上缀满了补丁,依然舍不得脱下来换一件短衣,因为穿不起长衫就意味着降到重体力劳动者阶层了,他一个文人再穷也不能穷到体力劳动者的份儿。长衫显示着他是识得几个字的。

宋·张择端《清明上河图》中的劳动者服饰形象(二)

新中国的建立以工农联盟为基础，因而劳动者光荣，工人阶级是领导阶级，20世纪50年代和60年代初，头上圆顶解放帽，身上一件带背带的胸前一个口袋的长裤，就是产业劳动大军成员的典型形象。如果是纺织厂女工，一顶无檐圆顶帽，一件围裙，那是很时尚的，说明妇女已经不再整天围着灶台转，能够在新社会自食其力了，女工的这一身打扮成为妇女解放运动的象征。

记得20世纪60至70年代，教师、银行职员也都学着劳动者的打扮戴一副套袖。套袖是用旧布做的，一是为防止弄脏衣服，二是也可避免衣袖过早磨破。那时，颇有城市现代文明风范的交通警察也要在蓝色的制服棉袄上戴一副套袖，据说是为了显眼，能起到今天街上交警穿的闪光背心的作用。与劳动者不同的是，交警套袖是白色的，而且长及肩头，当时也很漂亮。

那年头儿有一种布就叫"劳动布"，纺织较粗，也较厚，很像后来的牛仔布，颜色也是以靛蓝为主。尤其在那个特定岁月中人们认为劳动者是高尚的，又是处于领导地位的，所以不从事重体力劳动的人也争着做一件劳动布的衣服。那气势很有些像牛仔裤的流行一样。虽然城里人不会去贩运牛群也不是去做淘金工人，但还是热衷于穿一件牛仔裤，为什么？人们崇尚那种野性与无拘无束，甚至追求那种冒险精神。

国外的劳动服装地位与发展轨迹，与我们的一样，也是在古代时为贵族所不屑，不会成为服装史的主角。劳动服一般变化不会太大也不会太快，因为劳动者一般比较贫穷，再者说劳动时还顾什么鲜丽与新奇。例外的情况也会出现，法国大革命时，"长裤"这一重体力劳动者区别于贵族长筒袜的衣服款式也曾引起效仿，这就使我们想起了现在时装中的劳动服。

时装总是不安分的。太精致了，人们又想粗糙；太柔弱了，人们又想强硬；太奢华了，突发异想来个新贫相；太朴素了又想还是来点儿细巧的装饰和图案。就连绘画也是这样，西方的肖像画已经到了酷似真人的程度了，还朝哪儿发展？这时出现了马蒂斯与毕加索……

现今的劳动服也是这种突围思想的衍生吧？新奇就好。

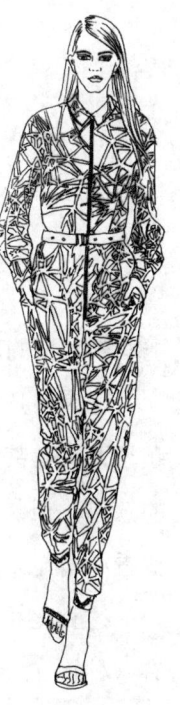

当代职业装
（吴琼绘）

点点泪妆再现T台

T台上，时装模特儿的面部化妆越来越强烈，原来那种突出衣装、减弱面部表情的理念正在改变。

近来，频现模特儿在外眼角下涂上一抹白粉，或是抹上荧光粉和微小颗粒，更有甚者索性附一个白色立体透雕装饰，乍一看给人一种泪光闪闪的感觉。但是面部表情很冷漠，发型又十分张扬，动作也极"生猛"，人们看不出什么可怜样儿，只能说：怪怪的，很刺激。

这种化妆绝不是创新，确切地说是"久违了"。早在中国东汉后期就有这种妆饰，被称作"啼妆"，当年是以油膏薄拭眼下，如啼泣之状。《后汉书·五行志一》："桓帝元嘉中，京都妇女作愁眉、啼妆……啼妆者，薄拭目下，若啼处。……始自大将军梁冀家所为，京都歙然，诸夏皆放（仿）效。此近服妖也。"《后汉书·梁冀传》："(孙)寿色美而善为妖态，作愁眉、啼妆、堕马髻、折腰步、龋齿笑，以为媚惑。"这种啼妆虽从东汉起，但真正显出时尚的规模，还是在唐代。

唐代的相对稳定，唐人面对的丝绸之路硕果，隋唐时期的繁荣经济，尤其是纺织业的壮观景象，还有唐诗的光彻寰宇，唐舞的异邦情调，唐代书法的笔走龙蛇，唐代雕刻的卓然大气……唐代

三彩陶俑显示的唐代面妆
（陕西西安出土）

人的面妆只是众多文化当中的一种。唐代诗人韦庄在《闺怨》中写道:"啼妆晓不干,素面凝霜雪。"描述的是厌倦了浓妆艳抹、鲜衣华服之后特意追寻的"另类"表现。白居易诗曰:"时世流行无远近,腮不施朱面无粉。乌膏注唇唇似泥,双眉画作八字低。"就在唐女们对啼妆趋之若鹜时,诗人其实流露出不满:"妍媸黑白失本态,妆成尽似含悲啼。"唐女却不以为然。

五代后唐马缟《中华古今注》卷中:"贞观中,梳归顺髻。又太真偏梳朵子,作啼妆。"五代王仁裕《开元天宝遗事》卷下:"宫中嫔妃辈,施素粉于两颊,相号为泪妆,识者以为不祥,后有禄山之乱。"如今再兴泪妆,实际上已经不用预知后来如何了,因为现在的世界形势已经够复杂的了,

繁缛面妆的五代妇女(敦煌莫高窟61窟供养人壁画)

泪妆不泪妆的，不必多与祸福相联了。

即使在古代，安史之乱以后的晚唐以及宋代，不是还在流行泪妆吗？《宋史·五行志三》："理宗朝，宫妃……粉点眼角，名'泪妆'。"

20世纪90年代末，日本时髦女郎讲究花钱买"眼泪"，两千日元可买到一盒，每盒中装有六颗水晶玻璃做成的泪珠，用时以特制化妆胶水将玻璃泪珠贴在眼下，效果是泪光涟涟，让人怜爱，姑娘们自认为这样妆扮更加妩媚。当年在T台上也曾出现过，即在眼角处涂以白膏并间杂银箔，在灯光的照耀特别是闪烁下，显得格外耀眼。说心里话，1999年时，年轻女性还有些柔柔的女孩儿样儿，如今舞台上常见女孩子强悍，揪住男孩子领带扯上台的表演，再作泪妆，牵强了。

如今别管T台还是街头，少女乃至青年女性，多是竖着头发（以发胶人为做成），穿着宽大的或是窄瘦的总之是不合体的上装，短裤或短裙下一双皮靴，俨然一副很强势的样子，再点泪妆，就有些霸道或要玩儿命的架势了。

当代泪妆（吴琼绘）

在面颊上，人们总想生出些奇怪的点子来，以显示出时髦或美丽。总是弯弯的眉毛，红红的脸庞似嫌不足，于是时不时地生出"泪妆"或"疑似泪妆"来。

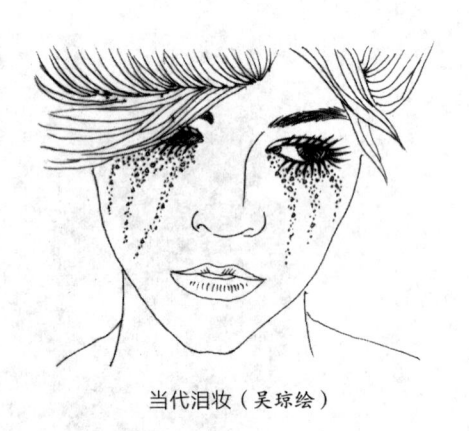

时尚就是这样，新奇就好。

时装的前世今生

自古就有中性装

年轻学子们都认为，中性服饰是现代社会的产物，是着装者厌倦了固有的性别模式，为图个新鲜而打扮出异样的感觉。女青年穿戴作派俨然小伙子，男青年柔里柔气却像个姑娘，这在现今的舞台上下都有，而且不止一两个人。我想说，牛仔装首先为中性服饰形象提供了最便捷的塑造基础，再加上20世纪90年代以来女模特儿要男孩儿似的体型，更是为"中性"创造了"衣服架子"的条件。

如今的世界确实是变化特快特奇怪，但是我们不妨回过头去看一下服饰走过的路——人类史上曾有过女着男装、男着女装或是衣服佩饰上具有明显异性特征的倾向……

中国南朝梁时"贵游子弟……无不熏衣剃面，敷粉涂朱，驾长檐车，跟高齿屐"，过去认为这是一种浪荡公子颓废表现。中国儒家最看不起男装女性化，认为"夹衣荷花红，单褐茄花紫，道途属目不知耻，甘自腼腆学女子"，是很令人耻笑的。这里有一个问题首先必须解决，即女性服饰包括什么？其实有时很难说。裙子

古代女子常着男装
（清·任伯年《红拂女图轴》）

算吗？苏格兰堂堂须眉穿条方格裙照样威风凛凛。戒指耳环算女装吗？原始社会那些剽悍的男子汉并未因戴个大耳环从而显得女气啊。花儿朵儿的更不能为女装所独揽，至今保留原始部落生活方式的男人们不但在耳垂上缀花，而且身上也穿花纹图案的衣服，太平洋岛屿上的人不就这样吗？我在新西兰亲眼见到西萨摩亚人的婚礼，新郎父亲戴着大耳环，穿着大长裙子，男装不少为花朵纹饰。

由此可以看出，所谓男女易装主要是服饰形象整体所显示的性别属性。人们说，17世纪中前期，路易十三、路易十四（太阳王）都喜爱女性化的服装，实际上是一些装饰倾向于一贯的女服特色，如纽扣、蝴蝶结和花边取代了宝石。美国华盛顿大学教授布兰奇·佩尼在他的《世界服装史》中说，17世纪是个讲究花边的世纪，在这100年间，针织花边演变成为扇形花边……后来又变得精巧起来，演变成为威尼斯式针织玫瑰花边。到了17世纪末，威尼斯针织花边已经精美得令人难以置信。在1630—1650年间，男性紧身衣上呈蔷薇形的腰围针织花边完全是起装饰作用的。查理一世临刑时穿的衬衣上还有透孔绣花图案，并饰有精致的缎带蝴蝶结。在这一段时间，男装紧身上衣边缘、裤子两侧以及袖口处都饰有一排排的裙带或几十颗纽扣。鞋子面上也带有玫瑰形的饰物……

中国唐代是个社会宽容度很高的时期，因此女性可以穿襦裙装、胡服，也可以直接穿男性服饰，如幞头、圆领长衫，脚蹬乌皮六合靴，甚至手里拿着长鞭，策马驰骋。《新唐书·五行志》载："高宗尝内宴，太平公主紫衫玉带，皂罗折上巾，具纷砺七事，歌舞于帝前，帝与后笑曰：'女子不可为武官，何为此装束。'"脍炙人口的《木兰辞》仅一句"脱我战时袍"就可以令我们想象到巾帼英雄的英姿，近代日本间谍川岛芳子（金璧辉）服饰形象也常常是男性化十足……

种种历史积淀，衍化出一个新时代的专用术语——中性服饰。

我看所谓中性服饰是侧重于男装风格，或说男性的特质更浓一些。因为人们认为女着男装如果穿得合适，一般会显得很帅气，很精干。如若太女性化的服装穿在男性身上，总显得弱弱的、怪怪的。尽管也有人尝试，也有人热衷，也有人追捧，但终归不会成为主流。

有一点请放心，任何一种风格的服饰，在服装长河中都会遇到后浪推前浪的规律，女装强调一阵儿中性，跟着一般会恢复淑女装；男装也是这样，一阵儿显示些诸如收腰等中性，紧跟着则会强调硬肩。不能忽视的是，现代中性服饰潮之所以诞生且迟迟不退，还是与工业的发展密切相关。

当代中性装（吴琼绘）

哈伦裤 = 鸡腿 + 南瓜

时尚人自嘲：千万别被哈伦裤（Harem Pants）的学名吓倒，这不过是我们通常说的"灯笼裤"。裤形松垮但凭借剪裁塑形，腰、胯、裆部放松，却在小腿处收紧，看起来不乏利落，穿起来又很舒适——于是，流行了几年，落寞了，今年风头又起，尤以男性热衷。

我想说的是，其实如今男性爱穿的所谓哈伦裤不像灯笼裤，倒接近于中国清代的鸡腿裤和欧洲16世纪的南瓜裤。溯源裤装，自有这分成两个裤管以适合人两条腿的裤子以后，裤的形状就一直不停地变化，只不过万变不离其宗。肥肥瘦瘦，长长短短，到头来还是区别于裙和袍。

按西方人撰写的世界服装史，说裤子发明于古代波斯，因为居住在崎岖不平的山乡，古波斯人又习惯于骑马狩猎，因此用动物毛皮做成的衣服，必须适体，这样产生了将两腿分开的裤子。当然，西方人也认为将这些贡献归功于一个民族，未免有些过分，因为受波斯人驱使的许多部落人之中，还可以看到巴克特利安人的裤子比波斯人的更肥大，常常覆盖到靴筒和小腿肚部位。依出土资料来看，俄罗斯人在万余年前就有皮裤，这应该是有道理的，除了骑马，御寒也很重要。

法国查理斯九世穿着南瓜裤
（王家斌绘）

中国古裤只是两个裤管，而且战国时还有仅遮覆小腿的，故而称作"胫衣"，即腿的衣服。赵武灵王引进"胡服骑射"才使中原乃至南方的男人在长袍或长衫里穿上有裆的裤子。不过早期是开裆，就像今日小孩穿的开裆裤，再早也不过是将两个裤管用带子系在腰带上，形同套裤，可惜现在的年轻人对套裤不太熟悉了。20世纪五六十年代时，老年人在长裤外穿棉套裤，骑车人在雨衣下穿雨套裤，这都是旨在保护腿部。有裆的裤子被古人称为裈。我们可理解为人有两条腿，因而出现裤子这种服装是一种合乎规律性的必然产物。

　　为什么说哈伦裤不像灯笼裤呢？灯笼裤的裤管中间肥大，裤管下端收紧，一类是中国晋代北方女子穿的灯笼棉裤，一类是武功人穿的绸子料裤管肥大而末端收紧的，这些灯笼裤还不太像如今的哈伦裤造型。

　　中国清代时有一种鸡腿裤，由于用的是棉布或绫罗，加之中式裤的腰，因而上端显得较宽松，但膝下有裹腿，下端显得紧瘦，形似鸡腿，故而得名。当年多用于武士或力夫。清代文康《儿女英雄传》第六回写道："只见一个虎面行者，前发齐眉，后发盖颈，头上束一条日月渗金箍，浑身上穿一件元青缎排扣子滚身短袄，下穿一条元青缎兜裆鸡腿裤。"

　　欧洲16世纪时，贵族男性中时兴一种南瓜裤。欧洲男人讲究袒露双腿的肌体结构，因此穿长筒袜。当年，长筒袜上端向外膨胀，呈现出马裤形状。由于它的外形和体量接近南瓜，所以得名。为了保持这种裤形不变，里面需要填充马毛或者亚麻碎屑

中国近代鸡腿裤类裤形（王家斌绘）

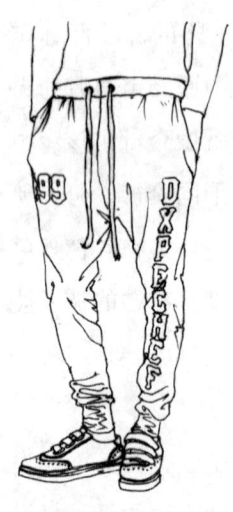

当代哈伦裤（吴琼绘）

等。南瓜裤的表面还通常饰有图案化的刺绣布块或由刺绣做成的透孔。从画面上不难看出，法国查理九世及其胞弟佛朗希斯大公都穿着当年很时髦的南瓜裤。

同时期的德国人不太喜欢这种球状的南瓜裤，他们和北部邻国都爱穿奇特的步兵裤。裤上端也很宽松，只是不呈球形。每个裤管上有4个透气孔眼，还曾流行过16个到18个孔眼的式样。裤管内的填充物也不是马毛和亚麻碎屑，代之而用的是大量的丝线，以此来显示着装者的奢华与富有。外表面料有波纹状质感，有些还要缀上绣饰的带子和立体的布艺花朵。这些裤形由于裤腰部位收缩了几英寸，膝下又是紧裹腿部的长袜，因而更像今日所说的哈伦裤。

总之，人们不满足于不变的裤形，希望它常变常新。今日，哈伦裤又兴起，我由此想到的其实还有20世纪80年代的萝卜裤，都是上肥下紧……

时装的前世今生

男人穿裙不新鲜

今年春夏,男人穿裙走上T台。一部分人认为很酷,很火爆,大喊"HOT";一部分人却觉得太另类,太反传统,甚至骂他们是"异装癖"。

我说,男人穿裙原本不新鲜,裙子也不是女性的专属。

不用举苏格兰男裙,也不用说阿拉伯男裙,其实东南亚男人也穿裙,只不过在缅甸等国被称作纱笼。如今说的男人穿裙子,不也是一块布一围遮住下体吗?再加上上身赤裸,左耳戴个大耳环,不但不女气,而且挺剽悍的。好像是从千万年前的原始丛林里走出来。

翻开人类服饰史,人们最早使用的应该是饰品,一串石珠、贝壳、兽骨,一片青叶一朵鲜花。再就是护住下体的衣服。依中国古人说法是先知蔽前,后知蔽后,即从猿到人的男性直立起来后,为了在与野兽搏斗时护住生殖部位所创。到了商周以后,将熟皮制成的蔽膝从腰上垂至膝下以作装饰。《周易·系辞下》说:"黄帝尧舜垂衣裳而天下治。"汉代刘熙《释名·释衣服》:"凡服上为衣。……下曰裳,裳,障也,所以自障蔽也。"裳,其实就是裙,

中国帝王冕服即上衣下裳
(唐·阎立本《历代帝王图》中的晋武帝司马炎)

只是早期为七幅布帛拼合而成，前三，后四，两侧各开一道缝。后来多少幅布都是拼合并整个从腰间围起来，即如我们现在所说的长裙了。这就是说，我们的祖先从黄帝起就男人穿裙，而且"玄衣纁裳"是自商周至明代长达两千多年最正统最高级的礼服。这一身上为黑色的大袖衣衫，下为绛红色的长裙，如果头上再戴一顶冕冠，就是最具中华民族礼服经典的"冕服"了。

明代时，中国男人仍在穿裙。从传世画作上看，男人的裙子有长有短，里面还有长裤，只有到了清代，原为马上民族的满族统治下的中国男性才以长裤为常服。

古埃及也是男人着胯裙，从欧洲几大博物馆收藏的来自相关地区墓葬浮雕、雕塑和早期壁画上的胯裙来看，都是在膝上，地位较高者的胯裙有在膝下的。最初只是围在腰间的束带，它的正面有一个略宽的垂饰，臀部遮盖物则是与此相关联或另加的一块条形布。同这种胯裙差不多的是用一块方形布，裁折成三角形后围在腰间，然后将垂下的一个角从双腿裹向身后，另一个角就在前方垂挂着。

有一座被后人称作"老村长"的雕像，真正名字据传是塞克·伊勒·拜利德，他的胯裙端头撩起，再掖在腰间，使胯裙成为向前扩卷的样子。美国服装史专家布兰奇·佩尼在他的书中说："收藏在开罗博物馆的埃及第五代王朝一个人物雕像……身穿的胯裙一端叠垂着，正面没有明显的棱角；还有一座人物雕像，他的胯裙却有鲜明的棱角轮廓，唯在腰间左侧重叠着；在第三个人物雕像上，整个胯裙各个部

古埃及雕塑《老村长像》
显示的男人着裙

位都是三角形，好像半个金字塔形状，舒展于身后，似乎体现了立体的建筑结构。其他几座雕像的衣着，表现了条形或方格式图案。这清楚表明，它是纤维状的胯裙……"

当然，我们这里不是在研究古埃及的胯裙，也不是在研究中国人的裳，只是想说明，男人穿裙应是很正常的，有历史为证。

当代的卫生间性别标志，有高跟鞋和烟斗之分，人形也有裙装与裤装之分，可见，裙装作为女性服装的概念已经深入人心。于是，男人再一穿裙总容易受到质疑。

还有一点需注意，古今中外的女性穿男装好像容易被接受，但男性穿女装就会被看作有问题，中国古人干脆将后者称为"服妖"。因此我们有必要追溯一下历史，起码会由此得到一个共识：男人自古就穿裙，如今也就不用大惊小怪了！

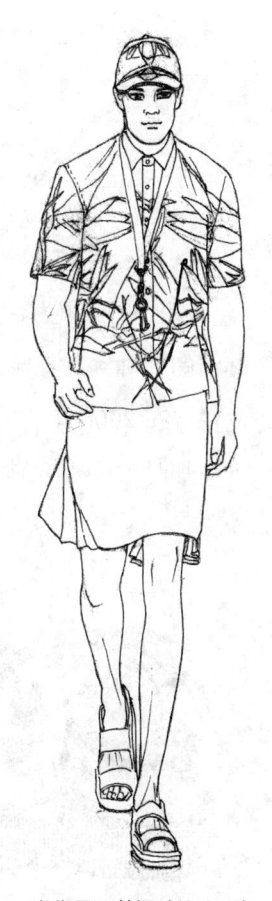

当代男子着裙（吴琼绘）

古今松糕鞋

人们一般认为，松糕鞋大流行是在20世纪90年代后期。不错，这一称谓的鞋确实是在十多年前有过轰动效应。《人民日报·海外版》我的个人专栏曾在2000年5月12日刊发文章："男人眼中松糕鞋"。

那时候，松糕鞋已经流行了两年多，男性们特别看不惯，总想让我站出来说一句有理论高度的话，扼制住厚底鞋的流行。当年各报也频频登一些消息，说某人穿松糕鞋从楼梯上滚落下来了，某人穿厚底鞋踩刹车，结果踩在了油门上……我在不得已时写了这样一篇文章，奉劝男士们不要对松糕鞋看不惯，不要怕松糕鞋扭曲了淑女的形象，也不要怕这样一穿显得有些男士身高不足，更不要怕又高又大又厚的鞋底颠覆了乾坤……我说，松糕鞋即使再高再方，也不过是时尚流行的一个瞬间产物，任何人不能强制它消失，就像任何一个人也不能凭空创造它一样。时尚就是时尚。

16世纪前，德国女鞋的式样多介于圆头与尖头之间，法国女鞋甚至与男鞋没有什么区别。进入16世纪

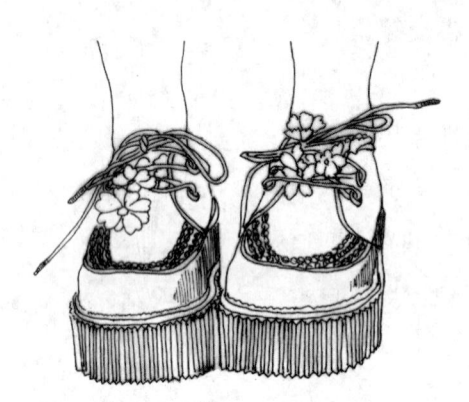

当代松糕鞋（吴琼绘）

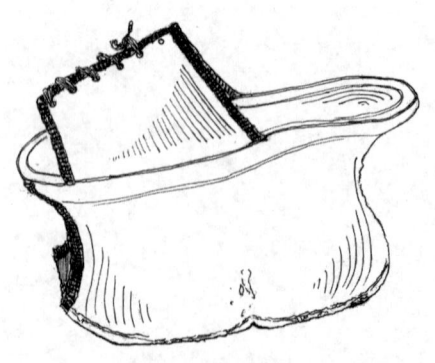

16世纪欧洲威尼斯的
红色天鹅绒高抬底拖鞋（吴琼绘）

中叶以后，欧洲女鞋的式样虽然不是很奇特，但开始时兴鞋底增高，鞋底里通常填充的材料是软木，然后再配上纺织或皮革材料的鞋面。外出时，人们爱穿上木质套鞋以御寒，这种外用鞋的鞋底高度很夸张。

厚底鞋为意大利威尼斯女人最先穿着，也最为讲究，西班牙女鞋也有这样的。从当年留下的绘画作品看，威尼斯女人的裙长仅至足面，厚底鞋的底部完全显露出来。鞋底用一般木头或软木制成，鞋底边包覆着皮革、纺织材料，颜色显然是涂上去的，有的还镀上金黄色。鞋面通常用打有小孔的皮革做成，有些像如今"洞洞鞋"的模样。据说这种鞋是从近东传到意大利的。

美国华盛顿大学教授布兰奇·佩尼的《世界服装史》说，美国布鲁克林博物馆和波士顿博物馆收藏的厚底鞋，鞋高6—15英寸，也就是15—38厘米。据那些当年去过威尼斯的游人讲，威尼斯女人穿这样厚底鞋上街时需要有人搀扶。

英国人安吉拉·帕蒂森和奈杰尔·考桑著的《百年靴鞋》，称这种鞋为高台底鞋，并有1590年前后一位威尼斯贵族妇女的红色天鹅绒高台底鞋照片。不过，作者说其"达到了荒唐的22厘米高度，发生了数不清的事故"。当然，这种鞋产生的原因除了时尚以外，还与水城坑洼多水、怕弄湿裙子有关。

其实，时装的流行不需要理由。在时装界享有"朋克之母"的维维安·韦斯特伍德曾为一款绿色衣裙配制了一双灰绿色高底鞋，鞋高18厘米。这双使超级名模坎贝尔摔了一跤的鞋，现存于伦敦维多利亚和阿尔伯特博物馆。当维维安把她的设计图发给美国制鞋人戴尔曼时，戴尔曼当即回电报："你疯了吗？"可是设计师夏帕瑞莉却非常赞赏，她还助力发起高底鞋的时尚，使之在20世纪40年代风靡美国。

说起来，中国也有高底鞋的出现，诸如满族妇女的花盆底，当时也可达三四寸高，即12或13厘米，那种鞋跟在中间的样子也与古代威尼斯高底鞋差不多。清代人文康写的《儿女英雄传》，描述满族妇女："走起来大半是扬着脸儿，拔着个胸脯儿、挺着个腰板儿走……两只三寸半的木头底儿咯噔咯噔走了个飞快。"那么，为什么作者说"旗装打扮的妇女走道儿，都和那汉装的探雁脖儿、摆柳腰儿、低眼皮儿、瞅脚尖儿走的走法不同"呢？我觉得相当大程度取决于脚形和鞋形。汉族妇女缠足穿弓鞋，满族妇女天足穿花盆底或马蹄底鞋，后者高跟在鞋底中间，如果不抬头挺胸甩胳膊，恐怕是难以保持平衡的。

中国京剧中文官武将穿的高底靴，别管出于哪个朝代，也不管是否为了在舞台上增高显气势，总之是客观存在。

这就是说，"松糕鞋"是现代称谓，而高底鞋却古来有之。时尚就是这样，说一句"古今松糕鞋"又何妨？

裙上朵朵立体花

2011年春夏的流行服装中,立体花饰成为新景。看靓女们款款走来,裙上的花饰呈立体状占据着空间。花因布质而又酷似真花形,显示出绝妙的工艺之美。由此我想起……

在欧洲服装史上,有一个闪亮的名字,那就是路易十五宠爱的私人秘书蓬巴杜夫人。蓬巴杜夫人曾担任法国最大的宫廷沙龙的女主人,她的审美情趣,她的综合素质以及高雅气质,尤其是对于服饰的独特创意和精益求精的工艺标准,使她成为左右18世纪中叶服饰风格的风流人物。蓬巴杜夫人的服饰就是将立体花饰的效果做到极致。

在当年著名画家弗朗梭瓦·布歇为蓬巴杜夫人绘制的画像上,有一幅是夫人斜倚在铺着羽绒衾的床上,华贵的缎子撑裙上缀满了五彩缤纷的立体花饰,胸前一朵大的蝴蝶结也是用缎子缝缀的,宛如一朵盛开的花,整体服饰形象用"雍容华贵"一词都难以形容。另外一幅是1758年绘制的,蓬巴杜夫人处于花丛中间,她穿着华丽的裙服,裙服上镶着蔷薇色的缎带。缎带皱褶做成的样子,完全是一丛一丛的花朵,就这样婀娜多姿地布满了全身。肘部是一圈蓬松的彩带,颈间也有一圈缎带形成的花环,再加前襟、裙前、裙下摆的褶裥制成的花饰,使她本人就像是一簇花。同时,她手里拿着一枝真的蔷薇,她的左胸前也别着一朵有生命的蔷薇花,这是蓬巴杜夫人的象征。

从画面上不难看出,薄而晶亮的织物以及繁缛的荷叶镶边确实营造了蔷薇别致的风姿。蓬巴杜夫人还把珍珠装饰在头发上,颈下佩着一条短项链,手腕上戴着一副四股的手镯。她为显示奢华超众而精心设计的穿着,特别是这种立体装饰效果，在很大程度上推动了洛可可风格服饰的盛行。

在中国，众所周知的唐代绮罗人物画家周昉画的《簪花仕女图》上，更是形象地显示了立体花饰的魅力。千余年来，人们总在议论着，画中仕女头上戴的大朵莲花是真花还是绢花？

再往前溯，汉代女陶俑头上簪着大型立体花饰的相当多，足见当年很普遍。唐代墓中出土的绢画几可乱真。至宋代时，宫中男人帽子上也讲究戴花。周密《武林旧事》记正月元日祝寿册室，有诗戏曰："春色何须羯鼓催，君王元日领春回。牡丹芍药蔷薇朵，都向千官帽上开。"当年桃、杏、荷、菊、梅合插一冠的，谓之"一年景"，这种花冠男女都可戴。从这里不难看出，一定是绢制的立体花饰，否则不可能一季同开。

当然确实有用真花为饰的，摘朵鲜花别在发簪上已不新鲜。欧洲 18 世纪时，妇女们盛装出门，常常是紧身衣衬里带有小口袋，袋内装有玻璃瓶，瓶中的水可以使肩部、腰部的鲜花保持不败，这种装饰方法肯定是为了在衣服上装点鲜花，用得普遍了，以致成为洛可可服饰的最诱人之处。

19世纪欧洲立体花裙
（詹姆斯·迪梭《晚会》）

将鲜花别在发髻里，也可以用水养，使其推迟衰败的时间。20 世纪 30 年代的中国大城市高层社交场合，贵妇们在发髻中放个装着水的小瓶，夜来香等花朵至晚会结束仍永葆鲜艳。改革开放后的中国，逢盛典等礼仪活动，男士也在西装左上襟佩戴真花，根部由一块蘸满水的海绵裹起来，外面套上一个小塑料袋。

为了使衣服更有自然的味道，或者

是为了使服饰形象更有新奇之处，或者欲保持鲜活的美感，立体花饰几千年来伴随着着装者。在如此快节奏、重机械、到处都是高科技的年代里，重又兴起衣服上的立体花饰，再一次证明了人对大自然的热爱与眷恋之情。

愿服饰上的朵朵花儿常开常艳！

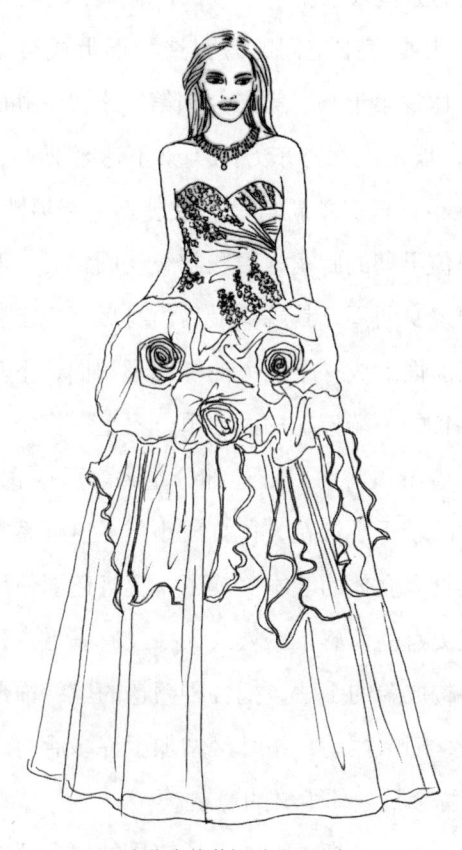

当代立体花裙（吴琼绘）

繁复来袭

《服装时报》用一个版面刊登一位被称作"未来主义"立体艺术大师的作品，这些模特儿身着富有层次感且讲究条状、块状结构的时装走来，一下子让我想起了欧洲曾风靡一时的拉夫领，还有那折来折去的围裹式长衣……所谓"立体"，不是服饰形象，因为服饰形象都是立体的，这里是指服饰本身所呈现的立体效果。

欧洲服装素以占据三维空间的夸张造型而形成自己的风格。早在埃及帝国时代，或具体说第十八、第十九和第二十代王朝时期，约在公元前1580—前1090年，埃及人在与东方的美索不达米亚人、叙利亚人、巴勒斯坦人的不断交往中，多次革新自己的衣装。上层男性穿围裹式长衣时，系在外面的腰带模仿早期的胯裙，沿腰部缠绕固定后，两个端头垂挂在身前；较长的腰带要绕身两周，其端头最后由身后下拖至脚踝；有的腰带又宽又长，系好后在前面形成一个很大的椭圆形扇面，下垂到两膝，两个端头中短的在左侧，长的一端掖在扇面内里，看上去像个"立体构成"风格的硬结。有的不用腰带只将前后衣边部分重叠。后扇底边系在腰围以上，然后做成几英寸长的若干小饰花，再打成小结。这样系扎固定，已经使长衣在固定的基础上具有立体的艺术美感了，况且还要使用预先打褶浆硬的亚麻布料，这样就更有立体感了。埃及人并没有满足这种立体效果，还运用宛如今日"色彩构成"的手法，把各种颜色的丝绸饰带镶在长衣的前后下摆处，走起路来，随风摆动，顿时又增加了许多活力。那种追求繁复和立体的艺术构思堪称今日立体主义的鼻祖。

文艺复兴时期，西方肖像画上留下了较早的拉夫领造型。这种被传为起源于意大利的褶领，是经过对面料进行抽褶加工，使之形成围颈一周的颇有立体感的缎带衣领。据说呈现起伏波浪效果的衣领制作起来很难，用料多是无须推测的。最重要的是抽成褶后，还要褶纹相同，褶距相等，熨烫平整，更需使用专门的圆筒形熨斗。这种领型要支撑成形，必须用一种织物垂片。垂片镶边在领口部位，不仅仅是一种装饰品，更重要的是使巨大的皱领坚硬挺实。美国大都会博物馆收藏一件制于 16 世纪末的紧身上衣，上面有许多垂片装饰，其镶边有 5 厘米左右，看上去相当挺直。有时，褶领下还饰以貂皮做成的扇形花边，并需要一个金属框架，以保证褶领舒展同时不变形。框架的设计讲究优美精巧，用金属丝为质料。有的框架涂上金色，也有的包上一层金片或丝线，最后将框架固定于衣服的领处。这时，更需要一个坚实的支架才能够使宽领保持形状不变。16 世纪 80 年代，直立的饰边宽领从意大利传到了法国。

19 世纪欧洲女装的繁复美
（詹姆斯·迪梭《来早了》）

这种被称为拉夫（Ruff）领的衣领，原意为飞边，造型可谓繁复至极，不仅做起来费工费料，而且穿这种皱领衣服的人吃饭需要一只特制的长柄勺，否则根本无法吃饭。

原以为，在社会节奏如此快的 21 世纪，服装设计艺术上会以简约风为主，但任何事物的发展都不会是单一状态的，服装设计也是如此。当节奏越来越快，起居设施也越来越简洁之后，人们从审美的高度又萌发了对繁复的喜爱与寻求。于是，浓重的层次感，块状结构和条状面料的堆砌拼接，刻意制造出的波浪般的层叠，这些似乎又使人们重温到那种优雅时光

当代繁复美（吴琼绘）

下人的心思的勾织，又回归到那种可以潜心研究、精心制作的年代……

　　艺术会轮回，任何一种时装元素都会在意想不到的情况下与我们不期而遇。

"波点装"溯古

天热了,花哨的衣裙闪烁在街头。本来已经够晃眼了,偏偏又流行起"波点装"。我从波点装上看到和想到的,不仅仅是 20 世纪 60 年代流行过,也不完全在于 Valentino 和 Moschino 以及 Louis Vuitton 这些品牌对波点的青睐,更不是曾经与波点紧密结合的雪纺与复古彩印,而是这些俏丽的斑点在历史阶梯上的印迹……

中国汉代时,宫廷已设有专管染色的机构,而且印染工艺已达到了一个较高的水平。从湖南长沙马王堆西汉墓和新疆民丰东汉墓出土的纺织毛织品来看,色彩已经十分鲜艳,且经两千多年不褪色。其大红、翠蓝等颜色品种达到二十多种。单说凸版印花技术,在春秋战国时就得到发展,西汉时已相当发达。马王堆汉墓中有几件印花敷彩纱和金银色印花纱,就是凸版印花和彩绘技术相结合的产物。其中的金银色印花纱,是用三块凸版套印加工的。与此同时广泛植根于民间的,是蜡染。据《贵州通志》记载,蜡染是"用蜡绘花于布面染之,既去蜡,则花纹如绘"。这种花布虽然色彩主要以蓝白为主,可是能够充分并巧妙地运用点、线构成几何图案,早期被称为"阑干斑布"。

魏晋南北朝时,蜡缬(xié,同染)、夹缬、绞缬并驾齐驱,尤其是绞缬,即今日所说的扎染,更是以独特的捆扎防染法,染出了许多点状和条纹图案。当年花纹疏大的叫鹿胎缬或玛瑙缬,花纹细密的叫鱼子缬或龙子缬。在干宝的《搜神记》中记述了一个故事,说一个年轻妇女穿着紫缬襦、青裙,远看就像是梅花斑斑的小鹿一样,很显然,这就是当年的扎染衣料鹿胎缬。

唐代三彩陶俑上的波点裙
（陕西西安王家村出土）

唐绢画上的波点衣
（新疆唐墓出土《弈棋仕女图》）

至唐代时，绞缬更能做出有规律的点状或圆圈状图案，如在唐墓中曾发现，以布裹麦粒，然后用蜡线缠住缝结的半成品，即正在缝制过程中的扎染作品，针线尚在布上，这为我们后来研究古人扎染点状和圈状花纹的工艺提供了可靠的依据。唐代传世绘画作品中，如张萱的《捣练图》上，有几个女性的衣裙就是蜡染或夹染效果，周昉的《虢国夫人游春图》中，也有几个骑马女子的衣服是蜡染而不是刺绣。同时的《簪花仕女图》以及三彩陶俑，很多着点状花纹衣裙的形象，有些是小簇花朵，但整体看上去也是分布均匀的斑点。如今说圆点图案能如何如何抢占话语权，如何令人心悦诚服，甚至肃然起敬，我听着有点儿玄。我想说的是，圆点是图案的构成单位之一，仅此而已。当它一轮一轮流行开来时，总是给人以耳目一新的感觉。

所谓的波点装，远看是一个个点，近看有花有圆有方还有星状。由此我联想到许多相关的文化话题，如原始人的"人体彩绘"，很多是在深褐色皮肤上画白点，在较浅色皮肤上画黑点，这种灵感应是来源于豹子，我们所说的金钱豹不就是呈现出斑斑点点吗？梅花鹿也是，只是豹与鹿的斑点毕竟不同，因而给人以凶猛或可爱的感受也不同。

我还想到视幻美术，那里也可以是由许多

点组成的。点是图案中最基本的单位之一，如果我们回到并不太遥远的20世纪80年代，中国刚刚打开国门，世界上流行的波点衣装也随着牛仔裤等涌入神州大地。我还记得我当年做过一身草绿地白点的衣裙，叫白点还不如叫白球，因为一个圆点的直径足有五六厘米，当年不懂是时尚，大家你穿我穿觉得挺好看的。至于白地上有较小黑点、褐点或粉绿点的短袖衫等，穿的时间更长。当年讲究朴素，大家觉得圆点本来就挺朴素的，况且还能变换出许多花样来，也可以很丰富。

三十年过去了，圆点图案衣裙竟然又以"波点装"这一新奇的称谓时兴起来。说实在话，同是圆点，确实现在的波点装与过去的圆点面料不一样。时代变了，总的风格还是变了。

当代波点装（吴琼绘）

服色又艳为哪般？

2011春夏时装，加之T台上下的着装形象，突然刮起一股色彩的浓艳之风。一时不管是衣衫还是唇彩，无论是鞋、包还是眼影，甚或指甲与趾甲都闪烁着浓烈的艳色。更有尚嫌不够艳的，大秀荧光红、绿、蓝、黄……

说"突然"也许不太准确，早在两三年前，年轻的时髦女郎们就开始摈弃黑、灰而大胆启用艳丽的色彩。一时，饱和度相当强的大红、玫红、橘红、樱桃红、西瓜瓤红、西洋红、酒红以及粉绿、翠绿、孔雀绿，加之紫罗兰和明黄、咖啡色等充斥了时装世界。人们觉得好像本来就应该是这样的，其实艳色被淡忘了好多年。

英国物理学家牛顿1666年用三棱镜分解出阳光中的七种颜色时，是出于自然科学的严谨；德国伟大诗人歌德所说的"一切生物都向往色彩"是强调"色彩的伦理美学价值"。他们都对全人类的色彩认识论做出贡献，然而在衣装色彩的发明与使用上，现代专家还是远远落在人类童年之后。

人类从什么时候起，开始有意识地摘一朵鲜花插在头发上？我们只知道华夏祖先从两万年前就知道用赤铁矿粉染红穿过项饰的皮绳。在北京周口店山顶洞人遗址中，有"北京人"用作项饰的兽牙、鸟骨、海蚶壳与砾石，皮绳由于材质的原因消失了，但这些坚固物质的穿孔内壁留下了当年绳上的红粉。自此，中国人认为红色能够辟邪的文化意识绵延了两万年。

中国古人用红花、茜草根、苏木心材把织物（葛、麻或丝、棉）染成红色；用紫草把织物染成紫色；用黄栌木、黄檗内皮、绿草、黄栀子果和槐花芽把织物染成鲜黄或土黄；用马蓝茎叶、菘蓝叶、蓼蓝叶做蓝色染

欧洲18世纪的艳色装
(西班牙雷蒙多·德·马德拉索·加雷特《艾琳·马森》)

料,用胡桃树皮和果实皮、栎木皮或果实皮做黑色染料。这些仅是植物,矿物中赭石可染赭红色,石黄、黄丹可染黄色,天然铜矿石可做蓝色、绿色染料等。人们将衣服染成多种色彩,需要一个多么艰难、漫长同时又充满喜悦的过程啊!

翻开古诗词,《诗经·郑风·出其东门》中写心仪的女子"缟衣綦巾""缟衣茹藘",是指虽为贫苦家女子,但穿着白绢质的上衣,扎着暗绿色的佩巾,围着绛红色的围裙,别有一种素雅中颜色搭配美妙的韵味。另一首《诗经·豳风·七月》:"载玄载黄,我朱孔阳,为公子裳。"说的是染成颜色的丝麻衣服,有黑、有黄,还有纯红的,这些都是为贵族公子织染的,当年男性的衣服也很鲜艳。

唐代诗词中对舞女服饰形象的描写，有时就像是工笔重彩的仕女图。温庭筠《归国遥》中写道："小凤战篦金飐艳。舞衣无力风敛，藕丝秋色染。……粉心黄蕊花靥，黛眉山两点。"头上的饰品是金色的，并造成凤首状，脸上的化妆既有青绿色的眉，又有像花一样的妆靥，衣裙很薄，又染成有些秋天树叶的颜色，或指色彩层叠丰富，仿佛秋日山景。张祜的《观杨瑗柘枝》中写道："紫罗衫宛蹲身处，红锦靴柔踏节时。"那是怎样一番由动作、身段、音乐和色彩构成的动人景象啊！我们的祖先曾怎样地热爱鲜艳的服装色彩，又是怎样去营造，去欣赏，去赞颂啊！

当代艳色装（吴琼绘）

可是，工业文明领先了农业文明，紧接着的一系列都因工业文明的兴起而产生了变化。20世纪后半叶，人们觉得金属质是最能代表先进科技的，进而，太空色统领了时尚，一切高级灰的、亚光的在代表着前沿技术的同时，也代表了最时髦的审美标准。于是，鲜艳的红色、绿色、黄色被远远地抛离，它们只能代表农业文明，或隐寓着不开化与原始的味道。

当立交桥把城市的天空分割成若干块后，当水泥与玻璃幕墙像无生命的森林把我们包围以后，当快速便捷已使我们只知道盒饭以后，特别是当率先引领潮流的俊男靓女只知道脏兮兮的牛仔裤和一片黑灰以至唇彩也如此以后……以后……以后；又过了三十年，人们那颗爱鲜艳色彩的心又觉醒了，一句"原生态"使人们又对宛如自然界花草瓜果的服装颜色产生了浓厚的兴趣。

我们回归了，就像非洲丛林中的小伙子追寻天堂鸟羽毛一样，那羽毛五颜六色都是浓浓的，我们的心为之震颤……

艺谈奢华

从文学角度看奢华，一般用来形容有经济实力的人的一种生活常态，或者说一种理念和现实。如果从社会学与消费观来说，这只是在说明一种生活态度或某一人某一群体某一层面的生活品位和格调。

如今人们都在议论奢侈品，从词语本身看，luxury是一种超出人们生存与发展需要范围内的，具有独特、稀缺、珍奇等特点的消费品。

眼下流行的时装，不乏奢侈品，这里不仅仅指服装的面料与做工，在

欧洲16世纪宫廷奢华装
（西班牙迭戈·德·席尔瓦·委拉斯开兹《宫女们》）

相当大程度上是多年树立起高档形象的大品牌。某人拿着什么名牌的包，穿着哪一家知名品牌的衣服和鞋，这就从主客观上都在说明，这是奢侈品，也容易让人想到奢华。

我想说，从服装艺术视角看，其实有些奢华不一定限于面料，也不是以价格来体现，还有工艺，还有心思……而当今社会稀缺的不是物质，恰恰是情意，是手工。

我生活的20世纪五六十年代，家家都自己做鞋，那是将穿旧穿破了的衣服撕成片儿，捡较为结实的留下来，用小麦面打成糨糊，将这些布片一层一层贴起来，待干了以后再整片揭下来，比着鞋底的大小剪下一个一个鞋底，还有鞋面。然后，用斜裁的白布条将每一层鞋底样包起边来，也是用糨糊粘，最后再把好几层鞋底样叠起来，下面一个要整个用白布包起来，这才开始用锥子扎眼儿，用粗点儿的针穿上粗线绳纳鞋底，一针一针，有心人还要纳出图案，既要结实耐穿，更要美观有含意。鞋面则要粘贴上深色的鞋面布，过去姑娘媳妇们的鞋面还要绣花。我小时候给侄女做鞋时，也要先在鞋面上绣花的。这样，将鞋面鞋底对起来再一针一针地绱起来。有的还要砸上鞋眼儿，穿上鞋带，或是钉上鞋卡子等。

鞋里是要有鞋垫的，鞋垫通常是白布包上贴好的布片儿一起缝起来。中国少数民族讲究绣上花儿，尤其讲究未过门的媳妇给未婚夫做鞋绣鞋垫。同时给未来的公公、婆婆、小姑、小叔每人一双。给公公的绣上松，给婆婆的绣牡丹，一寓长寿，一寓富贵。给小姑的要绣上

中国古代仕女装（明·仇英《六十仕女图》）

盛开的花儿，给小叔的要绣上挺拔的竹。给未婚夫的多半绣上鸳鸯，总之是借图纹来寄托心声，传递心意的。

仅以上这些，恐怕当今的女孩儿就看得不耐烦了：哪用得了这么麻烦，买一双穿上好了！实际上，我们现在欠缺的正是这份心思，面巾纸能代替手绢吗？古来多少缠绵的爱情，都离不开一条倾注心灵的手绢，《红楼梦》中宝黛那令人心碎的爱情之路就有一块不新的"帕子"，牵了多少读者的心。谁送谁一条手绢，尤其是绣上花儿的手绢，那是捧出一颗心的，哪像面巾纸，工业文明现代生活的产物。如果说二者都为了擦汗，那么纸巾是无生命的，而手绢则嵌着一颗跃动的心……

当今真的就没有再在时装上费尽心思的作品吗？回答不是这样的。2005年8月，法国时装设计大师克里斯蒂安·拉夸的作品在北京中国美术馆展出。虽然展品是20世纪80年代末至21世纪初的作品，但已经在传递着一个信息，现代时装的精致工艺依然会唤起人们一种足够的美感。其中一个绣饰的面具，是2002—2003年的高级时装，上面有珠链，也有金属铃铛。各种质料各种色彩交织组构出的是一个源于部落文化又带有现代意念的面具，或者说是高级时装的一部分。

别管是为了消费者，还是为了心上人，我们献出的都应该是一份"稀缺"，稀缺的才弥足珍贵，稀缺的才会带来深意并在历史上留下印迹。

当代时装也讲奢华（吴琼绘）

戏说情侣装

当代人理解"情侣装"很容易，我们日常生活中可以在商店里见到，有T恤，有手表，有帽子，也有夹克乃至泳衣、家居服等，大街上也随处可见鲜活的服饰形象。有人问我：古代有情侣装吗？也就是说，情侣装作为时装的一个组成部分，它的前世是否存在？

我把这个服饰专用名词分解了一下，情侣是自古就有的，有文字记载的在中国最起码可追溯到《诗经》时代。《卫风·木瓜》中写道："投我以木瓜，报之以琼琚……投我以木桃，报之以琼瑶……投我以木李，报之以琼玖"。这是情人之间的相互赠答，可谓情深意长。这三段的后面，都在强调"匪报也，永以为好也"。就是说你送我桃李，我送你宝玉，不是为了报答你，而是祝愿我们永结同心。

至于过去的情侣有什么特定服饰，与今天有什么不同，这里显现出的是一种有趣的文化现象。古代或20世纪80年代之前，讲究男女服饰形成一对时，是相异的，也就是所谓天地乾坤，阳刚阴柔，是在相互对立中求得统一的。20世纪末至今，男女恋人的情侣装都是几乎相同的。如颜色一样，花格一样，图

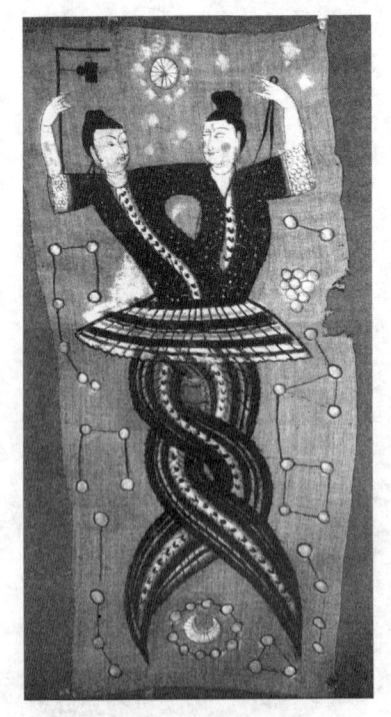

中国古绢画上的伏羲女娲像
（新疆阿斯塔那出土）

案一样等，男女区别只是大小不同。平时三五朋友同事相遇，偶有一男一女穿着款式色彩相同相近的衣服，极易被人取笑为"情侣装"，这就是当代情侣装的模式以及给人的印象。

中国古代情人相见已经很难，所以不可能再要求情侣在街道上携手同行。宋代朱淑真作《生查子·元夕》："去年元月时，花与灯如昼。月上柳梢头，人约黄昏后。今年元月时，花与灯依旧。不见去年人，泪湿春衫袖。"瞧瞧，一年盼见一面，还未见成，有多难！

我们姑且放宽到夫妻装，可以看到各朝各代的男性都有固定的男装，而女性也有特色女装，只有唐人有女着男装的时尚，《新唐书·李石传》记载："吾闻禁中有金鸟锦袍二，昔玄宗幸温泉与杨贵妃衣之。"这段记载的倒很像今日的情侣装了。

当代情侣装（吴琼绘）

中国古代有一个规矩，即官员的妻子所着的规范礼服，与其丈夫的衣服有共同之处，也就是以服饰显示品级，这被列入服装制度中。在《唐会要》及《旧唐书·舆服志》和《新唐书·车服志》中，我们可以看到关于皇帝、皇后、群臣百官和命妇以及士庶衣服的规定。如冕服、朝服、公服、常服等，都有具体的颜色和图案。加上冠、饰品，要求得非常详细，仅上元元年更定后的服色，即为"文武三品以上服紫，四品深绯，五品浅绯，六品深绿，七品浅绿，八品深青，九品浅青"。而命妇之服除了繁缛的规定之外，还专门提到："妇人燕服则视其夫品色。"这点很有意思吧！

《明会要》及《明史·舆服志》中规定得更细致，写到命妇服饰时，专门强调："自一品至五品，衣色随夫用紫；六品、七品，衣色随夫用绯。"清代统治者虽然已不是汉族而是满族，但服饰制度还延续下来很多，如《大清会典》及《清史稿·舆服志》中写到命妇服饰时，索性规定"各依其夫"。再细些，要求"另有金约、领约、采帨、朝裙、朝珠等制度，各按其品"。所谓命妇的品阶，就是其丈夫的品阶。这样看来，虽说古代没有情侣装，但类似的思路还是有的。在新疆阿斯塔那唐墓中出土的伏羲女娲绢画上，两人穿的就像今天概念的情侣装。

西方古代比中国要开放得多，男女情侣或夫妻并肩漫步在公园街巷中

欧洲古来讲究情侣装
（英国托马斯·庚斯博罗18世纪《早晨散步》）

的情景很平常。有一幅19世纪的版画,描绘号称太阳王的法王路易十四(1643—1715年)时代凡尔赛宫贵族男女的散步情景,二人的服饰形象颇有些当今情侣装的特点,不过那是很讲究的,比今天一人一件T恤,胸前各印一个心形要复杂得多。当然,时代不同,情侣装自然各异。

  为何要用"戏谈"呢,因为那时类似的装束很难概之以情侣装,但的确又有许多相似之处。

古人亦有休闲服

当下人们很热衷于休闲装,认为这是现代社会才有的,是物质条件达到一定水准时方可出现的。休闲装是什么?换句话说什么才算休闲服?

广义地说,一切非礼仪场合和非工作时间可以穿着的随意舒适的服装都可以在此范围之内;微观分析,比如男性穿条短裤,半长六分、七分裤绝对算休闲状态下的着装形象,男性穿双"空前绝后"的凉鞋,肯定难登大雅之堂。相对男性来说,女性服装是正装还是休闲有些微妙,很难以某一种款式或尺度去核准。如女裙短到什么程度算休闲呢?这个要根据时代潮流和社会宽容度来衡量。西方女装晚礼服就是袒胸露背,但裙装不许短,这是规矩,也就是说,一个国家有自己的文化传统,一个时代有被大众所认可的服饰形象,违背了这条无形或有形的规矩,就是失礼。

现代人说休闲装,其实很宽泛,甚至西装上衣也有休闲式的,即比正式西装的式样新颖一些,随便一些,穿起来也舒适一些。严格讲,休闲装不同于家居服。就是说,休闲装是可以进入公众场合的,只要不是去参加特别隆重特别严肃的会议或活动,就可以穿,而家居服只能在自己家里穿,而且来客人时根据亲疏或性别等因素,也要考虑是否需要换一下。

中国古人将不能让外人看到的衣服叫作"亵衣",如内衣,特别是女性的内衣,连自家的男性家属都不能撞见。不像现在,女孩子或少妇的上街衣服比三点式泳衣大不了多少,大家也都司空见惯。刚改革开放那会儿,还有因女青年着装袒露,引发刑事案件的,现在好像见多了,也不至于怦然心动了。反而谁穿得太严,倒显得老土老土的,从那年头儿来的似的。

中国宋代的背子（宋·陈清波《瑶台步月图》）

中国古人的裤没有裆，所以外面衣服要裹得很严密，因此成于汉代的《礼记》中专设一个"深衣篇"，深衣在春秋战国时是男女都穿的衣服式样，它的最大特点是"被体深邃"。在唐代兴起的垂足坐以前，古礼为什么讲究跽坐，即先跪后坐，亲友太熟了也只能盘腿坐，而绝不许将两腿伸出去"箕坐"，就是害怕露出了肌肤。所以，由这些在身上至少绕一圈的深衣（汉代女深衣已绕多圈）再发展为袍服时，也是讲究曲裾，而不能直裾。古人唯恐从侧面开襟的长衣一不小心会露出内衣或肌肤。这时候，穿直裾服不能登堂入室，《史记·魏其武安侯列传》提出穿这种衣服去拜访人家是属于"不敬"的。

宋代时出现一种衣服，叫背子，款式以直领对襟为主，前襟不施纽襻，袖子可肥可瘦，衣长及膝，更长的至裙摆，甚至遮住足踝，多长都行，完全因人喜好而异。两侧的开衩更有意思，开到多高的都有，可以一直开到腋下，也可以根本没有。宋代人穿背子可谓广泛，上至皇帝皇后嫔妃，下至奴婢侍从、优伶乐人都可以穿，尤其是男子燕居时也可以穿。我们现在看到的传世名作《听琴图》(也叫《调琴图》，据说是宋徽宗自画像)上面的男主角也着背子，这就是说皇帝不上朝，自己摆弄琴时也可以穿，舒适合体并典雅大方，是典型的古代休闲服。

休闲服或休闲装一词是现代产物，但"休闲地"一词古代就有，是指农田在一定时间内要停止耕植。另有休闲义的，在古代被称为"休沐"，即休息，沐浴，多指官员放假。唐代王勃在《滕王阁序》中写道："十旬休暇，胜友如云。"与休闲在家意思相同的词还有燕居或宴居。与今人不同的是，古人认为"虽在宴居，必以礼自整"(《后汉书·仇览传》)，而今人却强调休闲的权益、质量、品位以至极度放松。

总之，休闲是人类在工作之余的自然需求，因而由精神及物质的休闲食品、休闲服饰也就应运而生。多说一句就是，古人也有休闲装。

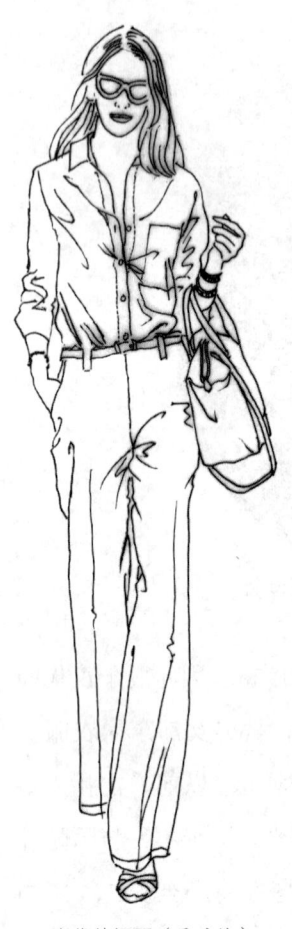

当代休闲服（吴琼绘）

时装的前世今生

短袖衫前身——半臂

短袖衫就是夏天的衣服款式吗？未必。如今的青少年们也没有这种感觉。我们"50后"小的时候，只知道短袖衫是夏天穿的，那时太孤陋寡闻了。

过于闭塞的年代，流行就会慢；强调朴素的岁月里，人们不愿意尝试一些新潮款式，也不敢突破原有的穿着模式。

翻开灿烂的中国服装史，会发现唐代人将半臂极自然地穿在长袖衫外，任凭在两只袖子上出现一种层次感。由于丝绸特有的柔软性，这种层次是模糊的、随意的，甚至飘动的，给人一种虚幻的感觉。

唐代起有"半臂"之称，这是富有想象和形象性的。唐李贺《儿歌》："竹马梢梢摇绿尾，银鸾睒光踏半臂。"唐初多为宫中女侍之服，后来流行于民间，成为一种大家都爱穿的衣服了，甚至男女都穿。至明代《醒世姻缘传》中还有这样的说法："计氏取了一个帕子裹了头，穿了一双羔皮里的缎靴，加了一件半臂，单

着半臂的初唐宫女（陕西乾县唐永泰公主墓壁画）

叉裤子，走向前来。"

《新唐书·地理志》所记扬州土贡物产中有"半臂锦"，即织成现成衣料，花纹对称，直接用来制作半臂。从留下来的文物看，陕西乾县唐永泰公主墓的石椁线雕、唐懿德太子墓出土的壁画以及唐墓陶俑上都能清晰地看到人们着半臂的形象。以上说的半臂锦，做成衣服后常被称为"锦半臂"。《旧唐书·韦坚传》："驾船人皆大笠子、宽袖衫……锦半臂、偏袒膊、红罗抹额。"由此可以得出结论，中国古人喜欢穿半臂，大多穿在长袖衫外，也有穿在长袖衫里的，但不能单穿，这一点不同于现代。

还有一种"珠半臂"，这显然是贵族衣服，元明时期比较常见。《元史·李庭传》中写道："世祖崩，月儿鲁与伯颜等定策立成宗，庭翊赞之功居多。成宗……赐（李庭）珠帽、珠半臂、金带各一。"我虽然没有见过珠半臂，但20世纪90年代时，我还真在故宫工艺品店那里看到过粉红塑料珠子穿起的珠披肩。精致谈不上，有点新不新古不古的。当时觉得挺好玩儿。

20世纪80年代末90年代初，中国经过十来年的改革开放，时装流行成为人们生活中的常态。有一天，我给学生讲课时说，唐人的半臂是穿在长衫外的，这一点不同于我们现在的习惯……正在这时，我发现敞开的门外过道正走过一个男生，他就将一件白色的短袖老头衫（圆领衫）套在白衬衣外。我顿时愣住了，觉得我刚才说的话太陈旧了，分明现今也有将短袖衫穿在长袖衫外的啊。

90年代中叶，流行"反常规"，长长短短全不按服饰美学和着装规律走了。不但是

当代短袖衫（吴琼绘）

愿意怎么穿就怎么穿，而且是故意反其道而行之。过去人们认为，上衣长下装就要短，而下装长最好上装短，这才有韵律，有美感，符合黄金分割率。但这时，偏偏上衣长下裙也长，下装短上衣也短。短袖衫穿在长袖衫外简直就是极平常的事了，毛衣都可以比外套长一尺，还有什么不能反常规呢？当年报上说："南京姑娘一大怪，短裤穿在长裤外。"如此云云，何止南京。

把短袖衫套在长袖衫外的另一个契机，是 80 年代末，从阿玛尼设计宽肩女装起，人们不仅将连衣裙、衬衫都垫上肩，而且毛坎肩越来越宽大。坎肩嘛，本来是肩宽及至肩头的，但是时装的力量驱使着毛坎肩的肩也在无限大，于是渐渐地成了短袖毛衣。

短袖毛衣自然是穿在紧身毛衣或长袖衫外的，这种样式维持的时间相当长，直至 21 世纪进入第二个十年，我们还会经常见到女性穿着短袖毛衣的。年轻的和年老的都穿，而且穿起来的韵味可以完全不一样。我想，多了一个层次，是不是引起人们的兴趣？层次带来变化，带来立体感觉，是否也会引起人们的一种畅想？

时装总有变化，就因为时装的生命力永远健旺。

飘起来的夏装

2011年夏装面料重又兴起雪纺,薄薄的,半透明,颜色也是雾蒙蒙的,有一种烟雨朦胧的感觉。款式更是夸张大袖,无肩无腰也无胸,虚虚乎乎,仅凭腰带一系,任其风吹或疾行,飘飘的,给人一种似云似雾又似风的感觉。

我由此想到的,是中国丝绸的襦裙与长衫,那种飘拂的神秘的衣装……

试想,当我们的祖先穿上宽松肥大的长曳及地的衣服伫立在风中时,风吹衣起,衣褶裙摆都形成了动人的音符。尤其是我国在长时期里独有的丝绸面料与风合作,更能出现绝妙的动态效果。

小时候爱读南宋词人刘克庄的《清平乐》:"风高浪快,万里骑蟾背。曾识姮娥真体态,素面原无粉黛。"这是登上月宫的幻想。飞上天怎么样?唐代画家吴道子以道释内容为主的壁画,曾用"天衣飞扬"般的绘画艺术而使观者感到"满壁飞动"。那是怎样的一种飘逸?

丝质使服饰形象飘起来
(元·张渥《九歌图》)

古画人物形象的飘感
(元·张渥《九歌图》)

时装的前世今生

吴道子的"送子天王图"原是寺庙中的壁画粉本,精彩,只是传世的部分太少了。倒是元代佚名《八十七神仙卷》(一说武宗元作)留下了更多的天衣风采。中国的丝绸加上中国的褒衣博带再加上中国的工笔人物画,可以这样说,复合的中国文化给我们留下了众多飘逸的服饰形象。当年画论中有"曹衣出水,吴带当风"之说,曹指北齐时一位画家,名叫曹仲达,他画的人物衣褶颇似佛教造像艺术中的"薄衣贴体",实际上,这是融希腊和古印度风格为一体的艺术手法,从而与吴道子的"笔其势圆转而衣服飘举"之风形成并列的两大画派。不能不承认,正因为中国画艺术的丰富与深厚,才使我们能够在今日体会到古装飘逸的美感。

魏晋南北朝时期,女装深衣没有像男用深衣那样被废弃,反而加强了工艺性的修饰。这些装饰集中在下摆部位,人们通常将下摆裁制成数个三角形,上宽下尖,层层相叠,形似旌旗。围裳之中再伸出两条或数条飘带。走起路来,随风飘起,如燕子轻舞,旌旗飞扬,煞是迷人,这在东晋大画家顾恺之《列女传仁智图卷》中留下了可贵的视觉形象。后来,又有人将曳地的飘带去掉,索性加上长长的尖角燕尾,使服式又为之一变。南北朝时佛教盛行,讲究"秀骨清像",而当时的服装却讲究褒衣博带,试想,瘦弱清秀的躯体,套上肥肥大大的衣服,更有那或窄或阔又很长很长的飘带,即使没有风,人走起来也如同飘在云上。

南朝梁庾肩吾《南苑还看人》:"细腰宜窄衣,长钗巧挟鬓。"梁简文帝《小垂手》:"且复小垂手,广袖拂红尘。"吴均《与柳恽相赠答》:"纤腰曳广袖,丰额画长娥。"都是形容大袖之美的。大袖还需柔软料儿,不然也是飘不起来的。

曹植《洛神赋》中写道:"奇服旷世,骨像应图。披罗衣之璀璨兮,珥瑶碧之华琚。戴金翠之首饰,缀明珠以耀躯。践远游之文履,曳雾绡之轻裾。"好一个"曳雾绡之轻裾",顾恺之画《洛神赋图》,生动巧妙地描绘出洛神的神态与形象,洛神在水上踏云而行,我们能够想到那种飘逸的感觉有多美。

男人的衣服也是飘飘的,宛如神仙,远离尘世。中国东晋末年弃官归隐的陶渊明,在其代表作《归去来兮辞》中写出了那种意欲回归自然的全身心轻快以至于衣裳都随风飘起的情景:"舟摇摇以轻飏,风飘飘而吹衣。"明代大画家陈洪绶曾作《归去来兮图》,重点刻画了人物衣纹,画家试图以服饰形象的飘逸来表现陶渊明的即时心境。

唐朱景玄在《唐朝名画录》中谈吴道子:"其圆光立笔挥扫,势若飞旋,人皆谓之神助。"我们可以问,如若没有那飞舞的衣衫,怎么会产生出"势若飞旋"的笔法呢?

飘是衣服的一种韵味,西方亦然!

飘起来的当代时装(吴琼绘)

时装的前世今生

"骑士"再来已混搭

"骑士"这一称谓总是神秘的、神圣的，令人景仰又令人向往的。我们印象中的骑士优雅而且浪漫。那么骁勇善战，具有为正义献出自己生命的勇气；同时又那么浪漫，多少柔情蜜意尽在花前月下……

2011年秋，时装界又刮起骑士风，据说灵感来源于12世纪。19世纪末，骑士已成为一种精神，成为欧洲大陆文化中厚重的一笔。不错，新兴起来的骑士风格时装，确实有股帅劲儿，女模特儿走起来，也仿佛卷起一阵风。

可是，我感到如今的骑士风是混搭的，既有12世纪骑士装的贵族气，如大胆的阔肩处理、潇洒个性的皮靴，同时还有那俏皮又端庄的小帽、细腰上衣缀满铜扣，这些真有骑士装的遗韵。

不可否认的是，新兴的骑士装中尚有许多牛仔风，有些就是一种合体的牛仔装。19世纪以来，美国乃至西方人将牛仔也归为骑士一类，都是属于策马驰骋，都是不畏艰险，勇于向前的。实际上，牛仔的帅气带着狂野，带着烟尘滚滚和荒乡僻壤的味道，而真正骑士的帅气却带着高贵，满腹才华，静时如绅士，动起武来一招一式也显现着优雅。

我发现，新骑士装中还有一种摩托车手的味道，敞开的合体上装中露出夸张图案的T恤，裤装也是紧绷在臀胯上——新式马裤。还有洒脱的皮外套、钉

当代骑士风格时装
（吴琼绘）

满金属钉的军装短大衣，甚至还有带夹层的玄色皮护手，至大腿的长靴以及铠甲般的超宽腰封等，这不就是摩托车手的典型衣装吗？

我想说，这就是21世纪年轻人心目中的骑士风，带着明显的现代打散构成的感觉。

中世纪的骑士不是一个陌生的名词，既与古罗马的骑士有传承关系，两者又有天壤之别。11世纪十字军东征以后，西欧封建统治阶层内的最低阶层的孩子可以在7岁时被送到上层统治者家中做夫人的侍婢。14岁时充当其最高主人的侍童。21岁时，通过典礼可以被授予"骑士"称号，所受教育的内容，包括道德、礼节和"武士七技"，如骑马、游泳、投枪、击剑、打猎、下棋、吟诗，同时

欧洲当年骑士打扮
（王家斌绘）

接受宗教教育。经过这些学习之后，骑士们温文尔雅，体现出中世纪的最高理想和一切美德。骑士制度规定：一个理想的骑士，不但需要勇敢、忠诚，而且要慷慨、诚实、彬彬有礼，仁慈又鄙视一切不义之财。而且，一个无懈可击的骑士，可能首先是一个无懈可击的情人……

这些旨在说明，骑士装是有内涵的。当年的骑士战斗服装，头上是一个金属头盔，能保护头颅和鼻子，身上是一副由铁网或铁片制成的从肩部直至足踝的分段金属铠甲，并分出胸甲和背甲。有时候，在胸外再套上一件有刺绣花纹的织物背心，所绣图案和盾牌上的徽章图案相同，并有军衔标志，以显示身份。这种背心被称为柯达。另外，骑士要每人佩一把剑，并手握一支长枪和一个长尖形的盾。因为这些装备一般要待到作战时用，因此平时交给仆人背负。

骑士装的衣服非常讲究，仅那件套在铠甲外的织绣背心，就是为了保护铠甲不受雨淋，防止生锈，还可以避免阳光直接照射到金属铠甲上迅速

传热，或发生刺目的闪光而有碍视力，或走路时因金属相互摩擦、撞击而产生刺耳的噪音。

骑士装的铠甲内也要有衬垫。它不能是轻而薄的，必须以多层布重叠缝纳，制成布伞式的衣服，才可能使身体在承受金属铠甲和武器时感到轻松舒适些，在一定程度上还可防护刀枪的杀伤、抵御寒风的侵入。这种衬垫基本上是一件上衣，一件纳缝起来的厚厚的上衣。骑士时代过去以后，这种缝纳成竖条以显立体的上衣转为民用，并一度流行，就叫紧身纳衣。

还记得塞万提斯笔下的《堂·吉诃德》吗？堂·吉诃德与仆人桑丘作为企图维护骑士制度的代表被作者嘲讽，但骑士装的风采却历经近十个世纪不减当年！（与王鹤合撰）

古童装里讲究多

时代在变，童装也在变。童装与成人装有一点最大的区别——成人装主要是合着装者自我心意，而童装则更多地寄托了长辈亲人对孩子的爱，喜爱加上祝福……

不能不承认，如今的童装受时装影响很大，时代感很强，家长们选择童装时想得更多的是时尚，是靓丽，相比之下，古人在童装上所讲究的文化含义要多一些，蕴涵的知识也要多一些。

编成于中国春秋时代的《诗经》中有："乃生男子，载寝之床，载衣之裳，载弄之璋。……乃生女子，载寝之地，载衣之裼，载弄之瓦。"这是说，生下男孩来，要给他穿上作为礼服的裙子，让他在床上玩弄玉制礼器，这里强调的是让男孩一降生便了解礼仪。生下女孩来，就给她围上裸被，让她在地上的席子上玩陶纺轮，也就是让她一来到这个世界就知道女性要从事纺织等女红活儿。这种婴儿服的规矩源于中国的性别角色培养，想来是有道理的。

宋·佚名《小庭婴戏图》

古代一些童装中特有的成分仍被边远山区的农家继承下来，我们会看到虎头帽与虎鞋是专属于童装的，屁股帘儿也只是儿童用。虎头帽的实用功能当然是御寒，但做成老虎的样子，无疑是长辈希望孩子像老虎那样威猛。民间传统意识中认为虎是能够辟邪的，因而孩子戴上虎头帽，既可以显得虎头虎脑，虎虎有生气，同时保护孩子平安健康。老虎鞋也是取这层意思。

我收集了中国好多个地区的老虎鞋，发现大致相同，只是缝制绣绘的手法不同。如都是取虎形，鞋头是个虎脸儿，有大大的眼睛，大大的鼻子和嘴，两眉之间总忘不了绣个"王"字，嘴边则是有规则的线制胡须。鞋帮最后是个翘起的虎尾，使得虎的概念又深化了许多，同时还可以用来提鞋。

当然，童帽的造型不限于虎，还有小兔、小熊等，不过卡通的形象在古代并不很多。童鞋在民间有猪和猫。天津蓟县就讲究，说："小子穿三年猪，阎王爷看了哭；闺女穿三年猫，阎王爷见了嚎。"这些都在显示着，中国人倾注心血制作的童装有着对孩子平安茁壮成长的深深的祈望。

屁股帘儿也是童装中特有的。幼儿一般要穿几年开裆裤，而冬日里又很凉。怎么办呢？那年头儿没有"尿不湿"，只得用布给缝一个棉屁股帘

天津杨柳青年画《欢天喜地》

儿，系在腰上，垂在腰后。这里边有讲究，屁股帘儿朝外的一面要用方块或棱形布拼接起来，也取"百家衣"的意思。如今的年轻人想不到，过去谁家生了孩子，要给邻居朋友家送染红了皮的"喜蛋"，即煮熟了的鸡蛋，用盘托着挨家送。谁家接受了红喜蛋，要把自家缝衣服剩下的布头儿拣几块放在盘里给送喜蛋的人。这样，生小孩的人家就会收来许多各种颜色的布头儿。家庭主妇将其剪成一样大小的方块，然后用针线把布头儿缝起来，缝成一大块布，可以用来做婴儿的被子、棉袄，也可以做成屁股帘儿，意为将各家的福气集于一身，给孩子带来好运。想一想，那是怎样的恬静，又是怎样的温馨啊。

《红楼梦》第三回写贾宝玉少儿时的在家装扮："头上周围一转短发，都结成小辫，红丝结束，共攒至顶中胎发，总编一根大辫，黑亮如漆，从顶至梢，一串四颗大珠，用金八宝坠角；身上穿着银红撒花半旧大袄，仍旧戴着项圈、宝玉、寄名锁、护身符等物；下面半露松花撒花绫裤腿，锦边弹墨袜，厚底大红鞋。"这一身连同在此之前的常服，我们都可以在清代木版杨柳青年画上看到视觉形象。

放开眼界去看世界各民族传统童装，都有一系列代代相传的服饰习俗，其中各种规矩，微至一条红线、一个纽襻都有着很深的文化，都能讲出一段段迷人的传说……

童装总是可爱的，可是古童装中讲究多！

当代童装（吴琼绘）

时装的前世今生

永远的蕾丝

总见媒体上出现"蕾丝"一词，而且从 2007 到 2011 年好像越来越火。近见时尚前沿类的小标题，什么："纯洁的蕾丝宛若初露的少女情愫""文艺的蕾丝是沙龙女主人的感观艺术"，还有"知性的蕾丝——都市女性的优雅举步"等，看起来蕾丝又引起时尚人士的兴趣，这一次尤以棉质蕾丝最为新潮，蕾丝在衣服上的应用几乎覆盖上衣、裙子或全身，不再是过去的边饰。

lace，如果不读译音，实际上可直接译为花边或带子，而花边在人类服饰史中早已是不可或缺的装饰。当代人喜欢并推崇的蕾丝，主要是指用机器压制出来的涤纶质料或涤棉混纺料的镂空织物。更有甚者，就是在薄一点的面料上印出蕾丝效果的图案，造成一种蕾丝的视觉形象。

蕾丝的前身即是欧洲贵族衣服上讲究使用的花边。早在 12 世纪以前，就有记录。据西方学者著述，15 世纪时，意大利的威尼斯人因天时地利的优势逐渐强大起来，继而控制了地中海绝大部分的海上贸易。而 15 世纪后期和 16 世纪初，世界性

欧洲 19 世纪的蕾丝装
（英国洛德·莱顿《哈雷姆之光》）

的通商贸易主动权已经完全转向西欧各国。文艺复兴不仅仅是以一种反宗教的人文主义旗帜去进行绘画创作，人们同时将这种理念运用到服饰的制作和穿戴上。愿意装饰自己，不惜重金，却不愿意将最好的东西送往教堂，这就为贵族和中层人士衣装奢侈奠定了坚实的意识和物质基础。

刚刚进入16世纪时，纺织工匠的技巧已经十分娴熟，他们生产出色彩绚丽的上等纺织布料，为富有的着装者提供了多种选择的机会。这时候，人们认识到，再将纺织佳品撕成条作为缎带的做法是一种不好同时也是落伍的行为，于是，需要成品花边，包括刺绣花边、金银花边和山猫皮、貂皮、水獭皮做成的边饰，如果再镶嵌珠宝，更可以用来作为炫富的饰品。

16世纪中叶，服装和相关佩饰的制作者开始根据大家的需求，手工制作各种花纹系带。这种衣服的配饰品，首先在意大利和佛兰德两地同时问世。精美的花边其实是在抽花以及透雕刺绣的基础上发展起来的。于是，贵重衣服的袖口和衣领处出现了许多在专门特制布料上经过镂空刺绣而形成的透孔网眼。后来有人说，具有透孔网眼的花纹系带体现了16世纪西欧人对于美的一种新追求。

如今许多文章谈及蕾丝时，都说是洛可可之花的重新盛开，其实不是。17世纪时的透孔花边工艺就已经到了出神入化的地步，而那是巴洛克时代。布兰奇·佩尼教授在他的《世界服装史》中明确地说："17世纪是个讲究花边的世纪。"佩尼肯定地论述，在17世纪的一百年间，针织花边经过不断演变，成为有名的威尼斯式针织玫瑰花边。到了17世纪末，威尼斯针织花边已经精美得令人难以置信。虽然佩尼完成这部书是在20世纪，但他曾有所依据地断言：后来的针织花边，没有能与17世纪布鲁塞尔针织花边相媲美的。

说蕾丝体现18世纪洛可可风的，或许与法国蓬巴杜夫人有关。在画面上能看出来，蓬巴杜夫人的衣袖就非常讲究，被评论为"不寻常"。为什么？袖口制作精细复杂，并且带有饰边。早先带翼的袖口已被细丝褶边所取代。这种花边通常分为两层，上面镶着丝质流苏、金属饰片和五彩缤纷的透孔丝边。袖子的下面又有两层（有的用三层）褶边，褶边由细到宽，褶边的尽头还缀着更豪华的边饰。在蓬巴杜夫人的另一幅肖像画中，她的衣服肘部也装饰着一圈蓬松的彩带……

到了19世纪，欧洲贵族俨然以花边来装饰自己，认为花边可以渲染早礼服的轻飘效果，因此，大量的花边被用来镶在衣袖、帽子、披风、雨伞、围巾和手帕上。

21世纪服饰工艺已经飞跃发展，然而人们还未忘记这种透孔花边，索性以lace直呼，仿佛又为新时尚带来些许浪漫与神秘。蕾丝，永远的。

蕾丝重新时兴（吴琼绘）

"围脖"与围脖儿

围脖本身不是时装,可是加了引号以后,就会发现它与实物有所区别。眼下,无论浏览纸质媒体还是电子媒体的文章,总会看到"围脖"二字,因为人们将微博戏称为"围脖",谁在微博上写文章,叫"织围脖",凭空多了许多趣味。

首先说这是谐音,而谐音手法是中国人惯用的。用于民间多年至明清已整理成册的《吉祥图案》中,就有很多是采用谐音手法的。比如画了几条金鱼,这就是"金玉满堂"。画了一个花瓶,瓶中插着三支作为武器的戟,瓶下有一只秃尾巴鹌鹑、一件古乐器石磬,这就叫"吉庆平安"。大家最熟知的"连年有余",不就是画一个胖小子,手里抱一条大鲤鱼或鲇鱼,周围有些莲花莲叶吗?没有胖小子也行,只要有莲、鲇、鱼就谐了这个吉祥的词了。

严格地说,古汉语词汇不能随便改。但是人们的幽默也是值得赞赏的,一个具有幽默感的民族是乐观的、文化底蕴深厚的。记得2003年"非典"流行时,竟有人考证"非典"一词最早出自《三国志》,曹操说:"非典,吾命休矣。"意思是说,东吴偷袭时,如果不是典韦救我,我就一命呜呼了。这种联系看似很远,甚至风马牛不相及,可是在瘟疫流行的考验面前,一句文化玩笑确实缓解了大家的紧张情绪。

真正的围脖儿,大名叫围巾,也有人解释为是围巾的一种,别名有"回脖""围颈""围领""围领脖"等。一般材质为布、呢、绒、皮毛等,毛织的也很多,用于冬季御寒。明代刘若愚《酌中志》:"凡二十四衙门内官内使人等,则止许戴绒纻围脖,似风领而紧小焉。"《醒世姻缘传》:"偏又春寒得异样……做了个表里布的围领脖。"

围巾，古称"颈帕"，亦称"拥颈""风领"等，近代以来多称围巾，实际上就是以布、帛、皮毛等制成似巾帕类的长条状或方块状，与古书中的"护颈"等基本属一类。元代白朴《梧桐雨》："谁收了锦缠联窄面吴绫袜？空感叹这泪斑斓拥项鲛绡帕。"鲛绡是手帕的代名词，实指一种薄纱，传说是南海的人鱼（鲛人）所织，这里反映出，围巾料也有相当轻盈飘逸的。宋代周密《武林旧事》里提到"颈帕"，《明史·舆服志》中提到"红罗销金颈帕"和"红绢拥颈"，明凌濛初《二刻拍案传奇》中提到"狐尾护颈"，明周清源《西湖二集·刘伯温荐贤平浙中》说道："以兽皮曰'护颈'。"《金瓶梅词话》中说西门庆围着风领，骑在马上。《红楼梦》中则写道："一时湘云来了，穿着贾母给他的一件貂鼠脑袋面子、大毛黑灰鼠里子、里外发烧大褂子，头上戴着一顶挖云鹅黄片金里子大红猩猩毡昭君套，又围着大貂鼠风领。"清代江南有歌谣："男儿着条红围领，女儿倒要包网布。"

20 世纪 60 年代末知青合影时都戴大围脖儿（华梅藏）

我小时，正值 20 世纪 50 年代。老年人把围巾就叫围脖儿，我们觉得外祖母的说法太老了，应按规范的称谓叫围巾。印象中，围巾、头巾差不多，有方形有条状，有大有小，有长有短，宽窄也不同，统称围巾。50 年代末 60

20 世纪 80 年代围脖儿也精彩（吕全亮藏）

当代围脖儿（吴琼绘）

年代初，由于三年自然灾害，也由于提倡生活朴素，出现一种省去不少毛线也可起到保暖作用的"脖套"。如果织一条围巾要一斤毛线，那么织脖套二两线就够了。那时也挺时髦的，时尚什么，什么就显得新。外祖母当年有条狐狸围脖儿，其实那是真狐狸皮毛，不像这些年用腈纶毛再贴上俩玻璃眼珠就能做成。70年代时流行大红腈纶毛线的特长围巾，男女青年都讲究围一条。90年代以后样子多了，质料也多了，这时候，反而觉得围上条纯棉布料扎染围巾显得很时尚似的……

从微博想到围脖是出于谐音，至于"织围脖"则是网友们的引申加联想了。诙谐，使生活多了许多美妙的色彩。

少就新潮？

无论天冷天热，也不管什么场合，时装的总趋势是女性越穿越少，甚至于新潮一族时髦男也跟着起哄，穿得少，衣服遮覆面小，似乎就是新潮。

记得20世纪90年代中叶，我应邀写过几篇文章，印象最深的就是"露风飙升"。那时候，女孩子们敢于直接穿吊带连衣裙了，不再像刚传进中国时，里面套件无领的T恤（长袖短袖都有）才敢穿出家门。露脐装也是试探性的，上衣短点儿，下装腰低点儿，抬起胳膊时隐约露出腰间肌肤就了不得了。

进入21世纪，确实有些惊人之处，低腰裤越来越时兴，以致中老年人都买不着合适的裤，90年代日本先学西方穿低腰裤并裸着上身跳街舞时，中国人还觉得离现实很远很远。谁知道，中国青年穿起低腰裤来也是风起云涌。到2006年时，我看我的学生们裤腰越来越低，甚至一弯腰就会露出屁股沟儿。我曾提醒她们，腰椎着凉可不好，容易犯腰疼的。可是，健康在时装面前，永远是无力的。人的自然需求总是向社会标准屈服；在时尚面前，人们宁肯牺牲健康也要跟上潮流。这之后，三十岁左右的女教师、女学生们相继患上腰椎间盘突出症，说什么坐得时间长、不好运动等等，其实首先就坏在着凉上。

2008年春，我在新西兰王子码头看到一对恋人并肩坐在沙滩的背影，女青年好像没穿裤，整个臀部露在外面。待走到跟前想拍张照片，发现她实际上穿着下装，只不过低腰裤腰太低了，一坐下来后面全无遮挡。这还不算，在澳大利亚奥克兰的一处商店门前，看到一个小伙子的长裤，裤前

巴布亚新几内亚的礼仪盛装（王家斌绘）

只遮住耻骨，裤后索性露着整个臀部。我当时感慨，中国年轻人还是比较谨慎的，低腰裤未穿到这个份儿上。

今年夏末，我在北戴河一个卖货点看到一个女青年，上身为小一号的T恤，仅及腰上。下装为长裙，关键是多褶长裙的裙摆很长，将近脚踝，但裙腰很低，低到露出一个完整的肚子，裙后面倒高些，仅露出上半截臀部，我当时想，这样的设计就不怕裙子脱落吗？好歹也要挂上些，才可称之为裙子啊。

从生活习俗和着装礼仪来看，传统的东方男性不怕袒露，窄带背心或光膀子都不要紧，至今不少男人穿着背心还嫌热，怎么办呢？把背心前身卷起来露出肚子，看起来不雅观，可是穿的人并未觉得什么。女性却不行，穿得少点儿总会被认为不是良家妇女。传统的西方人是男性显露下身双腿肌体结构是正常的，这样才显得剽悍。女性则讲究袒露颈、肩、胸和手臂，从三千多年前的希腊克里特小岛上的女神和女佣雕塑上就可以看到。可是裙子一定要盖住脚，裙身缩短是经过40—60年的漫长历程的。

有人分析，20世纪末的袒装潮流是因何而来的呢？一是全球气候变暖，冰山都融化了，还不热？所以人们越穿越少是遵循自然的。二是人们的着装理念越来越趋于宽松，不愿再受原来的清规戒律束缚，倾向于"随便穿"，因此还要这么多讲究干什么，怎么舒服怎么穿，怎么凉快怎么穿成为时髦。三是觉得穿得少是敢于冲破旧有樊篱，所以大胆的具有新生代意识的青年才敢引领这个潮流，甚至于，你不敢这样穿我敢，这样你就落后了，就是老土。

如今，中老年妇女也放开了，穿一件低胸的露出乳沟儿的连衣裙，挺自然的，好像潮流就是这样，低胸衣就充斥在办公大楼中，竟然大家都见怪不怪了。不过，我总觉得，低胸式还是有些像西方的晚礼服，这样穿着还是应该考虑身份、年龄与场合的。同时我还想到，现代人的时髦穿着很有些非洲和大西洋丛林原始部落土著的风格，是否回归原始也是人类着装理念上的一种回归呢？

越穿越少，回归助推时髦？

当代裸背装（吴琼绘）

眼镜大—小—大

在北京举办的 2011—2012 秋冬眼镜系列预览活动中，主办方说出许多最新流行元素，诸如猫眼啊、渐变啊、嵌蕾丝啊……而我从服饰文化的演变轨迹来观察，发现最明显的变化是镜片又大了。

为什么这样说，纵观眼镜自诞生以来的流行，尽管有材质、颜色、金属配件等各个方面的不断变化，但最有意思的是，镜片大了小，小了大，人们总想换个新样儿，导致这方寸之地也做上了加减法。

眼镜最初是谁发明的？《简明不列颠百科全书》中说，"大约同时在欧洲和中国出现，何方在先尚无定论"。有人认为来自西域。清代赵翼《陔余丛考》中就是这样说的，认为明代始有。

粗略地拢出一个脉络，那就是，眼镜首先出现于意大利，为佛罗伦萨斯皮纳的亚历山大首先采用。第一幅出现眼镜的人像画，是摩德纳的托马索于 1352 年在特雷维索所作的画作，名为《普罗旺斯的于格像》。在 D. 格兰达荷 1480 年的绘画中，圣杰罗姆面前的书桌上就挂有眼镜。正因此，后世眼镜行业奉圣杰罗姆为守护神。

早先的眼镜是矫正远视的凸透镜，1517 年拉斐尔所绘的教皇利奥十世肖像中才出现矫正近视的凹透镜。这以后，1784 年富兰克林发明了双焦点眼镜。1884 年发明了粘贴式双焦点眼镜……最初，眼镜镜片用料为透明水晶或绿玉，后来才采用了光学玻璃。新技术大大推进了眼镜发展的进度，随之出现塑料镜片。太阳镜除了带有颜色以防炫目之外，最主要的是将眼镜向装饰性倾斜了。

在中国，清王朝第三代帝王雍正非常喜欢用眼镜。据《造办处·各作成做活计档》记载:"雍正元年(1723年)十月初二日郎中保德奉旨:'按十二个时辰做近视眼镜十二副,在哪个时辰看得多的,重做六副。'"至雍正七年时,据不完全统计,造办处已为他制作眼镜35副之多。清代至民国期间,人们只要买得起,都想戴上一副眼镜以装成有文化的样子。清乾隆末年,《都门竹枝词》中有杨米人诗:"车从热闹道中行,斜坐观书不出声。眼镜戴来装近视,学他名士老书生。"这里"眼镜"一作"眼睛",原来平光眼镜就是被叫为"鬼眼睛"的。

当年的眼镜是什么样儿的呢?清赵翼引张靖之《方州杂录》,说某人获得宣庙赐物:"如钱大者二,形色绝似云母石,而质甚薄,以金相轮廓而纽之,合则为一,歧则为二。"另有记载:"及霍子麟送一枚来,质如白琉璃,大如钱,红骨镶,二片可开合而折叠之。"很清楚了,这就是我们在照片中所看到的当年人戴的溜圆溜圆的眼镜,像铜钱大,一说明是圆形,也说明个儿不大。如今我们一看这种形象的便知道是清末民初时期的人。

20世纪50年代和60年代初,流行金丝眼镜,无框,显得阔气十足。后来朴素风盛,眼镜趋于平常。刚改革开放时,有朋友从香港来,送我一副全塑太阳镜,那年月时兴大,我那副眼镜的镜片足有一个小烧饼大。遇见熟人,总能看到惊讶的眼神儿,伴随着的是"嚯,这么大眼镜!"一笑,感觉很新鲜。20世纪80年代初伴随喇叭口裤涌入神州的,就是这种形似大圆青蛙眼的太阳镜,当年人戏称

20世纪40年代眼镜(沈涛藏)

"蛤蟆镜"。还有一种圆形两角向两外侧倾斜的,被称为"熊猫镜"。90年代初人们还以镜片大为时髦,至中后期时,镜片转而变小。源头来自巴黎T台,当人们来不及说像30年代小眼镜时,镜片又一变而为横椭圆形。21世纪初,就在2000年时,镜片又一变成为两头尖尖的横橄榄形了。

这几年有超大的眼镜频频出现,硕大的镜片配上各种美妙的镜框,讲究"华丽浮夸",强调"大气魅惑",镜片颜色不仅出现渐变,更出现了多重渐变、拼色渐变,再加上镜框所用的透明板材,简直让人眼花缭乱。

有一个总的趋势,确确实实是眼镜又大了。

作者20世纪80年代戴特大太阳镜
(摄于北京北海公园)

当代眼镜(吴琼绘)

时 装 的 前 世 今 生

遥远的套头衫

近来媒体又在大幅宣传套头衫，好像套头衫是时尚款式。看报家如何评述："套头衫内搭衬衫，小露领口帅气十足，英伦调调十足。只要你钟爱英伦复古搭配，不管是套头的针织衫或是毛衣，搭配格子衬衫还是基本款的衬衫，都可以。"而且说："经典的英伦学院格纹带来浓郁的视觉冲击。内搭格子衬衫，时尚养眼，非常大气。"还有："条纹套头衫内搭格子衬衫，下穿卡其色长裤，非常有文艺范，还带点小资女的气质。"什么"不饱和色系的套头衫看上去低调，却是最能展现品位的单品"，云云。

我自然联想到的却是人类童年时的杰作——贯头衫，也叫贯口衫。中国甘肃辛店彩陶上留下了散落的着衣人形。这种外轮廓像连衣裙似的衣服可以肯定即是服饰成形初期的贯口衫，时间距今约五千年。这是我们祖先有了织物之后，最先制作的衣衫。即有一块相当于两个衣身，同时幅宽足够使人体活动的衣料，长向两端对折，中间挖一个洞。这就可以使人的头从中间伸过去，然后前后各一片。拦腰用绳子一系，俨然一件实用且遮体

甘肃彩陶上显示的贯口衫（华梅绘）

的连衣衫。

在意大利瓦尔卡莫尼卡的岩刻画中，有一个造战车者，从他那躯干部位呈现长方块形的廓形来看，很像是贯口衫类服装，如果可以成立的话，那么人类在七千多年前就已经穿贯口衫了。

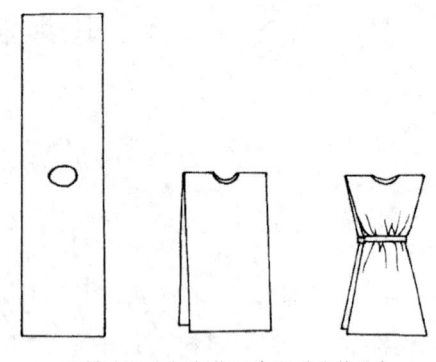

三千多年前的埃及帝国第十八代至第二十代王朝时期，人们制作贯口衫除去衣长、折叠、挖洞以外，还要在挖洞时讲究领型，即不满足于只是挖出一个能够将头穿过的洞了，已经懂得按着装者颈项的围长，裁出一个规则的圆洞。再由这孔洞正面的下沿开始，直到胸前下方的中央部位，剪开一道缝隙，这标志着衣领的概念形成了。

原始人贯口衫制作示意图（华梅绘）

这种贯口衫，穿起来四周宽松，长可前后曳地，两臂之下可以缝合起来。意大利瓦尔卡莫尼卡发现的贯口装形、中国西藏阿里地区日土县松区任姆栋岩刻画中的贯口式服装都没有系腰带后的样子。当人们一旦发现系带子的好处，如利落、防寒等，便喜欢系上这种系带了。别管是最简单的草绳，还是后来讲究的腰带。

在埃及王朝时期发现的腰带系法，很像是用于胯裙的那种，即沿腰部缠绕一周，然后勒紧固定，两端垂吊在身前。较长的腰带可以绕身两周，最后将两个头儿由身后下垂至足踝。有一种腰带又宽又长，在腰间系紧之后，于下面形成一个很大的椭圆形扇面，下垂到两膝。腰带两端依然可见，短的一端在左侧，长的一端掖在扇面内里，看上去像个硬结。这种贯口衫一般不拖地，宽大的腰带折下来宛如双层下装。

贯口式服装由于套在上身，即使没有腰带也可以固定在肩上，不致脱落。有些可以前后衣边部分重叠，后片底边系在腰间之上，然后做成几厘米长的若干小饰花,再打成小结,这样就可以将衣服牢固地穿着在身上了。

2世纪末3世纪初,中国正值魏晋南北朝之时,而日本人还穿着这种原始社会时期的服装。《三国志·魏书·倭人传》:"其风俗不淫,男子皆露紒,以木绵招头。其衣横幅,但结束相连,略无缝。妇人被发屈紒,作衣如单被,穿其中央,贯头衣之。"这里说的女装,即是贯口式衣服,腰间束带,而腋下布边敞开。

20世纪80年代,改革开放伊始,中央美院就有女生自做贯口衫出入校门。与原始社会不同的是,布料高档了,腰带考究了。如今的套头衫论质料、论花色已非昔日可比了,但形式是一致的。我们可以说,套头衫从遥远的蛮荒时代走来。

当代套头衫(吴琼绘)

贴身之衣承载情意

如今的贴身之衣，如文胸、短裤、腰带等，全然没有了隐秘的感觉，大街小巷，广告橱窗，比比皆是。商业的味道浓了，但原本可以蕴涵的、传递的、寄寓的情谊却淡化了。

衣服是人创造的，创造过程中浸满了人的心思与向往。衣服是穿在身上的，不同于人们品尝酒、欣赏美食美器那样，有审美主体、客体之分，衣服具有人的气息。在这样的基础上，在相当长一段时期内贴身之衣因人体的气味，从而被寄托了人的情意。

读过《红楼梦》的人会被几个情节感动过，如晴雯临终时，宝玉去探望，晴雯有满腹的委屈说不出来，于是坚持把自己"一件贴身穿的旧红绫小袄"连揪带褪脱下来给宝玉留个纪念。这是怎样一段撕心裂肺的描述啊。封建社会中再磊落的女子也有被人不理解的时候，她即将离去，希望这一件贴身之衣留下她绵绵的情意。

谁都知道"黛玉焚稿"。当初抒写爱情的稿子是写在帕子上的，请注意，是用过的绸帕。依晴雯所言："不是新的，就是家常旧的。"仅这一宝玉用过派晴雯送来给黛玉的半新半旧的帕子，引得黛玉急掌灯，走笔写道："眼空蓄泪泪空垂，暗洒闲抛却为谁？尺幅鲛绡劳解赠，叫人焉得不伤悲！"第三首写道："彩线难收面上珠，湘江旧迹已模糊。窗前亦有千竿竹，不识香痕渍也无？"如今快节奏社会中的人已很难再领略那种缠绵之爱。即使这样，"苦绛珠魂归离恨天"一回中，黛玉将这写满心意的帕子抛至火中，还是令人震撼的。

中国古代男人的肚兜，不是出自母亲或祖母之手，就是出自恋人或妻子之手。长辈绣肚兜，寄寓了对后代的祝福；女性绣肚兜，则显示了对心上人的无限情意。《红楼梦》第三十六回写道，一日午间，宝钗进了怡红院，见宝玉正在午睡，袭人守在他身旁做一件鸳鸯戏莲兜肚。宝钗悄悄走近道："哎呦，好鲜亮活计！"袭人正想出去，结果宝钗"刚刚的也坐在袭人方才坐的那个所在"，"拿起针来替她代刺"。未想又被前来的湘云和黛玉看见，由此引起与爱情姻缘等有关的一系列心理活动。看，古人的贴身之衣，无论制作，还是赠予，都是与情意息息相关的，绝不同于今日的内衣广告。

在东南沿海，古称"疍人"的水上居民中，小伙子每逢参加龙舟竞赛前，要在身上藏一件妻子的贴身之衣，最好是腰带。没有妻子的，可以上别人家闺女、媳妇那去偷，手帕、鞋袜、首饰等都行。一旦被主人撞见，凡查明是龙舟赛手的一概不究。用完要还回去，而且偷与被偷的都必须是疍人。

南亚妇女中有一种秘而不传的"降头术"，意为可牵住情人或丈夫的心，不让他们弃己远去。主要做法就是获得他们的腰带，系在槟榔树干上。女人们认为这样就能如愿。因为贴身之物具有那个人的气息，也就等于是那个人的心或灵魂，古人一直这样固执地认为。

说得再远些，中国等东亚人为病人招魂时，就是摇着病人的衣服去呼唤的，最好是用兜肚或腰带。治疗"单相思"，也是要想方设法寻来那方的贴身之衣，煮水给单相思者喝，据说就能治好这人的"病"。在这里，衣服简直太神了，神得带着人的体味，也带着人内在的看不见的所谓"魂儿"。

日本人有一个讲究，将自己的贴身单衣送给别人，是亲近的表示。在欧洲的一些地方，准备扔掉的内衣、袜子等一定要洗过再扔。他们怕将自己的汗液（生命一部分）丢到垃圾里。我曾想，洗一下不是也让汗液流失了吗？或许那时不像我们现在的下水道，河水会将这"生命的一部

民间手绣鞋垫因贴身而成定情物（华梅藏）

分"带往风光旖旎的大自然的。

想一想我们先人送肚兜，送鞋垫，送腰带、汗巾，上面的花还要自己绣，那是何等浪漫啊！福建畲族姑娘送给情郎哥自织的腰带时唱道："一条腰带三尺长，送给贤郎带身上；真心相爱有情意，年年月月结鸳鸯。"小伙子回赠一条毛巾，也唱道："一条毛巾两头青，毛巾中间是郎心；洗脸擦汗面对面，揣在怀里心连心。"动人的音符，久久回荡着……

当代内衣可外穿（吴琼绘）

时装的前世今生

斗篷？斗篷式？

2011秋冬兴起斗篷式外衣。还别说，有些款式其实就是斗篷，领竖起，皮毛镶边，下摆大，无袖或有袖也肥肥大大的，与衣身合为一体，看着极像欧洲曾经风行的斗篷。

斗篷造型很简单，当代印第安人的毛织大斗篷就是一块大方台布，周边有流苏，中间留一个孔洞。脑袋伸出来后，"大台布"的四个角随便放，即两个角在手臂处，两个角分别在胸前背后，这是一种穿法。还可以前后各有两个角，这样一来显得衣身大了，"袖子"短了。从原始社会的服装款式可以看出，人类早期就很聪明的。

斗篷正式出现，源于战争。6世纪，罗马帝国征服了许多地区，斗篷与紧身衣配套就是因为打起仗来很方便。至11世纪，拜占庭帝国从皇帝到平民，都喜

当代斗篷式时装（吴琼绘）

欢在一件紧身衣外面套上斗篷。罗马帝国在对外强制推行罗马文明的过程中，紧身衣与斗篷遍布了西欧，后来虽然移居西亚，但其服饰传统依然保持着尚武的风格。

在罗马企图吞并不列颠岛的长达二百年的战争中，作战双方都穿着斗篷。罗马历史学家凯希斯·迪欧在描述英格兰不列颠岛反击罗马的女英

雄时写道:"就其本人,勃迪希娅身材高大结实,强壮有力,两眼炯炯有神……她那特有的浓密长发垂落于腰部以下,颈部佩戴金光闪闪的大项链,身穿五光十色的贴身紧身衣,显得英姿飒爽,飘逸俊秀,最外层是一件厚厚的短式斗篷,以饰针固定。"

罗马人征服英格兰后,罗马历史学家斯特拉斯对人们的服装也有描述:"在正式场合,国王、大臣和贵族成员通常要穿衣长至脚踝的宽松外衣,外面再披上一件斗篷,用饰针将斗篷固定于双肩或前胸……士兵和普通百姓穿的是紧身套头衣,长至双膝。一件斗篷披于左肩,但固定于右肩,斗篷的周边也同样镶有金边。"

随着日耳曼人陆续占领西欧,罗马人在西欧大陆上传播的罗马文化逐渐衰落下去。但是,紧身衣和斗篷的服饰形象依然被欧洲人保持着。以至中世纪初起,男女服装的衣身长短会随着着装者身份和场合而定,但外面要套上一种长方形或圆形斗篷的穿法是一致的,人们依然习惯于将其固定于一肩或系牢在胸前。

大英博物馆收藏的一部手稿,里面有劳瑟雷皇帝的画像,他身穿短式紧身衣,外套一件锁紧衣口的罩衣,最外面是一种镶金饰银的斗篷,上面不仅有刺绣花纹,而且还装饰着一些红蓝宝石。固定斗篷的那枚饰针,格外漂亮别致,恰好与皇冠上的涂金以及珍珠宝石交相辉映。另外,在表现劳动者的画面上,有一个牧羊人,他外面披着粗毛呢料的斗篷,固定于右肩……

当然,斗篷绝不限于西欧,中国古人也很讲究斗篷,只是多用于冬日外出时御寒或挡雪。《红楼梦》中就有各式各样的斗篷。如宝钗、黛玉踏雪来到稻香村,"只见众姊妹都在那边,都是一色大红猩猩毡与羽缎的斗篷"。黛玉穿的鹤氅,即斗篷,是大红羽纱面、白狐皮里子的,上配雪帽,下穿掐金挖云红番羊皮小靴。宝钗穿的则是一件莲青斗纹锦上添花洋线番耙丝的鹤氅。贾母也是"围了大斗篷,戴着灰鼠皮暖兜,坐着小竹轿,打

古人斗篷装（明·佚名《千秋绝艳图》）

着青绸雨伞"。

　　与西欧斗篷不同的是，中国斗篷偏长，直身，看起来更优雅。而欧洲的斗篷穿起来呈披散状，或说蘑菇形，更洒脱利落，明显源于战服。如今作为时装的斗篷式，不应称作斗篷，仅是外衣，其原形显然是来自西欧。

移动的雕塑与建筑

2011年末，T台上刮起一股硬质的具有雕塑感的艺术之风。

报载，具有雕塑感的轮廓以及夸张放大的比例是新看点。如设计硬朗的风衣，无论是搭配长裤还是裙装，都显得很利落，即使拼接面料，也是通过色与质的对比，让简洁的设计更有看头。舍弃那些绚丽的印花，或是飘摇的流苏，以雕塑般的线条，加强了服饰形象的三维效果。脚下是仿麂皮的粗跟鞋，连脚踝部的绑带也宽了不少，随之而来的是宽宽的圆环形手表或手链……

从历史上看，人们塑造服饰形象讲究与雕塑或建筑形象贴近，而且在一个时代中，姐妹艺术的风格也容易互相影响。应该理解为，这是人类创造艺术的时代风格与区域风格使然。

欧洲12世纪以来，在建筑上形成了有特色的哥特风格，尤其是教堂上所体现的宗教艺术给我们留下了宝贵的财富。著名的德国科隆大教堂就是珍品之一。哥特风以尖顶拱券和垂直线条为主，高耸的教堂顶端使人们感受到通向天堂的路，而多彩的玻璃窗又足以使信徒沉醉在神秘的氛围中。这时，各种女服在外轮廓上强调服装面料的垂直线条和悬垂感，极力营造一种如同教堂外形和内部拱门、窗饰的艺术感觉。头上的帽子也是尖尖的宛如教堂顶形的样子，戴帽子同时还要在帽上缠绕并垂

取自于哥特式教堂的
不对称裤装（王家斌摹）

挂着柔软的纱和长长的飘带。远远望去，宛如一座高耸入云的建筑。男服中讲究两条裤腿分别采用两种不同的颜色，显然是想与哥特式建筑中不对称的手法相媲美。

17世纪，欧洲建筑流行巴洛克风，以色彩绚丽、线条多变、气势磅礴、富丽堂皇而著称。这一时期，男女衣服都爱用繁复的翻领和各种锦缎、金银线织物构成的华丽的缎带装饰，假发更是精益求精，服饰上的线条也力图像建筑上的线条那样卷曲，色彩追求光与影的变化。这样的服饰形象和当时的建筑物一起，共同成就了城市的和谐。

18世纪，欧洲建筑中以轻快柔美、秀气玲珑、活泼热烈但不免有些矫揉造作的洛可可风取代了巴洛克风格。表现在服饰上，几乎全民不分性别、不分年龄地使用精美的花边、褶皱和缎带，用钻石装饰鞋，以羽毛装饰帽。

至于服饰形象与雕塑相近的例子，更可以追溯到希腊古典时期的建筑物。公元前5世纪，雅典卫城建筑群中有一座最奇特的依瑞克先翁神庙，南立面的两端有女像柱廊，由六尊恬静安详的女郎雕像支撑着檐部。女郎

古希腊建筑的女像柱

柱的服饰形象为不开襟式整合式长衣,这种被称作"基同"的衣装可因穿着方法差异而形成两种主要的风格,即"多利亚"式和"爱奥尼亚"式。爱琴海赋予了希腊服饰与众不同的优美,菲薄柔弱的面料和潇洒迷人的天使般的风采本应只限于活生生的人,但谁会想到,雕塑使这种服饰形象永远地立体地留存下来,并给予后人以无尽的灵感。

西亚有尖儿且呈半圆形的屋顶,我们轻而易举地就可以在维吾尔等民族的花帽上找到踪影,而东南亚的缅甸、泰国,南亚的斯里兰卡等国信仰佛教,服饰中往往多用金黄色。帽子的造型简直就活脱脱一个佛寺的顶子。这是由僧侣使用的倒扣钵形(覆钵)演化而来的。中国傣族女性的发髻梳饰,依稀可见到当地竹楼的身影,成为干栏式建筑的化身。而蒙古族、满族、裕固族等游牧民族,出于对天的原始崇拜,把自己可移动的居室,搭成天穹式的帐篷,古人通称为"穹庐"。现今我们看到那些散落地支架在草原上的一座座帐篷以后,再看他们的帽形以及上面的花边、纹饰,感觉他们是将一个缩小了的帐篷戴在头上。非洲莱索托人的巴苏陀帽,被誉为国帽。据说莱索托开国功臣莫舒舒一世,当年就是戴着这种草帽,驰骋疆场统一全国的。莱索托首都马塞卢的议会大厦和手工艺商店等公共建筑的上部,酷似一顶大大的巴苏陀帽。

软质硬质不是关键,人们在创作时,总想借鉴其他艺术,结果成就了不期而遇的美!

婚服变脸儿

无论哪一个国家，哪一个民族，都认为结婚是人生一件郑重的大事。当然，这种理念在当代好像有所减弱。随之而来的是，置办婚服也比以前随意了。

在过去，置办婚服是颇具文化含义的，西方人依据宗教的成分多一些，中国人受儒家思想影响多一些，其他各国各民族都有自己的文化传承与特定意义。相当一部分人认为，置办婚服对于一个新家、两边家庭及后代都有指向性吉祥含义，不敢有半点儿疏忽，唯恐带来不愉快。

如今不同了，大多数年轻人觉得，婚礼是一次礼仪活动，是一次展示自己的机会，因而秀婚服的结果是艺术性加强了，个性突出了，不再拘泥于应该怎样，而是最好与众不同。从打破传统的种种婚服来看，新人们已经尽量想出些别人想不到或不敢想的点子。比如在英国，曾有一对新人穿着酷似亚当夏娃的衣服，当然这些无花果树叶裙的灵感来自于《旧约全书》或说《圣经》，婚礼也安排在山洞中，希望以此给众来宾一个惊喜。还有西方新人安排在水中结婚，那新郎新娘也就只能穿潜水服了。婚服已经千奇百怪，最明显的一个趋势是，依然沿用过去的婚纱，但款式经过大胆改革。如婚纱裙体前身减短，仅像超短裙，而两侧及后身还维持原来长裙的长度。要知道，秀腿露在外面，这是违背西方女性裙装的传统的。

中国当下年轻新人，更谈不上民族传统婚服了。着装已经全盘西化，因而西方的婚纱也就成了如今新娘的必选婚服。只不过，学的过程中难免跑偏，如集体婚礼上时常有新娘穿上红缎子、蓝绸子、浅绿雪纺的婚纱，如果按照西方礼仪，处女新婚要穿白色婚纱以示纯洁，二婚、三婚时新娘

欧洲文艺复兴时期尼德兰新婚男女盛装
(杨·凡·艾克《乔凡尼·阿尔诺芬尼夫妇像》)

可披米色、淡黄、浅粉的规矩,那么这些新娘在西方人看来,不知已经结过多少次婚了。

先来看一下西方婚服的讲究,美国学者伊丽莎白·波斯特在1922年著的《西方礼仪集萃》中,专门写到结婚礼服。她说:"根据统计,每年美国有三百万妇女结婚,其中百分之九十以上的妇女选择传统结婚礼服。没有任何一种服饰像长白礼服和长头纱那样令人感到惬意、浪漫、舒适。它能——也应该——适合于常流行的婚礼和特殊的婚礼,并且应该尽可能适合于穿戴者。"

当年的新娘必须准备正式昼礼服、正式夜礼服和非正式昼礼服。其中需要白色长礼服、拖裙、长头纱和手套,女随从们也要置办长礼服以及与此相配的鞋。新郎、男随从和新娘父亲,要穿前下摆向后斜切的燕尾服、条纹裤、珍珠灰背心、硬领的衬衫配条灰黑活结领带。如果穿大领衬衫需要配宽领带。另外,还要灰手套、黑丝袜和小山羊皮革鞋……这些只是最重要的,因为还有新郎的父亲和母亲,加上新娘的母亲以及男宾、女宾等,可复杂了。如今年轻人别说如此穿戴,恐怕一听就晕了。

以上只是近代西方最规范的婚礼服,实际上在各个时代、各个国家和地区,都有符合社会标准的婚服,其中不乏有许多特殊的讲究。15世纪的佛兰德斯(约位于现比利时)画家杨·凡·艾克有一幅名作,叫《乔凡尼·阿尔诺芬尼夫妇像》,年轻贵族阿诺芬尼在1434年举行婚礼时,新娘的婚服使人们看上去她像是有孕待产。这是怎么回事?原来1348年8月的英国小镇里,身体健壮的青年铁匠马丁·特德四天前从伦敦郊区的集市上卖锄头归来,便高烧不起,全身出现点点黑斑,以致一命呜呼。人们恐慌极了,把他的家人赶到森林,把他的家也焚烧一空。可是,"黑死病"还是蔓延开来,仅14世纪的一百年中,欧洲就被这一瘟疫夺去了2500多万人的生命,致使人口减少了四分之一。幸存的人珍惜生命,因此认为新娘穿着孕妇样的衣装预示着家族兴旺和农业丰收……

婚服本可以是多样的,婚服中蕴含着深厚的文化。

再谈婚服变脸儿

婚服之变，之丰富，之内涵，很难以短文章去概括。因为这纵横之间的变脸儿，都代表着人们对幸福的祈盼。

我在 20 世纪 90 年代初撰写的百万字《人类服饰文化学》里，将婚服分成了 13 种类型，即祝福型、标志型、喜庆型、随意型、炫耀型、豪华型、俭朴型、原始型、誓言型、程式型、仿贵型、怀旧型和猎奇型。今日看来，虽说如此快速的节奏，已使社会变了许多，具体到婚服上更是变了许多，但类型还是大致未出这个圈儿。

细细读来，各种类型都是耐人寻味的。

1. 祝福型：埃及新娘在婚礼前一日，把捣碎了的荷蓁花涂在指甲和手心、脚心上，并放些棉线，所以在婚礼上打开时，成了美丽无比的自然花纹，当地人认为这是对新娘最好的祝福。中国山东鱼台人要为新娘罩"蒙头红子"，罩时还唱着："蒙头红，往上搭，三年以里抱娃娃"，这是祝福新娘顺利怀孕生产，是原始生育崇拜的一种衍化形式。

2. 标志型：在意大利的塔斯坎，新娘要换几套服饰，其中一套即是身穿黑衣，戴白帽，无论天热天冷，都要手持一把扇子，以显示在特殊日子的特殊身份。山东新娘在临上轿时要换上一件大红棉袄，多热的天也要穿棉衣，而青海玉树藏族新娘即使在隆冬时节也只能穿一套单薄衣服，到了夫家再换上暖和的好衣服，以示要在夫家享福并成家立业。

3. 喜庆型：黑龙江省宁安市的满族新郎要像英雄那样披红戴花，新娘子红盖头则四角拴上大钱。婚服都讲喜庆，喜庆的样儿五花八门。

4. 随意型：中国侗乡保留着抢婚的习俗，即使在 20 世纪 50 年代以后与女方约好，也要安排抢婚的火把队伍。新娘换身新衣服就行。

5. 炫耀型：中国黔西北的新娘讲究穿多件衣裙，而且从娘家到夫家的路上要一次次换，二三十件也要全穿上，直至典礼结束。

6. 豪华型：过去说丹麦首都哥本哈根的北欧首富史坦派兹迎娶新娘，那套由法国设计大师设计的"白色的梦"婚礼服价值 3 万美元，钻戒 19 万美元，这在近十几年来已算不上什么了，更无法与王室和世界级富豪相比。

7. 俭朴型：中国黔东南侗族自治州的婚礼上，亲友花枝招展，唯有新娘一身旧衣裳，头上无银饰，脚下穿草鞋，以示能勤俭持家。缅甸境内的克伦族，迎亲队伍人人漂亮，只有新郎衣衫褴褛，这为了让他不忘单身的生活，好好过日子。

8. 原始型：马来西亚境内的色曼人结婚，新郎头戴树叶编成的帽子，新娘上身仅穿交叉斜挎的几根布条。西斯威士兰居住的斯威士族和祖鲁族贵族新娘，则要戴上羽毛头巾，身穿牛尾披肩，额前插着红色的杜鹃毛。换装后要手握长刀或头戴牛胆囊，意在表达原始的庄重。

9. 誓言型：日本一些地区的新娘，要用剪刀剪断木屐的带，表示今生今世绝不离开夫家。同时说"喝了婆家的水，就是婆家的人"。

10. 程式型：这一类型带有典型性和规范化的含义，一般都会经过一个国家或民族较长时间的使用与共同认可，西方的婚纱就是一个完美的例子。

11. 仿贵型：中国古代至近代，认为新婚就是小登科，即相当于中了状元，因此新郎披红戴帽花，类似头名状元；新娘则凤冠霞帔，好像皇后公主，也像诰命夫人。对此，社会给予一定的宽容度。

12. 怀旧型：这一类型是近现代婚服中出现的倾向，日本最明显，别

中国古代婚礼服（天津杨柳青年画）

当代婚礼服

管社会发展成什么样，结婚大典上绝对要穿传统和服的，而且分趾袜、木屐、系带等一点也不疏忽。

13. 猎奇型：这在现当代越来越多了。我学生娶了位法国姑娘，她坚持用红盖头等我们已经不用的婚服。后来又见外国新娘坐轿的，已经无奇不有了。

在婚服已不乏时装的今天，拢一拢婚服的前世今生也是很有趣的。

百变牛仔装

还有人知道牛仔装的发明者列维·斯特劳斯（Levi Strauss）吗？还有人记得他是犹太裔商人吗？如今的姑娘、小伙们很少再谈到美国加利福尼亚州的淘金工人，也没有人再说起斯特劳斯最初是因为看到淘金工人的衣服总破从而萌发出新裤装想法的。

中国改革开放伊始，也就是20世纪70年代末和80年代初，牛仔装带给人们的是绝对的新潮———一种都市英雄的气概，一种百折不挠的冒险精神，甚至体现出一种坚韧的性格，更重要的是一种反传统同时又不放荡的理念。刚开始，穿上条牛仔裤还有些小青年式的轻浮，至80年代末时连医生、教师也穿。一下子，人们都年轻了，走路也显得矫健了。人们自己觉得牛仔装新潮但又朴素，因为这种蓝色斜纹厚布，有点儿像50年代人们穿的"劳动布"，所以，大家大胆地穿起来，说席卷神州一点儿也不过分。

牛仔裤诞生于1893年，最初做这种工装裤的面料是几匹做帐篷的帆布。最先创意的其实还不是斯特劳斯，而是美国内华达州的裁缝雅各布·戴维斯。当戴维斯为申请这种工装裤专利尚缺62美元而求助于百货店老板列维·斯特劳斯时，斯特劳斯痛快地答应了。他们两人都从这厚帆布再使用几个金属铆钉的工装裤上看到了经济潜力。可惜的是，雅各布·戴维斯没有青史留名，而列维·斯特劳斯却因牛仔裤盛行至今闻名遐迩。

淘金工人和驱赶贩卖牛群的牛仔本不相干，如果说有关系的话，最多是都在北美，但是这种加金属铆钉的厚布裤很容易使人联系到那卷起沙尘的飞奔的牛群，还有那策马扬鞭无所畏惧的牛仔……人们给这种裤命名，特别是穿到大都市来，牛仔显出新时代的浪漫，牛仔本身就带有传奇性和神秘性，虽然比不上骑士，可是骑士毕竟离人们太远，而牛仔却是美国大发展时期的活生生的人。

发明初期，也就是20世纪上半叶，这种裤就是工装裤，有年轻人觉得新鲜，便穿上一条，却因此被正式礼仪场合与大公司拒之门外，高层人士认为这是底层人的服装。

1951年，电影《欲望号街车》放映，明星马龙·白兰度和约翰·狄恩不仅人长得帅，演技高超，而且还始终穿着牛仔裤。这一下可不得了，明星效应引发的结果是牛仔裤传遍美国并迅速传遍西方。保守势力也无法阻拦，牛仔裤代表了一种现代文化，一种进取精神。至20世纪后半叶，牛仔裤在美国几乎人均一条，甚至连总统也不例外，克林顿和小布什都曾身穿牛仔裤，很自然，很随意，是再好不过的休闲衣装。这是时装流行中自下而上的最突出的例子。

牛仔装为什么经久不衰？大家一致认可的时装神话究竟因为什么永葆青春？最主要的一点即是它常变常新。最初，淘金工人抱怨他们的裤子不结实，容易磨破又总开线，口袋里装不住黄金颗粒，于是这种裤采用帐篷布、铜铆钉和双明线。进入城市后，人们不满足一种款式了，于是有了坎肩儿、夹克、裙子和专配的帆布帽儿，仅裤子就一会儿萝卜，一会儿直筒，一会儿喇叭口……人们又不满足一种靛蓝色了，结果是红色、绿色、黄色以及混合色层出不穷。笔挺的和磨白飞边儿的同在，俏皮的与威武的并存。跨越两个世纪，牛仔裤从19世纪末走到21世纪的第二个十年。

最近有一则消息，牛仔王国已出现各种各样的形象，有"喧闹街头的不羁浪子"，有"摩天大楼的翩翩绅士"，有"街角邂逅的邻家男孩"，还有"青葱郊外的淳朴园丁"。一种衣装能适应并塑造出这么多截然不同的服饰形象,恐怕非牛仔装莫属!

时至今日,牛仔鞋、牛仔包都"千姿百态",更不用说有血有肉的"牛仔一族"了。

牛仔装,百变百新,活力尽在风采中。绚丽的丝绸印花正与夸张的水洗破洞相结合,小青年们兴奋地说:晕染的牛仔裤就像一幅绚烂的涂鸦!再看,以质感奢华的黑色牛仔裤搭配不规则剪裁的风衣,内衬荧光色的衬衫,不是又让人眼前一亮吗?

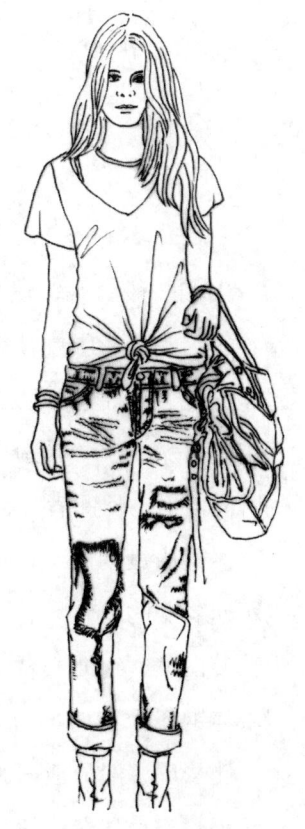

不断变化的牛仔装(吴琼绘)

时装与迷彩相叠

人们一般认为，迷彩服是军用服装中具有特殊防护性能的服装。不错，正因为迷彩屡屡升级，变换出数不尽的色彩图案构成形式，使观看者眼花缭乱，因而也触动了时装的神经，时不时有迷彩跃动在 T 台上下。迷彩为时装增添了一种别样的风采。一个来自血与火的战场，一个来自闲适的时尚前沿，但两者合起来都在强烈地表现出青春、意志、朝气……

迷彩服最初出于希特勒的党卫军。由于财力、物力、人力都有限，党卫军迷彩服的设计只有围绕人来做文章，先是参考德国突击队在头盔上绘出伪装图案，继而由席克教授领导的课题组在"二战"前期研究成功迷彩罩衣与钢盔罩。

迷彩服一般分成三种：一是单色保护迷彩，如广泛使用的绿、白、原野灰等；二是伪造迷彩，有目标地接近背景颜色；三是变形迷彩，主要由形状不规则的几种大斑点组织成多色迷彩。党卫军装备的已是多色迷彩。其图案有"橡树叶""悬铃桐""棕榈叶"和"豌豆"，以适应不同的作战环境。在此启迪下，苏联红军也开始给狙击手配发迷彩服，德国空军野战部队则给野战大军配发了树叶碎片图案的迷彩服。

迷彩的神奇，来源于人类的自我保护本能，也源于人的聪明智慧和永不懈怠的发明。失败了，换一种方法也换一种形式，这就使迷彩的伪装功能越来越强。

如单色迷彩始终在不断改进之中。19 世纪末，身穿红色军装的英军在南部非洲与穿着绿色服装的布尔人（殖民非洲的荷兰人后裔）作战，付出巨大代价。"二战"期间的德国军队，在法国作战穿灰色军服，在非洲穿沙色防暑服，在对苏战争后期为大部分士兵和坦克都换上白色涂装以求与皑皑白雪合为一体，连士兵的靴子都用上类同今日鞋套一样的白色防护装备。

再如变形迷彩的多样化也是在实践中摸索并提高的。"二战"后的美军吸收了德军的迷彩设计经验，提出四色迷彩服，用于沙漠作战的采用黑、褐、白、黄四色。后来更加完善的是用于四季的通用迷彩服，采用黑、褐、绿、黄四色。

中国人民解放军从20世纪80年代开始以迷彩装备陆军。第一代为五色丛林迷彩服和三色荒漠迷彩服。从80年代中期的第二代至1999年定型的第三代迷彩服以四色为主。其颜色的采用和组织结构不仅考虑季节，而且分为沙漠、雪地和城市。稍后，中国海军陆战队率先装备了月白、叶绿、海蓝、黑褐四色海洋迷彩服，以适应南沙等地的海洋、珊瑚礁等蓝白色调的背景。

探索还在进行中，21世纪的数字化理念深深影响了迷彩服。2003年初，美军陆战队服试图简化图案，启用数字化三色迷彩，去掉大自然中少见的黑色。这时，迷彩图案已经不是用色块构成，而是由不同颜色的像素点作为基本单位，完全依靠计算机布图，利用大量的小色块模拟真实自然环境，使之更容易融入各种背景中。中国人民解放军2007年换发的07式军装就是这一趋势的最新代表。业内人士说，这种迷彩可以达到"远看像大花，近看像碎石"的效果，符合21世纪战场的实际需求。主色调也分为五种：丛林型、城市型、荒漠型、海洋型、林地城市混合型。

这样先进的迷彩并未使研究者满足，美国已经在设计"未来士兵2025系统"，考虑使用纳米涂层，以使军服可以根据环境改变颜色。

如今，城市中的巷战在所难免。于是灰、白、黑系色彩的城市迷彩服应运而生。当然，同时也有纯黑色的特种部队军服，它虽然不属于迷彩，但色彩构成是同一理念，因为黑色能融入城市建筑较多的阴影中。

20 世纪 70 年代，美军将橄榄色伪装服逐步改为迷彩色，使其反射光波与周围景物反射光波大致相同；80 年代的林地伪装服已具备防激光侦视性能；90 年代的作战服已能满足防激光、可见光、近红外、中红外等宽光谱范围侦视的需要……

迷彩神奇，给予时装的除了神奇，还有科学创新的精神！（与王鹤合撰）

帝王的时尚情结

古时虽没有"时装"一词,但与之意思差不多的词是有的,如"时世妆"。唐代白居易在《上阳白发人》中写道:"玄宗末岁初选入,入时十六今六十。……妒令潜配上阳宫,一生遂向空房宿。……小头鞋履窄衣裳,青黛点眉眉细长。外人不见见应笑,天宝末年时世妆。"中国人在20世纪30年代,将modern音译为"摩登",后意译为"时髦",实际上,"时髦"一词很早就有,《后汉书·顺帝纪赞》:"孝顺初立,时髦允集。"只不过当时是指才俊之士。

白居易还专门有诗曰:"时世妆,时世妆,出自城中传四方。"这里说的是时装流行的一个主要形态,即从中心向四周辐射,在城中因最高统治者的爱好而传至上层官宦人家,再由富裕阶层传至民众,所以这种流行方式也叫"瀑布式"。这是时装流行的常态,历史上中外都有这样的例子,如:赵国第六代君王赵武灵王,根据实战需要,力主服饰改革,"引进"胡服,大胆提出:"先王不同俗,何古之法?帝王不相袭,何礼之循?"虽然这不是他本人爱时装,但从理念上看,仍有求新意识在内。

《韩非子·外储说》中记:"齐桓公好服紫,一国尽服紫……邹君好服长缨,左右皆服,长缨甚贵。"这里是在说明一个统治宗旨,即上行下效的问题,统治者喜好某种服饰,常会引起一场流行。

《晋书·舆服志》记载:"后汉以来,天子之冕前后旒用真白玉珠,魏明帝好妇人之饰,改以珊瑚珠。"《晋书·五行志》也说:"魏明帝著绣帽,披缥纨半袖……近服妖也。"很显然,这位帝王的时装情结,没有得到大臣的认可。魏明帝曹叡好服女装以显时髦还不是孤例,《隋书·五行志》中

身穿珍珠衫的清代末年执政的西太后慈禧

也有:"文宣帝末年,衣锦绮,傅粉黛,数为胡服,微行市里。"时装总是新奇的。

　　西方称霸天下的拿破仑,不但在本人着装上以衣裤分界处的斜线造成视错觉效果,以使别人看起来他的身材高大不少,而且喜好时装。美国人类学家伊丽莎白·赫洛克所著的《服装心理学》中说:"拿破仑千方百计想尽一切办法使法国的宫廷成为世界上最漂亮的宫殿。他把时装当作国家大事。他是唯一的指挥者,不仅为宫廷内的男女规定什么样的衣服可以穿,而且还规定布料和如何制作。同时他还命令任何人不能穿一样的衣服出现两次。"

　　再如法国路易八世,因头发美而率先留披肩发,后觉不美又开始戴假发。他每一次改变发型,都引来大臣和民众的追随。还有讲究奢华服饰、

法国19世纪版画,描绘法王路易十四时代凡尔赛宫廷中的贵族服饰。史称路易十四推广时装不遗余力,致使全欧洲争相效仿凡尔赛风格

追求繁缛精美至极的路易十四,建造爱丽舍宫并推动洛可可风格服饰形成的路易十五情人蓬巴杜夫人,这些人无论在着装理念上还是在服饰形象上,都贡献巨大。时装仿佛是一种推动力,给生活带来无限美好,也使一些古代帝王青史留名。

翻开史书,不难看到古代帝王的时装情结,如果把当代国家元首也算在内的话,英国女王以讲究帽饰形成特色,"铁娘子"撒切尔夫人的裙装可圈可点,美国前国务卿奥尔布赖特在她的著作中,专门提及她那代表心情,当然更是表明政治态度的胸针……

古今帝王元首不是普通着装者,他们的服饰容易引起大众注意,进而影响到一个国家的形象和地位。漂亮只是表面的,最主要的是大气、高贵,庄重中又带有民族性或个性特征。(与王鹤合撰)

想起当年军品热

这两年兴起军品热，人们上穿一件军装风格的军绿上衣，下着一条猎裤或迷彩裙，俨然成了时髦的演出装。

2011年下半年，屡屡见诸报端的特色婚服中，有不少是40多年前的军装，圆顶带檐解放帽，帽上红五星，衣领上有类同两面红旗的红领章，腰扎一条褐色皮腰带，脚蹬一双胶底帆布面的解放鞋。曾经的庄严军服，成了如今年轻人的新时尚。

对于像我这样年龄的人来说，我们真真切切地感受过那"激情燃烧的岁月"。20世纪60至70年代，也流行过军装。当年无军礼服之说，因此65式军装只有军便服。全国老老少少都穿军便服。当然，政治成分不好的人是不许穿的，所以穿上军便服的人，很是荣光。军大衣流行的时间更长，一直延至90年代。

当年没有"军品"一说，可是大家崇尚尊敬向往解放军指战员，认为这一身衣服代表着正义，代表着革命的背景，谁能穿上这身军装，肯定是根红苗正。中国人多，一旦流行起什么来，那可不得了。

将全民着军便服推向高潮的，是上山下乡的知识青年。去建设兵团的，自然是穿上配发的军便服，戴上军帽，只是没有帽徽和领章。集体登车奔赴新疆、内蒙古和黑龙江的"战士"们，都背着绿色军挎包，胸前戴着大朵的红花。插队的知青们其实不是去兵团，而是去乡村，但仍然会领到一身军便服，比如我。

我是1969年春去内蒙古乌拉特前旗插队落户的，或许是内蒙古属气候严寒地带吧，发给我们的是一身军绿色的棉衣棉裤。由于临行时天津正是"五一"节前夕，棉衣是穿不住了。我们就自己置办军便服和军帽、军挎包。能够买来的肯定不是部队配发的军服，所以前襟褐色纽扣是全塑的，根本不像军人那样背面是铜环。我大哥为了安慰即将离家远赴两千多里以外的小妹，特意找一位复员军人，剪下了人家前襟的带铜环的纽扣。时装流行是有生命的，其中有许多故事，我至今想起仍不免感慨落泪。

我背的军挎包也是买来的，妈妈在厚帆布上用红线绣出了毛主席手写体"为人民服务"。这种样式的"军挎"现今摆放在旅游品摊位上，甚至在泰国，我也看到了。虽然这些"军品"重新兴起，实际上已是商品了，年轻人并不知道早先是什么氛围，什么样儿，有哪些动人的亲情、友情，还有由流行引发的现象。

当年的飒爽英姿（华梅藏）

当年，因为大家都戴军绿解放帽，所以买来的就不如部队配发的真军帽好。好奇、好胜心强又百无聊赖的青少年们，极想获得一顶真军帽，于是演绎出一系列"抢军帽"的案件，这竟成为当年多发的刑事案件之一。

改革开放初期，即20世纪90年代，人们着装大胆了，也敢于开设舞场，并有男女青年热衷于跳舞了。这时出现一个新问题，人们平时交通工具主要是自行车，外面寒冬腊月时需穿上厚厚的棉衣，而进入娱乐场所时又想俏皮一下，不宜穿太厚。这样一来，长及大腿的防寒服就遮不住膝盖了。于是束出腰身的棉军大衣流行开来，一时好像既帅气又朴素。三十几元相当于普通人一个月工资的价格能接受，也很体面。后来医生教师也穿，下装为一条牛仔裤，再配一双反鹿皮鞋，倒也年轻利落，很为大家所爱。再以后，领导干部慰问基层，特别是冬日参加劳动，一人一件军大衣，军大衣很是风光了一阵儿……

90年代中期，中国人的着装越来越丰富多样，军大衣只得到真正的工地上真正地起到御寒作用了。

21世纪第二个十年后出现的"军品热"，军装实则分为两类：一类是以上提到的中国人民解放军曾经穿着的65式军便服；另一类是欧美军装式的带肩襻、衬衣领、收裥上口袋等。一身英武气的装束，总是显得英姿飒爽，帅气干练。军品热带来了蓬勃朝气，这是事实。

羽毛装的过去时

羽毛装兴起来了,活跃人士宣言:时尚达人已放弃了皮革,取而代之的是用羽毛来展现高贵姿态。娜塔莉·波特曼凭借《黑天鹅》大放异彩,影片中的时尚热点——芭蕾和羽毛元素也随之成为业内炙手可热的趋势关注。

年轻人非常兴奋地描述:当设计师开始尝试使用羽毛的时候,惊喜地发现羽毛的表现力实在比裘皮甚至其他材料强太多……

欧洲 19 世纪的羽毛帽饰
(弗德里科·安德烈奥蒂《细密画》)

当代羽毛装（吴琼绘）

这使我想起中国神话中的羽人，也想起北欧神话中的爱恋与美之神佛洛夏，想起种种与羽毛有关的服饰故事。

屈原在《远游》中说："仍羽人于丹丘兮，留不死之旧乡。"王逸注："《山海经》言有羽人之国，不死之民，或曰人得道身生毛羽也。"晋王嘉《拾遗记》中写道："昭王……昼而假寐，忽梦白云蓊郁而起，有人衣服并皆毛羽，因名羽人。"北欧传说中有佛洛夏穿着一件鹰毛做成的羽衣，她还可以化成飞鸟，这真是与中国道家学说中"羽化成仙"的意境相同了。

以羽毛制成衣服，主要有几种用途：一是超脱儒生或道家所着，名曰鹤氅；二是作为富贵人家所穿的珍稀羽衣；三是风雨衣，因羽毛不沾水，当然也须有钱人家；四是舞服，著名的霓裳羽衣，不就曾使杨贵妃宛若天仙吗？

一说鹤氅，也叫鹤裘或鹤氅裘。相传为晋代名士王恭所创，因此也被称为"王恭氅"。披鹤氅主要是穿羽衣求仙道。《汉书·郊祀志上》："五利将军亦衣羽衣，立白茅上受印，以视不臣也。"唐颜师古注："羽衣，以鸟羽为衣，取其神仙飞翔之意也。"唐牟融《送羽衣之京》诗中写："羽衣缥缈拂尘嚣，怅别何梁赠柳条。阆苑云深孤鹤回，蓬莱天近一身遥。"《飞行羽经》中说，太一真人衣九色飞云羽章，皆神仙之服也。这样一来，名人雅士穿着一件羽衣，本身即标明超脱凡尘了。

二说这种以羽毛制成的衣服是非常费工的，因而相当昂贵，只有富贵人家才穿得起。若论质料，我们可以看衣名，如"烦质"，晋王嘉《拾遗记》卷二："（周昭王）二十四年，涂修国献青凤丹鹤，各一雌一雄。……

缀青凤之毛为二裘。一名烦质，二名暄肌。服之可以却寒。"这实际上是用孔雀翠羽制成的，因此也叫"孔雀裘"或"青凤裘"。《南齐书·文惠太子传》："太子……善制珍玩之物，织孔雀毛为裘，光彩金翠，过于雉头矣。"《红楼梦》第五十二回"俏平儿情掩虾须镯，勇晴雯病补孔雀裘"更是脍炙人口。雉头裘是用野鸡颈毛制成的，东汉以后流行，因为其五色备举极招人喜爱，又可炫富。奢靡之风引起社会不满，晋武帝时不得不下令禁穿。

即使这样，唐代还是兴起更加奢华的百鸟毛裙。《新唐书·五行志一》："安乐公主使尚方合百鸟毛织二裙，正视为一色，傍视为一色，日中为一色，影中为一色，而百鸟之状皆见。"文字记述虽有些夸张，我们还是能想象到这种羽毛裙的奇丽无比。古籍记载中还有"集翠裘"，是以翠鸟羽毛织成的，它的另一个名字叫"翠云裘"，还被称为"青毛锦裘"。李白诗云："上元谁夫人，偏得王母娇。……裘披青毛锦，身著赤霜袍。"想来应是极美的。另外还有鸭头裘、凫靥裘等，都是以水禽的头部毛羽制成。

三是贵者俊士多在雨雪时以羽衣出行，不仅王恭"常被鹤氅裘，涉雪而行"，而且《左传·昭公十二年》中也曾出现过，唐孔颖达疏："是秦所遗也，冒雨服之，知是毛羽之衣，可以御雨雪也。"

四是舞服，唐代记载中说，宫廷内过千秋节时，令宫妓梳九骑仙髻，衣孔雀翠衣，佩七宝璎珞，为霓裳羽衣之类，曲终，珠翠可扫。

举古籍所叙羽衣，旨在说明，以羽毛为衣的灵感与构思，先人早已"巧夺天工"了。

兽纹衣的神话版

这两年，豹纹、虎纹、蛇纹的衣服、围巾、袜子、鞋闹得时装上野味兮兮的。早些时候说，女性穿上豹纹衣，金钱斑、云纹斑的，带着强烈的原始意味，因而显得更自然，更放任，更接近人类的初级阶段，因此也就显得更性感。

我想说，兽类毛皮上的斑纹确实是大自然的佳作。再演绎，就不过是现代人的一种游戏思维了。

在这里，我们不妨追溯一下中国的神话人物，他们曾着兽纹衣，挺威风，也挺神秘的，凭空多了一些人神之间妙不可言的韵味。

大家都知道西王母，都知道瑶池盛会。实际上，《山海经》中记述西王母："其状如人，豹尾、虎齿，而善啸，蓬发戴胜。"我曾见现代人画的西王母，长着一个老虎的头，并有豹子的尾。我研究服饰文化近三十年，认为这样理解并不正确。古籍中的西王母，应是半人半兽，但偏于人，不然怎么在蓬着的头发上还戴着名为"胜"的头饰呢？她应该是在头上或颈间围一圈

中国古书插图版画中着兽皮装的神仙形象
（王家斌摹）

虎齿穿成的饰品，腰间系着豹尾，豹尾垂在身后。相关书籍中，有人说西王母长了一嘴虎齿，这可能是不太熟悉原始人佩饰的缘故吧。北京周口店山顶洞人两万年前就有用兽牙、贝壳、砾石、鸟骨穿成的项链。我这样说是有考古实物为依据的。比较统一的看法是，西王母部族一定是以虎、豹作为图腾，我更相信那个部族人以豹尾为饰。这样的形象在当代非洲人身上依然可以见到。

　　古来八仙也是尽人皆知。八仙之一的韩湘子，手持法器为箫。他本名叫韩湘，传说为唐代大文学家韩愈的侄孙。在唐代段成式的《酉阳杂俎》中，说他有些"奇术"。到了宋代，刘斧《青琐高议前集》卷九中，他被描绘得更是身有奇功了。元代人根据韩愈的一首诗《左迁至蓝关示侄孙湘》，编写了《韩湘子引渡升仙会》《韩退之雪拥蓝关记》等杂剧。明代杨尔即撰有《韩湘子全传》。韩湘已经彻底从人演化成了神。明代小说插图中留下的韩湘子形象，头上双髻，作童子状，颈围树叶披肩，腰系豹纹裙，俨然一副不食人间烟火的样子了。豹纹裙，确实给他带来了一些不同于凡人的神仙气儿。

　　中国人认为，有神在掌管着天气的变化，如风神、云母、雷公、雨师。早年的雨师，应该只是部族中的巫师，他会主持天旱求雨和淫雨求晴的祭祀。后来随着神话传说系统化以及文学内容的丰富化，雨神出现了。《尚书·洪范》中说："星有好风，星有好雨。"孔颖达解释道：

中国古书插图中着兽皮装的神仙形象
（王家斌摹）

"箕星好风,毕星好雨。"于是,雨神被说成是某一星体。再以后,《楚辞·天问》《山海经·海外东经》《风俗通义·祀典》里,将雨师概括为两个,一是神鸟商羊,一是仙人赤松子。《列仙传》等书中说赤松子是神农时代的雨师,服"水玉"(又名水精,即水晶)而登仙。《历代神仙通鉴》卷一是这样描绘的:"(神农时)川竭山崩,皆成沙碛,连天亦几时不雨,禾黍各处枯槁,有一野人,形容古怪,言语颠狂,上披草领,下系皮裙,蓬头跣足,指甲长如利爪,遍身黄毛覆盖,手执柳枝,狂歌跳舞……"明代小说插图中的赤松子就是这番模样。

说起虎皮裙,现代人最熟悉的还是齐天大圣孙悟空。《西游记》所描绘的孙悟空服饰形象,最鲜明的就是虎皮裙。那种猛虎身上的斑纹,确实给神话形象带来了无可替代的仙气与野性。

当代兽纹衣(吴琼绘)

如今人们特别是女性喜爱兽纹的衣服,其实主要是想在现代化的柏油路、立交桥、水泥建筑、玻璃幕墙之中,寻觅到原始与野蛮时代的遗韵,或许是渴望,或许是逃逸,或许是另觅一种心灵上的空间……

时装的前世今生

波希米亚风又来

2003年1月8日，我在《人民日报·海外版》个人专栏上发表了一篇文章："你波希米亚了吗？"这就是说，2002年间，时装界乃至普通着装者群，追寻波希米亚风的势头十分强劲。

21世纪的第一个十年，波希米亚风始终未消，只是2004年后稍稍缓了些，时隔五六年后，风头又起。这一次好像人们不太满足于长裙了，兴起了宽腰带和流苏，尤其是皮靴上的流苏，一股流浪民族的不羁风格强烈地反映在时装中。

所谓波希米亚，实际上要从吉卜赛人说起，因为按地区解释，波希米亚是捷克地区名，应是古代中欧的一个国家，原为日耳曼语对该地区的称谓。狭义的是指今天南北摩拉维亚州以外的捷克。世界上的游荡民族吉卜赛人源于印度北部，但长时间聚居在波希米亚，也有人说是波希米亚族和其他流浪民族共同合为一个很大的流浪群。因此，维克多·雨果著《巴黎圣母院》中，将美丽的吉卜赛女郎爱斯米拉达称为"茨冈人"，这是东欧和意大利人对他们的习惯称谓。或称"波希米亚姑娘"，这是法国人的叫法。后来都随着英国人的习惯，称其为吉卜

作者2010年初着波希米亚风格装摄于家中

赛人了。无论是"波希米亚",还是"吉卜赛",基本上成了流浪民族的同义语。

2002年以来,日常着装流行的皮条流苏、皱褶袖口、方格裙子、斜挎腰带、大背包、小皮靴等,被炒得火热,年轻人急匆匆换上时髦装束,唯恐落后。于是,波希米亚被一遍遍提起,人们认为这种风格从那里起源。

依我看,现在所谓的波希米亚,已不能再用地区或民族的具体名称来解释。表现在服饰上的主要是一种流浪民族的风格。没有大流行的这些年,女青年也爱穿横彩条的长裙,她们觉得这种长裙带有某种异域乡野,或说马群和大篷车的味道。裙摆似乎能随着舞步飘起,卷起一股风,也激扬起一种狂放的情怀。这样的长裙不属于淑女,特别是那种像当年电工一样装束的斜挎宽腰带更是远离职场的庄重。"不羁"是一个词,"叛逆"也是一个词,这两个词并行起来就体现出享受优越物质条件的年轻人一种意欲冲出樊笼的心理了。人们想摆脱城市化的规范与严谨,更想放飞思想,去寻觅一览无余的大自然和头顶的蓝天,能像白云一样飘乎在天上,最现实的就是策马驰骋在草原上。

回到现实中来,现代人离不开城市的喧嚣,离不开高楼大厦玻璃幕墙,离不开信息时代的柴米油盐,再加上拥堵、升迁、快节奏,稍不小心,就有可能被抛离。怎么办呢?从着装上来宣泄一下自己的情绪,最简单也最自然——无拘无束的流浪民族服饰也许能带来一种寄托,一股清新……

记得那些年,皮包上布满流苏。流苏这种装饰,在公元前两千多年的苏美尔人服装上就出现了,最初使用羊毛纺织打扣形成了六层的考纳吉斯服。在印第安人等以游牧为主的民族中,也喜欢条状皮饰件。中国人不爱用皮条,而是讲究用丝线做成,红丝绸加上黄色的丝线流苏成为中国人庄重场合的一种装饰,不限于服装。这种特有的流苏表现的是典雅、高贵,与游牧或游荡民族的皮条流苏呈现的内涵完全不一样。不管怎么说,流苏都是波希米亚风的一个标志，今日再时兴起来，简直出神入化了。

近日有媒体说黑金流苏耳环是"女王的独舞"，复古色流苏耳环是"古典的民舞"，海洋风流苏耳环是"美人鱼的畅游"，网眼流苏项链是"高傲的探戈"，皮质流苏项链是"甜美的恰恰"，月桂谷流苏项链是"原始的舞步"……时尚文章进一步渲染：耳环顶部的珍珠上点缀着星形的水晶，再加上小小的浮雕和具有垂坠感的树脂流苏，犹如心灵在耳畔跳着一支古典的民族舞。24K金的耳夹，搭配深海蓝色的流苏式珠串，就如一束倾斜的水流，或许里面还藏着一只畅游的皮美人鱼……

流行不尽的波希米亚风格（吴琼绘）

看看，新波希米亚风的服饰又往细微之处发展了，或者说狂野之外又注入了小资情调。

华梅说服饰

发式总是轮回的

近来人们热议，20 世纪 80 年代的经典发式今夕回归。引发这种联想的是 80 年代末 90 年代初的香港电视剧中，男明星都爱留一个周润发在《上海滩》中的油亮油亮的大背头。而当年的女明星们又热衷于烫一个经典的"招手停"。所谓"招手停"，即是前额上面的头发被吹成高高翘起的样子，当时刚时兴出租车，所以人们给起了个戏谑的名字。

如今又兴起"湿发"，在 2012 年春夏巴黎时装周香奈尔秀场上，每个名模都梳起了一头"盘发型湿发"。据说，被一线明星称为"发型教父"的 Sam 说，披散的"湿发"总会显得有些伤感，于是决定把长发盘起来，短发也往脑后梳，显得干净利落，再配以洁白高贵的珍珠发饰，星星点点看似随意却浪漫整洁地点缀于秀发上，使整个造型瞬间升华，凸显优雅……

又有人说，原来是穿松糕鞋，而今是留松糕头。总之是说这些曾经流行过的发型而今又被重新演绎，以与时俱进的创新造型使人们耳目一新。

依我看，这种将垂在额前的"刘海儿"或散发经烫或吹至脑顶再

法国让·奥古斯特·多米尼克·安格
《罗斯切尔德的马龙·贝蒂》

拼命向后梳的头型，自 2011 年 6 月就开始流行了。刚见到年轻女性把头发梳至头顶绾个鬏儿的样子时，我想起了中国经典京剧《杀子报》中的女主人公头型。利索是利索了，但是狠狠的，再没有了浓厚"刘海儿"下含蓄而又略带羞涩的眼神，都成了凶神恶煞要和人拼命的样儿。

当然，流行嘛，无可非议。发型就是轮回的，人们梳什么发型梳腻了，总想换一种新鲜的，这"新"常来自于曾经有过的，今日再稍作"改装"而已。

中国汉代时女子时兴一种发式叫"堕马髻"，《后汉书·梁冀传》中记梁冀妻孙寿爱梳这种发型，一时很流行。到了晋时，崔豹作《古今注》说："堕马髻今无复作者。"可是到了唐代重又兴起。白居易《代书一百韵寄微之》诗："金钿耀水嬉，风流夸倭髻。"注："贞元末，城中复为堕马髻、啼眉妆也。"看起来，汉武帝（一说桓帝）时出现，后名存实亡，再又于唐贞元年间复兴。只不过，再兴时造型已与前有所变化，如汉时堕马髻是将头发梳至颈后集成一股，挽髻之后垂至背部，另从髻中抽出一绺，朝一侧下垂。而到了唐时，多为集发于顶，挽髻之后朝一侧下搭。流行总是螺旋形的。

20 世纪上半叶的中国女性，讲究婚前梳辫，婚后盘头，因而一条或两条长辫成了典型的姑娘发型。延至 60 年代末 70 年代初，农村姑娘仍然多梳辫。改革开放后，长辫子显得有些过时了。1994 年，有一首流行歌曲一时广为传唱，表现的是知青返城后，怀念乡下纯真的爱情："有个姑娘叫小芳，长得好看又善良，一双美丽的大眼睛，辫子粗又长……"很多歌迷认为是歌曲主角抛弃了山村的小芳姑娘，竟然心生同情，并根据歌词进行一系列形象思维。后在联想基础上再度创作，街上流行起"小芳装"来，小芳装的精髓就是两条黑长的大辫子垂在胸前。如果我们从流行的角度来看，这其实是人们一种怀旧情绪的反映。

额前刘海儿不也是几度风行吗？20 世纪 30 年代，中国的少女们曾时

当代发式多变（吴琼绘）

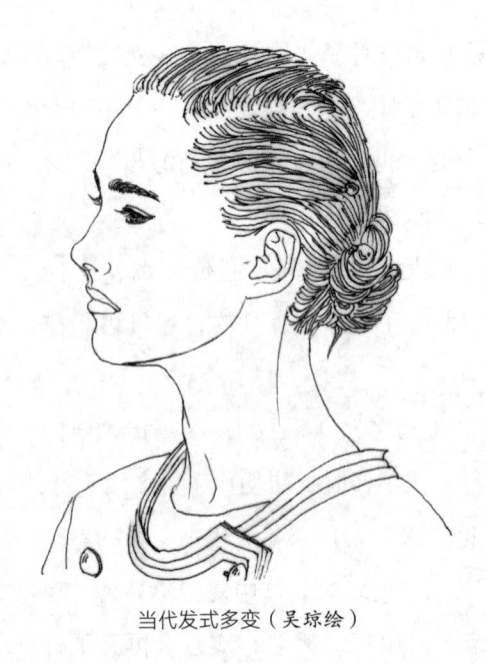

兴梳这种齐眉式发型。它源于神话"刘海戏金蟾"。刘海为蓬发赤脚仙人，作额前覆发的男童形象。李白《长干行》中"妾发初覆额"就是童子头。再往前溯，中国甘肃秦安大地湾曾出土一件5000年前的彩陶壶，女童形，前额就是垂着齐刷刷的头发，后面披散。这种发型在20世纪30年代、90年代至21世纪初都在跳跃式流行，进入21世纪第二个十年时，突然全往后梳，抿得湿漉漉的。

变化，总是给人一个新奇！

时装的前世今生

过膝长靴源自男装

记得1999年澳门回归时,中国大陆少女们就上穿毛衣,下穿毛料一步裙,脚蹬高勒皮靴,当时觉得很时髦。2004年我去日本讲学时,随我去的两位女教师都是这样打扮,日本姑娘也这样。2007年以后,短裙配长靴已成为全世界年轻女性的一种常服,司空见惯了。

2008年5月,我去澳大利亚见到相伴购物的两名少女,一个短裙薄丝袜、长筒皮靴,一个光脚穿着人字带拖鞋。这说明什么?我曾有感而发,短裙与皮靴之间的膝盖部位往往着装太薄,不是丝袜也就是薄天鹅绒袜,在澳大利亚那样纬度的国家海边,吹来一阵风,有些凉,但怎么也不致寒彻入骨。像我们国家的北部,就以京津一带气温而言,冬季是不适合如此穿戴的,即使汽车族,双膝这一最怕风寒的部位也是受不了的。那些年流行低腰裤,多少年轻人患了腰椎间盘突出症。当然,医学界也好,如我一样的学术界也好,说了多少理由也挡不住时尚的潮流,少女们照旧这样穿,穿得俏丽"冻"人,穿得有滋有味。膝部滑囊炎怎么能阻止住姑娘们爱美的心?依然故我。

2011年夏季,女孩儿,少妇,乃至五十大几的女性们,都爱穿一件大半衫,长及大腿中部。到了秋冬,这种大半衫的面料改为毛织或厚毛绒了,下穿一条打底裤,脚蹬高勒皮靴。一时间,特别是2012年春节期间,几乎成了女装的统一风格。这样说吧,短裙或大半衫的下沿是不变的,都仅及臀部以下,距膝至多20厘米;打底裤有些变化,很多人或只穿透明丝质连裤袜;靴子有的越来越高,长至过膝;有的越来越短,仅在踝部以上,装饰各种皮毛,远看总像脚边跑着两只小狗。别说好看不好看,流行就是美，存在就是合理。

我想在这里说的是，这种穿着的大体式样源自欧洲男装服饰形象。

当961年罗马贵族作乱时，教皇约翰十二世不得不向奥托求助。奥托是德意志亨利一世的长子，即后来的奥托大帝。奥托果断地率军翻越阿尔卑斯山，平定了罗马贵族的叛乱，直至1806年，德意志王国便以"神圣罗马帝国"之名立于欧洲。从当年留存的图片资料看，男装都是短制连身战袍，紧腿裤袜，下有长靴。13世纪的德国骑士，俨然是短袍、腿甲，其形象简直就是今日女装的"原版"。不过，当时的女性都不是这样的，而是长裙、宽袍，很淑女。

16世纪时，德国雇佣大量瑞士人作为雇佣兵。雇佣兵毕竟不是正规部队，因而在战服上可以极尽本意地随意穿，这就为军服的多种多样打下了基础。我们今天只取和短裙长靴有关的资料来看，高勒皮靴的筒沿上或是裤袜在与皮靴交接处有非常精致繁复的装饰，花带被做成各种卷饰、花朵、层叠状等，使得膝下有一圈引人的饰物。当然，无论怎样富有装饰性，丝毫也减弱不了男人的彪悍与强壮，这种服饰形象是欧洲古装中颇具代表性的，突出了讲究男性美的时代特征。

欧洲古代军官的过膝长靴
（王家斌绘）

过膝长筒皮靴的发明是出于重甲骑兵的实战需求，相对来说轻骑兵的靴筒仅高至膝盖下，而步兵是两截的，下为鞋，上为软皮护腿。重甲骑兵的皮靴遮住膝盖，主要是以厚重皮靴取代了腿甲，当他们下马作战或战争间隙，就把膝部的靴筒卷下来，由此又成为一种特有的装饰。

德国威廉二世有一幅身穿戎装的照片，应是摄于1888年上台之后，他身披斗篷,手持权杖,上身为短战袍,脚蹬过膝黑皮靴。如今看上去,姑娘少女们的时装多像那年那威猛的男装啊。

时装,总能从历史的阶梯上寻觅到曾有的痕迹,不管男女,也不管军民,那一点点精彩总会在以后不断地闪烁。(与王鹤合撰)

当代女士过膝长靴(吴琼绘)

军服也时尚

通常，人们认为军服主要是满足战争需要，适体、结实、便于行动、有利隐蔽就可以了。古时两军对阵，还要考虑到壮军威，以气势压倒敌人，这时的军队形象也是很重要的。如今三军仪仗队，不仅壮军威，更是壮国威，军服的作用不可小视。

可是，人们很少想到军服是紧跟时尚潮流的，军服的样式、色彩、佩饰等都是与一个时代的服装总体风格保持一致的。即使是在同一时代，军服的长短、肥瘦以及帽子形状、衣服面料等也是随着总趋势在变。

中国唐代时政治稳定，国民富庶，男女服饰都是很讲究的。再看唐代武将的衣服，那简直称得上奢华。目前仅从唐代存留画作、石窟塑像和墓中陶俑上，就可以看出当年的军服真漂亮。堂堂武将，金盔亮甲，战裙却是有花朵，五彩斑斓，立体装饰也是既有怒目利齿的兽头，又有花团锦簇的饰带花结，哪一个细部都很精致华丽。

宋代时理学泛滥，在"存天理，灭人欲"的意识下人们衣装从简，金饰也趋少，与当时绘画中强调山水"可居可游"，喜爱梅兰竹菊的气氛统一到一起。于是，戎装也从简，自盔甲造型、甲身装饰以及佩饰等等，无不崇尚俭朴、素雅。当年文人袁采著《世范》讲："惟务洁净，不可异众。"民服如此，军服也如此。

西方历史上，拿破仑讲究衣装华美，18世纪和19世纪初的法国人也确实将服饰创作到极致。在《玫瑰法兰西》一书中是这样叙述的，19世纪初的法军在拿破仑率领下激情洋溢，再惨烈的战斗也无法抹杀他们的艺术天性，泥泞不会留在近卫军官兵洁白无瑕的绑腿上，血污也不会让轻骑兵们丢弃平顶帽上高高的翎饰。重装骑兵的头盔与胸甲永远锃亮，步兵的蓝色燕尾服永远笔挺……当时的法军官兵，被誉为既是孔雀，又是雄鹰。

以现代军服来说，我们更会轻易感受到这种时尚的力量。如军帽之一的钢盔，一直在变。20世纪中叶，看那种黑黑的半圆形头盔似乎就是最正统的，而如今，颜色由纯黑、纯白又转为迷彩，造型也像扁圆形发展了。可以说是根据战场需要，但也绝不能忽视时装的影响。时代潮流中，军服的演变绝不会停滞。世界维和部队都

欧洲古代的时尚军服（王家斌绘）

用贝雷帽，一时间，红色贝雷帽已成为"维和"的标志或说符号。贝雷帽的形制直接取自时装，在时尚的引领下，军服总试图跟上。

中国人民解放军军服在改革开放后屡屡更新，我们的官兵愈显威武雄壮，同时不失时代风采。所谓越来越洋气，实际上就是与世界接轨的结果。65式军服相当朴素，头上圆顶前檐解放帽，帽前有红军当年的红五星；军便服的制服领上一边一个形同红旗的红领章。排级以下战士的上衣只有两个口袋，以上级别的则四个口袋。女军服与男军服基本一致，只是领型为小西服领。脚下一律为帆布面绿胶鞋。这个时期，民服就是这样的。当年上山下乡知识青年身穿的军便服，除了没有帽徽领章，基本上就跟军服一样。

85式、87式军服已是大壳帽，陆军官兵的大壳帽上有镶沿的一圈红，配上金光闪闪的帽徽，已今非昔比。上衣虽然还是制服领，可是领花、肩章已很讲究，指挥官的将校服配上金属扣，军服越来越挺括，军人形象越来越威风；再看女兵军服、文艺兵军服，任何人都会感到，军服是与时尚

当代军服也时尚（新闻图片）

同步的。

  这里没有涉及军服与科技的关系，军服与兵器的关系，说的仅仅是，就时尚而言不要把军服隔裂在民服之外……（与王鹤合撰）

时装的前世今生

时代设计职业装

当前的服装大军中，有一支叫职业装。原来一提职业装，大家都会联想到饭店门前的门童，欧洲习惯称"博衣"（boy）。后来随着改革开放的深入，各企业都讲究个形象工程，于是 CI（企业形象设计）又发展到 VI（视觉形象标识设计），这里都离不开员工的服饰形象。

近年又推出高端金领职业装，看来是越分越细了。从西方惯用的职业装颜色得出的称谓，体力劳动者为"蓝领"，脑力劳动者为"白领"。传到我国来以后，人们将技术工人和搬运工人都称为"蓝领"，将合资企业里坐办公室的都称为"白领"，进而将机关、央企、民企的行政人员都归为"白领"一类。在此基础上，将律师、设计师、营养师等不固定收入，又可以有弹性工作时间，或是业余可赚些没数的钱的人统称为"灰领"，显然与说不清的"灰色收入"有关。再将高级管理人员称为"金领"，这一称谓肯定与工资拿得多有关。还有将女白领称为"粉领"，粉红色嘛，这是与性别相关的……

最近高端领袖职业装很火爆，设计生产的企业负责人说，职业装是西方工业革命之后，伴随着机械化大生产而兴起的。这话没错。但是我想说，"职业装"这个词是随着工业文明的产生而产生的，这种性质的服装，或者说职业装的前身却是出现在很早以前。标明某种职业的服装是伴随着工商经济的繁荣而发展起来的，只不过那时没有这种特定名称，也没有现在这种需求规模。

中国宋代孟元老著《东京梦华录》，在描述北宋首都汴梁（今开封）城镇市井盛况时写道："其卖药卖卦，皆具冠带。至于乞丐者，亦有规格。

稍似懈怠，众所不容。其士农工商诸行百户衣装，各有本色，不敢越外。诸如香铺裹香人，即顶帽披背；质库掌事，即着皂衫角带不顶帽之类。街市行人，便认得是何色目。"孟元老说的香铺裹香人，比较好理解，如今一些民俗古文化街或宗教用品还都有卖香的。可是，质库却不是仓库，质库是早年抵押货物的行当，相当于后代典当行。北宋时张择端画有一幅《清明上河图》，表现的恰恰是汴河两岸初春时的交易或生活景象。《清明上河图》是横幅卷轴，全长528.7厘米，宽24.8厘米，画上店铺鳞次栉比，550多人中牵马的、划船的、抬轿的、摆摊的，应有尽有。活生生一幅城镇经济的写实画面，再结合孟元老的《东京梦华录》，就可以看出当年各行各业的行规中，已经有了职业装的雏形。

孟元老记述酒楼中"有小儿子着白虔布衫，青花手巾，挟白瓷缸子，卖辣菜"，"更有街坊妇人，腰系青花布手巾，绾危髻，为酒客换汤斟酒"。同时期的《西湖老人繁盛录》记载："御街扑卖摩侯罗，多着干红背心，系

斗茶会上的仆人劳动服饰形象（清·汪承霈《群仙集祝图》）

青纱裙儿；亦有着背儿，戴帽儿者。"虽然不能说这就是职业装，但能够确定的是带有职业装性质。明清乃至民国的"店小二"，是大家对饭店、酒铺跑堂伙计的通称，其实就是我们今日所说的饭店服务员。"店小二"的典型服饰形象是腰系一条围裙，颈间或肩上搭一条白毛巾，有的还头戴"一把抓"的小帽。这种形象被京剧所选取，因此也成为了中国一个文化符号。

新中国成立后相当长一段时间，工人都穿着背带裤，前胸正中一个口袋，布料一般是劳动布，有些像牛仔裤的用料。脖子上也爱搭着一条白毛巾，大约是来自炼钢工人吧。与此同时出现的代表性服饰形象是，农民头上一条羊肚白毛巾，系在脑后，身穿对襟中式褂，腰间还常常系着一条绳子。军人则是一身军服，无论怎么不分级别、不设军衔的年代，军服还是分出海、陆、空的。这在当时被作为"工农兵"形象，广泛出现在宣传画上。如果需要再加一名知识分子，那这名知识分子最显著的标志是戴一副眼镜，穿一件白衬衣或是白大褂，反正医生和科技工作者在实验室里都是穿白大褂的。

当代职业装（吴琼绘）

如今说金领高端职业装，这是按级别划分的。其实，职业装也有时代感，职业装的设计离不开当时的社会总氛围。

大花又来说印染

2012年春夏，世界T台刮起了大花面料的春风，要么是金属感印花，要么是好莱坞复古感的大花，再便是法式浪漫的印花。总之，大花容易抢眼，也很刺激。

时尚文章也跟着渲染，说"夏威夷风情的印花有具象图案和抽象的对称性"，说"大量海蓝色的加入使得印花清丽不俗"，说"红白蓝主色调的摩登条纹与印花的组合也颇为新颖"。甚至把毕加索的立体派也搬出来了，那些"夜空般深邃的幽蓝亮片"，那些"热情妖娆的弗拉门戈红绸"，再加上"数码印花混搭风"，一时间，大朵印花又被印上了浓郁的21世纪特色。

依我看来，这不过是在近年波点、碎花基础上又变了个样儿而已。大了小，小了大，花朵是服装上的"常客"，哪能面孔一成不变呢？我倒想说说印花，正因为印花，花朵又大，才会出现这么强烈的效果。

中国的凸版印花技术是在春秋战国时得到发展的，西汉时达到相当高的水平。众所周知的西汉马王堆遗址出土物中，有几件精致的印花敷彩纱和金银色印花纱。当时的效果是由凸版印花和彩绘技术相结合共同构成的。

从出土印染织物上看，藤蔓底纹清晰，线条流畅有力，已经显示出凸版印花的良好效果。其他的一些花、叶、蓓蕾、花蕊等都是手工描绘的。看起来，两千多年前的人们已能熟练掌握印染涂料配制，准确运用多套色印花技术了。

同墓出土的金银色印花纱，是用三块凸版套印而成的。有些地方或许因为加工时定位还不准，造成印纹间相互叠压的现象，有些间隙的疏密程度也不匀。虽有不足，但凸版套印在印染技术发展过程中已经相当可观了。

隋代时已有雕版或称镂版印染的技术，方法是将两块木板镂刻成同样的花纹，然后将布夹住，露着的地方被刷上防染剂，然后取下木板，将布浸到染液中。这样原雕版下的布就被染上了颜色。相近的一种方法是，把镂成花纹的木板按在织物上，用染料刷染，这样就可以把染液或叫染浆刷在镂空的花纹里，使织物露着的地方被印上颜色，而未被镂空的版下，织物仍是原样，这就是早期的夹缬，后来在唐代时得到大力发展。

《中华古今注》记载："隋大业中，炀帝制五色夹缬花罗裙，以赐宫人及百僚母妻。"《学海类编》收《安禄山事迹》中已记载安禄山入京时，玄宗曾以"夹缬罗顶额织成锦帘"赐给他。在此基础上，唐代还出现了用镂空版加筛网的印花技术，有效地解决了印制封闭圆圈的困难。

镂版印花技术于隋唐时传入日本，后又于13世纪及稍后传入欧洲各国。宋代时对外贸易大增，中国的印染也影响了欧亚多数地区。

到了明代，已经有专门的大染坊了，套染技术也得到进一步提高。据《天水冰山录》载，明代织物染色，有大红、红、水红、桃红、青、闪红、天青、黑青、绿、黑绿、墨绿、油绿、沙绿、柳绿、蓝、沉香、玉色、紫、黄、柳黄、白、葱白、闪色、杂色等几十种。色谱和染色

欧洲古代大花衣装
（意大利阿民奥洛·布隆奇诺《托莱多母子》）

方法也有二十多种，说明 15 世纪时，中国的印染技术已经相当成熟了。当然，那时的染料都是天然的，别管是矿物还是植物，经过数百年后的明代遗存织物，颜色依然光亮鲜艳。

20 世纪 50 年代前后，中原一带农村使用的印大红花绿叶棉布被面，成了典型的农村织物风格。未想到，改革开放后的大学生们特爱这种夹杂着土味儿的大花被面，80 年代时先出现在时装设计展览中，90 年代时已经做成裤子穿在自己身上了。再以后，登上央视的农村舞蹈中，更是以大花被面为代表，认为这是演绎民间艺术最好的典范。

当代大花时装（王家斌绘）

如今，21 世纪已进入第二个十年，大花印染又来到 T 台上下，只不过不再限于大红大绿，而是多了一些天蓝等色。追昔抚今，印染始终为衣装添彩……

闪闪发光，人们最爱

在北京开全国性大会期间，发现女士们别管处于哪个年龄段，也无论是什么职业或职务，一时间都穿出盛装来。盛装的标志之一，就是闪闪发光，可谓光芒四射。

近两年的衣服特别讲究闪光饰品，传统的项链、胸花、戒指、手镯已经算不得什么了，新工艺使得衣服本身闪闪发光，除了闪光的织物外，更多的是在面料上烫加小粒"水钻"。当然，闪光的"水钻"材质也不一样，有玻璃质的，也有塑料类的，还有金属的。前些年拉链啊、袖钉啊，局部闪耀光泽，好像是起个点缀作用，如今可不是了，一下子就以1厘米见方的闪光饰件钉满领口前襟下摆。金光、银光闪烁，彩色透明，宽宽窄窄的，闪光的点儿多得数不过来。原来认为闪亮的点儿不能太多，现在则认为闪光的面积越大越好。有一种满天星式的烫压"水钻"，不再限于领口胸前，一亮就亮一身。远远看去，舞台下总有些舞台上的效果。

时装倾向，总不会凭空而来，前代有它的影子，当代又有它生长的土壤。就拿衣服的闪闪发光而言，我们就会从中发现许多可以思考的点。

一、从政治局势来说，凡T台下衣装也讲华丽闪光的，多是政治相对

欧洲古代闪光衣装
（意大利拉斐尔·圣齐奥《披纱巾的少女》）

稳定之时。没听说，枪林弹雨环境下的人们还鲜衣华服。

二、从经济发展状况看，凡民众讲究衣装，别管价格高低，都反映出经济水平大致看好的形势。每一个人的经济条件不一样，穿衣服讲究好看也不一定要花多少钱，大家都在向往美，都有这个心气儿，说明社会经济发展的总体态势是好的。

三、从审美趋势来看，人们有一种打扮的愿望，不怕别人说自己臭美，而且好像大家都美是正常的时候，才会出现这种亮晶晶的倾向。

四、从设计与工艺制作方面看，既有厂家迎合消费者的因素，也有消费者引领设计制作方的原因。不要以为，总是神奇的大师在挥舞指挥棒，带领着盲目的着装者群向前涌。实际上，先有一种总的社会意识形态，而这一意识形态又受到当时政治经济的制约。在这种前提下，设计者适应了社会形势或时代，才会有好的作品，也才会引领流行。如果背道而驰，任何天才的设计师都没有回天之力。

具体到这种在中国流行几年且被大多数人接受的闪闪发光的衣服，应该说早在21世纪初就屡现端倪了。先是2005年前后，国际性的复古思潮，由于人们厌倦了汽车尾气和无处不在的网络，强烈地渴望回归大自然。便利快捷的大工业生产也使人们对那种毫无工艺精致之美的产品化服装失去了兴趣，开始喜欢在衣服上缝缀光片、立体花儿、珠饰，甚至缎带以及各种材质的装饰件儿。

大约十年前，法国服装设计大师克里斯蒂安·拉夸的作品在北京展出，那些由羽毛、串珠、缎花和现代材质共同缝制的衣服效果令中国人惊讶。那以后，人们不再嫌这些手工陈旧了，也摒弃了认为堆花太土的观念。中国人的衣服上越来越多地出现了这种不厌其烦的闪闪发光。

总之，从人们的着装心理来说，为什么自有衣服以来就愿意给其添加装饰？为什么永远地喜欢黄金、白银、钻石，以及后来的白金、彩金？为什么有些民族倾其所有也要置备这些发光的首饰？……人们不满足于无光泽的织物，总想在服饰形象上创造一个、两个乃至数不清的亮点，以使其在闪闪发光中带来一种生命的闪耀，一种灵动的光泽，一种总在变幻且能反射外来光源的闪光点。

　　古人的金簪、银跳脱或金冠，无一不在显示着人们喜欢闪亮，那里闪烁着无尽的美！

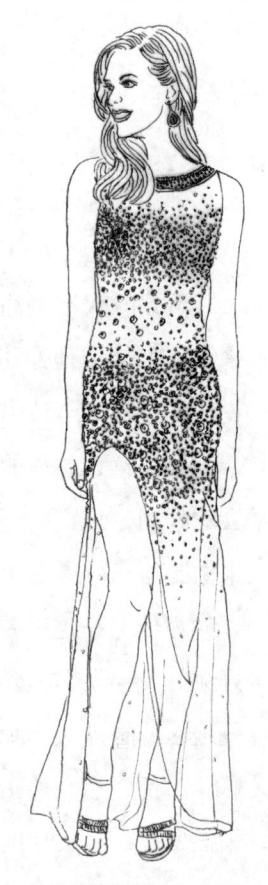

当代闪光时装（吴琼绘）

谁穿了谁的"马甲"？

网络时代有网络时代的语言，当今如果谁在用别人的邮箱进行信件往来，人们就说他穿了别人的"马甲"。中国产品起个外国名字，也被人们说成是穿了"洋马甲"。

请注意，这里的"马甲"应是带引号的，因为毕竟不是。但是为什么会这样用，正说明了服饰文化的力量。服饰与人的生活紧密相关，用服饰来做比喻显得更生动，更形象，彼此都好懂。

为什么在这里要用"马甲"，而不是"衬衫""皮鞋"？关键在于马甲好穿好脱，无伤大雅。国际通用的证券交易大厅工作人员都穿红马甲，有些地区的邮递员穿绿马甲，关押的犯人被穿上黄马甲，电视台摄像师、电影导演都爱穿一件猎服式的暖灰马甲，粗布，口袋特别多。总之马甲穿起来很方便，天热时也不会感到太热，冷时也可御寒。

这种无领无袖的衣服早年叫"裲裆"。《释名·释衣服》称："裲裆，其一当胸一当背也。"就是说，这种衣服只护前后心，可长可短，不遮挡四肢。

几千年来，这种衣服还被称为"背心"，直接指遮覆的部位；或称"坎肩"，即砍去肩以外的胳膊上的衣服部分。那么为什么叫马甲呢？其实就是从战马的铠甲形状而来。马的铠甲有些像欧洲骑士铠甲似的，连同头颈，只露出眼鼻口。有些是以身体为主，像在马背上披下一件蓑衣。不管怎么说，都肯定是不管四肢的。由此，人们就爱将这种形状的衣服叫成马甲了。

中国魏晋时有一种武士的铠甲，名叫裲裆铠，即是坎肩式的。穿起来，护住身体主要部位，胳膊又可以不受束缚，在当时的陶俑上留下许多这种服饰形象。

明代时，妇女爱穿比甲，比甲特色是不护上臂，却是遮住下肢的。因为比甲很长，下摆一直要过膝至踝，甚至及地。当年女性穿比甲不分贵贱尊卑，穿起来很优雅的。明代美女讲究高而苗条，比甲更好地将女性身材修饰得细高，从而显得头小，人也无形中就妩媚了许多。

清代时就把这种无袖衣服叫马甲了，其称呼可能与马上民族有关。当年的男人都穿长袍，春秋冬季爱在长袍外套件马甲。由于流行，因而样式也丰富起来，有一种最富特色的叫琵琶襟，前襟掩怀的边缘是不呈斜线也不呈直线的。立边形同城墙，再加上当年惯用的宽缘边，是清代所独有的。

除了琵琶襟以外，还有一种一字襟马甲，是在领前呈横向一字。这种马甲有一种特殊的用处，就是骑马人大皮袍内穿了一件一字襟马甲，走着走着热了，如果将大皮袍脱了，在空旷的草原上太冷；如果想将里面的马甲脱下来，又要先脱皮袍，还容易着凉。怎么办呢，一字襟马甲的好处，即在于可以将手伸进皮袍，解开一字襟的纽襻，然后很轻易地把前面一片扯出来了，再伸手揪出后片。这种游牧民族服饰创作中独树一帜的发明，与所在地区的气候条件有着直接的关系。

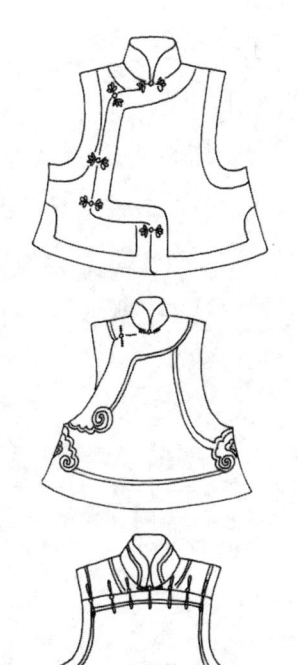

清代比甲三种样式
（华梅绘）

清代女性穿马甲的，多为丫鬟或管家婆，这在《红楼梦》中有许多记载，如第二十四回写贾母的大丫头鸳鸯"穿着水红绫子袄儿，青缎子背心，束着白绉绸汗巾儿"。第四十六回写宝玉的大丫头袭人"穿着银红袄儿，青缎背心，白绫细折裙"。再有，贾母曾吩咐凤姐："再找一找，只怕还有青的。若有时就拿出来，送这刘亲家两匹，做一个帐子我挂，下剩的添上里子，做些夹背心给丫头们穿，白收着霉坏了。"另外，第九十一回写金桂的丫头宝蟾，"拢着头发，掩着怀，穿一件片金边琵琶襟小紧身，上面系一条松花绿半新的汗巾，下面并未穿裙，正露着石榴红洒花夹裤，一双新绣红鞋"。这里提到的"琵琶襟小紧身"，也是马甲。

马甲、背心、坎肩，人类服饰史上一种特殊的便服。

时装的前世今生

戎装有阳刚也有阴柔

在当今时尚舞台上，裹扎着一点中性美感的军装风正在年轻人中独领风骚。同时，也成为T台上众多设计师争先使用的元素之一。当军装那硬朗的廓形、夸张的铜扣、金属质感的拉链与女人风采相遇的那一刻，如同上演了一场激情与柔美的战争。

军装风格的早期风靡要追溯到欧洲"二战"时期，1941年，当女性作为战争中的一分子到军需工厂、农田甚至战场上去拼搏的时候，女性的服装不得不在一定程度上进行改变，长裤代替了裙装，绿色针织衫取代了蕾丝裹胸……当女人穿上这些军用夹克、马靴并挎上窄窄的武装带时，人们不由自主地被这种中性的韵美所吸引。于是，军装风随着战场上硝烟的弥漫逐渐在欧洲各国家流行开来，这种简洁硬朗的大胆设计打破了女性以往的审美习惯。知名品牌 Gabrielle（Coco）Chanel 中套装的基本设计理念便是取自军服，作为威斯敏斯特公爵的情人，香奈儿曾经多次乘坐他的快艇旅行，因此接触到大量穿着军服的人员。香奈儿风格的本质之一便来源于充满力量感的阳刚之气，而这也成为20世纪时装界的主导方向。

从颜色的统一性来看，军装风的服饰设计无非是军绿色，但是随着女性对美的需求的不断提升，设计师们不再拘泥于墨绿、土黄、褐色的传统搭配，在军绿色的基础色调上又延伸出了红色调、黄色调、蓝色调、紫色调、黑白色调的新一轮搭配，甚至还出现了其他色彩与军绿色的混搭，如卡其色与橘色、军绿色与白色，在视觉上给人们一种全新的感觉。

除了色彩的多元化之外，款式的多样性也吸引了众多的爱美女性。挺括面料的军装款风衣里搭配蕾丝或雪纺小纱裙，这样一来，柔美便悄然隐

20世纪60年代下乡知青着戎装（华梅藏）

含在了男性的阳刚之中。而紧身的迷彩小T恤再下着一件印花罩纱长裙，文艺小清新范儿瞬间凸显出来。收身款军绿风衣若是搭配豹纹图案的小衬衫，女人的独特魅力便会由内而外散发出来。再或是军服小西裤下蹬一双罗马漆皮高跟鞋，谁能说女性穿着军服就掩盖了柔柔的女人气呢？

当然，肩章、双排铜扣和金属链条，甚至皮质腰带早已是设计师们作为设计理念的基本元素。Dolce & Gabbana 便从19世纪法国制式军服中汲取灵感，采用了双排铜扣、肩章流苏，甚至在衣服上加入了细腻古典的手工刺绣。日本知名品牌 Beams 联手美国军服品牌 Buzz Rickson 推出的2010年秋冬"Modern Aviator"系列旗下，以"二战"的军事风格为主题，新品包括L-2飞行夹克、B-10陆军大衣及G1海军外套等，卓越的机能性与典雅的复古风格加入了众多潮流元素点缀，一时使这些外套成为经典。Fendi 品牌在2011秋冬发布会的服装中，采用坚硬皮革的金属扣腰封来展现女人完美的腰身，使人们在时尚中体味到军服的迷人味道。

除了欧洲时装秀场上随处可见的军装风之外，在中国，随着"超女"选秀节目的炙热程度不断加强，引发的一场中性风波无疑给军装风的流行猛推了一把。现今的人们对所谓的传统美女已表现出审美疲劳，因此军装风的混搭效果吸引了众多的青年人。美女们不再满足于蕾丝花边的连衣裙，却抓紧披了一件硬朗帅气的复古军装外套，不再流连忘返于甜美的款式，而是爱上了军装风里不经意流露出来的阳刚之美。

2012年，军装风又回归到了各大秀场中，在 A. F. V（A.F.Vandevorst）2012 春夏女装秀中，设计师费利浦·阿瑞克斯（Filip Arickx）和安·凡德沃斯特（An Vandevorst）夫妇的设计带给我们革新后的军装风流行趋势，褶皱方巾的层叠包覆，麦穗装流苏的大面积装饰，与军装风的纽扣装饰、垫肩军装夹克，完美地演绎了民族风情与欧式军装的交融。

夏季已至，让我们一起迎接崭新的军装风时尚之旅吧！（与刘一品合撰）

当代戎装式时装（吴琼绘）

犊鼻裈
——"超人"短裤

如今的女装流行趋势中,短裙长靴已不新鲜。别管天气多冷,也别管多大岁数,好多女性都在连裤袜或天鹅绒袜或打底裤外面套一件短裤。短裤越来越短,以至成了平脚内裤的长度了。这样穿的结果是,长筒靴与短裤之间的大腿部位露出来越发多了,也许人们觉得更加性感了。

有人戏言,短裤还要短吗?有本事穿成"超人"那样。大家知道,在卡通形象中,超人无论男女,总爱在斗篷里面穿着极贴身的衣服。女"超人"的斗篷里干脆就是比基尼,下装肯定只是三角裤衩。如今现实生活中,男泳裤都是平脚的,正式的游泳池或温泉池,几乎看不到男性再穿三角泳裤了。可是,在动漫形象中,男性普遍是三角裤,凸显一身劲健的肌肉。

是不是女性的外裤越来越短是开放或文明的象征?是不是在中国长期的封建社会中,衣服长短显示着阶层的高低?同样是汉代的男装长袍,级别高的人袍身长,武夫、车夫等重体力劳动者袍身短。文官袍长,武官袍相对短,但在军队中,高级军官袍身绝对比低级军官的袍身长。鲁迅

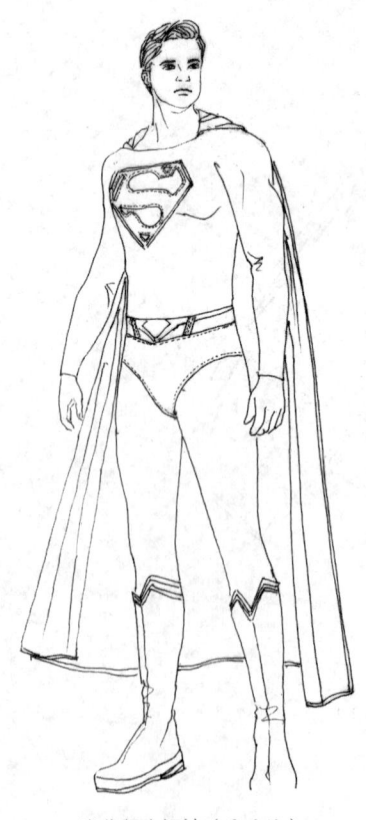

当代超人短裤(吴琼绘)

时装的前世今生

笔下的"孔乙己",为什么衣衫褴褛还那样穿着长衫,决不肯短打扮?就因为短打扮是重体力劳动者或是穷苦人的衣装形象。

由于新中国初建时强调无产阶级政治,因而穿短裤一时不为所耻。中国20世纪60年代至80年代时,机关干部、教师、医生等职业男性也能穿短裤,只不过是长到膝上的制服短裤。后来,随着改革开放打开国门,受一些国际礼仪的影响,人们又觉得男装短裤登不了大雅之堂,于是只有嬉皮一类穿短裤,其他男白领和男干部们天多热都穿着条长裤。

裤上也有春秋,"超人"短裤距今还很远。

"超人"穿的短裤样式代表着科幻与未来?其实不能这么说,因为短裤在中国汉代时就有,在留存至今的画像砖或陶俑上都有明确的图像。

汉代时兴百戏,即今日的杂技加上歌舞,百戏人物中有很多男性穿着短裤,上身赤裸着,很正常很自在的样子。

汉代有名的才子司马相如爱上卓王孙的女儿卓文君。脍炙人口的古乐《凤求凰》就是司马相如爱情的见证。可是卓王孙不想让女儿嫁给这个穷文人,就是不同意。于是,司马相如和卓文君私奔,开了个小酒馆,卓文君当垆卖酒,司马相如就在那洗碗,《史记·司马相如列传》记载:"相如身自着犊鼻裈,与保庸杂作,涤器于市中。"这里记的就是穿着这种短裤,像牛犊鼻子,那什么样?富豪大户卓王孙觉得很没面子,结果资助他们并默认了这个女婿。卓王孙为什么感到栽面儿,就因为当年犊鼻裤只有下层人才穿,诸如重体力劳动者,或者杂耍艺人。看起来,别管哪些人穿,这种衣服总是自古有的。

自汉代起,有七月七日晒衣的风俗。

汉代画像石上杂技艺人着短裈形象
(山东沂南汉墓出土,王家斌摹)

到了魏晋时成了富户显阔的机会，这一天各家拿出自己家的绫罗绸缎摆在门口，原意是怕衣服受潮或生蛀虫，就着天气适宜的季节，拿出来晒一晒，可是时间长了便形成一种暗暗比阔斗富的心理。有钱人家在自家门口摆上好纺织品，实际上是想以其贵重稀有压倒别人。《晋书·阮籍传》所附《阮咸传》记载，阮咸性格"任达不拘"，与其叔父阮籍同"为竹林之游"。他们叔侄住在道南，"北阮富而南阮贫"。"七月七日，北阮盛晒衣服皆锦绮粲目"，而阮咸呢，却"以竿挂大布犊鼻裈于庭"，即以长竹竿挑起一件粗布做的大裤衩。有人奇怪地问他这是干什么？他答："未能免俗，聊复尔耳。"意思是讽刺那些有钱人。我们从中看到的是，大裤衩在古代衣服种类中是确实存在的。

在欧洲历史中，贵族男装是讲究袒露下肢肌体结构的。欧洲人认为这样的衣着风格才是高雅的，高贵。相反，劳动者穿较肥的长腿裤，就像我们现在的八分裤、九分裤一样，裤脚散开，裤形也不包腿。法国大革命时，长裤代表着劳动阶层，这样一来，贵族和中产阶级的男士们也都学着革命党人的样子穿起了长裤。不能否认，近代筒状的西装长裤和法国大革命有着一定的关系。

补充一点，裈在古代就是合裆的裤。

"防水台"与花盆底儿

近年来,女鞋底普遍加厚,美其名曰:防水台。记得当年看松糕鞋前后均高时,人们都觉得太笨,而今精致真皮舞台鞋底也是前后均高了,只不过后跟更高而已。好看不好看,先放一边儿,且说这种鞋底原来确实是为了防水的,它起源于意大利水城——威尼斯。

在美国人布兰奇·佩尼著《世界服装史》和英国人吉拉·帕蒂森、奈杰尔·考桑著《百年靴鞋》中,都提到1590年前后一位威尼斯贵族妇女所穿的红色天鹅绒高台底鞋,并说:"设计成这么高的底,原来是防止长裙拖在湿泥里,但它们很快凭借其自身特点成为时髦的东西,并且迅速变得越来越高。在被禁止之前,它们达到了荒唐的22厘米的高度,发生了数不清的事故。"

16世纪,在意大利水城的贡德拉船和宫殿之间的短途中,经常有贵族妇女走过,她们为了不弄湿裙子,也避免鞋踩在水坑里,于是发明了这种高底鞋。当然,22厘米不是最高,只是这种鞋的一般高度。《百年靴鞋》中有一幅照片,即16世纪贵族妇女穿的威尼斯高底鞋,鞋跟真真切切地达到了惊人的55厘米。

想一想,脚穿55厘米的高底鞋,真像踩高跷。17世纪英国戏剧家本·琼森形容一个演员在剧中时,曾说:"踩

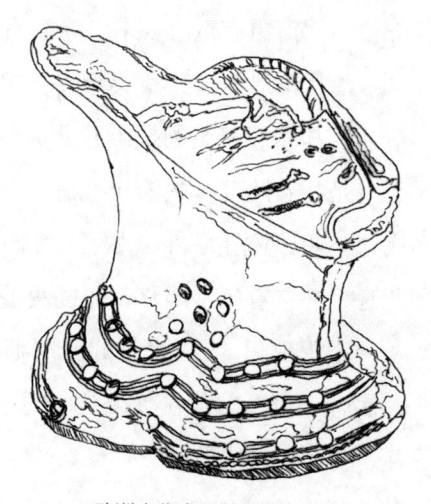

欧洲古代高跟鞋(吴琼绘)

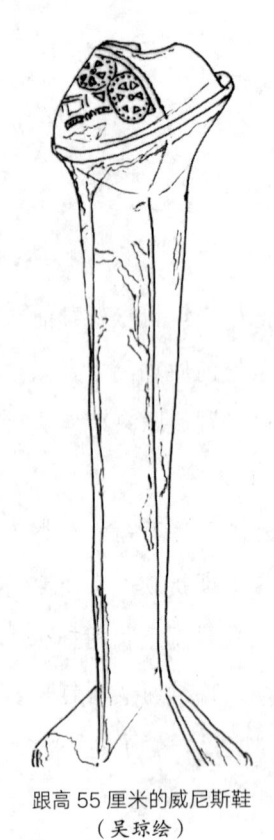

在软木高跷上迈着犯人的步子。"穿着这样高的鞋，又走在坑凹不平的泥水路上，贵妇们离不开女仆的搀扶。这样比起来，如今的防水台真的算不了什么，也没有新鲜可谈。大家之所以争先恐后去买，就是因为在此之前好一段时间没有这么高的鞋。

从防水角度看，中国满族妇女的花盆底鞋或马蹄底鞋，与威尼斯高底鞋有异曲同工之妙。满族祖辈女真人即生活在水草丰盈的中国东北大草原上，妇女们为了防止潮湿，也为了防止草上的露水打湿长袍，就将鞋底再钉上三四寸高的木底。中国尺四寸也有13厘米多了。最有意思的是，满族高跟鞋是把木根放在鞋的正中间，也就是脚心处。既不像欧洲正统高跟鞋那样将高度放在鞋后跟，也不像意大利高台底鞋那样几乎全鞋都有个厚厚的底。即使是集中在鞋底前部和中部，也是粗粗的，下面有个更宽大的满跟儿。花盆底或马蹄底由于安在鞋底中间部位，因而更有重心要求，穿着者走起路来是要有技巧的。

跟高55厘米的威尼斯鞋
（吴琼绘）

清代文康著《儿女英雄传》中有一段这样的描述："旗装打扮的妇女走道儿，却和那汉装的探雁脖儿、低眼皮儿、瞅脚尖儿的走法不同，走起来大半是扬着脸儿、拔着个胸脯儿、挺着个腰板儿走……两只三寸半的木头底儿咯噔咯噔走了个飞快。"我们如今在舞台上看模特儿穿旗袍和花盆底儿时，都拿着条手绢儿，通过两手的前后摆动，起到平衡的作用。

至于那只55厘米高的威尼斯鞋子，在重心掌握上有些类似于满族花盆底鞋，也是鞋跟在整个鞋底的中间，或许是太高了，在前在后都无法立住，更不要说走路了。

防水是目的吗？怕打湿裙子是设计这种高底鞋的真正动机吗？只能说

有这一因素，但绝不能相信这个说法是真的。今天的裙子不是已经很短了吗？姑娘们又不穿袜子，更何况走在柏油路上，根本谈不上防水了。

为什么会流行？一是高了低，低了高，有变化才能吊起着装者的胃口，也才能够撬开消费者的腰包。二是有一种理论，鞋高起来会增加女性的性感，挺胸提臀是高跟鞋的功劳。当然，穿高跟鞋不会走路，以至姿势难看的也大有人在。

当代防水台高跟鞋（吴琼绘）

莎士比亚曾在《哈姆雷特》中写过这样一句话："尊贵的夫人，您穿上高底鞋，比起上次我见到您时更显得雍容华贵。"

或许，这是真正的动力，华贵，兼有时尚。

华梅说服饰

从奥运想到文身

伦敦奥运结束了，我看到运动员中不少有文身的。过去看拳击运动员泰森文身，大家还感到新奇，以至留下印象。现在好像很普遍，人们也不再与黑社会联系起来，尤其是中国运动员，甚至现役军人，社会已对文身给予充分的宽容度。

我刚刚从大连度假归来，海边不少男性都赤裸着上身，胸前、背后、两臂乃至腋窝刺出图案又染青的人很多，而且图案形式和内容也很丰富多样。游人见多识广，见怪不怪了。文身已显得很平常，只不过是皮肤的一种补充或装饰而已。

文身包括在服饰之中，服饰或服装由衣服、佩饰、化妆和随件构成，化妆既包括远古的文身文面、烫痕、割痕、穿孔、挂环，又包括现当代的文眉、文唇、隆鼻、削脸、重睑、磨面、去眼袋等。

古代文身与当代刺青不同。古人文身，多大年龄"文"，要什么图案样纹，都是有规矩的。有的是为了表示成年，有的是为了表示已婚，或是标明族属，或是标明级别，如部落酋长有权享用某种纹样或使眼角缀下几朵肉样纹，别人是不允许的。擅自文身是要遭到处罚的，轻则鞭挞，重则被处死。

文身显示的是文化含义。到了部族内规定的年龄，就要在隆重的仪式中接受文身，由巫师或长辈持尖状物，在皮肤上按画好的图案刺成连续点状，点可连成片，因而密集处呈现出一片实面。然后用深色汁液浸在刺出小孔的皮肤上，通过颜色来显现图案。

浅皮肤的人可以通过针刺染青，形成深色图案。那么深色皮肤的人怎么办呢？如非洲人。深色皮肤的人可以通过刀割使其皮肤形成刀痕，再往伤口处塞进一些泥土或是鸟粪等杂物，使其溃烂。有些人因此伤口感染乃至失去生命，部落中人们便觉得他得罪了上天或某一位神。很多人的伤口愈合了，深色皮肤上留下浅粉红色的瘢痕，这就是成功的第一步。再选一个吉日良辰，举行全部落人的隆重盛典，一些人要接受第二次割痕，据说在瘢痕上再割，非常痛苦，但是文身人感受到这一份神圣，认为这会给自己或全部落人带来幸福与安康。我曾写过一篇文章，题名"肌肤浮雕瘢痕饰"。那不正如同浮雕吗？人类的艺术行为会选择各个范畴。

原始性文面（王家斌绘）

曾经有这么一段历史时期，犯人脸上烙个印痕，《水浒传》中的武松不就遭此刑罚吗？近现代的中国，民间帮派很多，有一些如青、红帮的组织，就以身上的刺青作为标记。欧洲电影情节也显示，去黑帮中卧底的刑侦人员，为了标明身份，在自己身体上画出该帮派的图案。未想到，帮派中老大请他洗澡，一下子露了馅。20世纪下半叶，中国人民解放军招兵体检时，遇到有文身的，视同身体有毛病，根本不收……

2005年以来，街头巷尾常见某某刺青室。白领们突发异想地刺一个小图案，不过最初只在后背等处，一般穿上衣服时别人看不到。因为担心刺完之后后悔，又出现了贴片。等于印上一个类同文身的图案，不想要时就一洗了之。

如今观念变了，文身不只是帮派的标记了，谁想在皮肤上有个花纹，都可以刺上一个，再染成蓝或红色。有些花纹是有永久性社会意义的，也有的就是为了好玩儿或好看。关键是别人也司空见惯，不再大惊小怪了。

不要纠缠文身好不好、对不对，社会宽容度的增加，总的说也是社会文明的表现！人们愿意对皮肤做一些装饰，也属于人类文化行为，其性质本身是正常的。

历久弥新，英伦格纹

英伦格纹，当今很火。听起来很新潮，实际上它是很传统很传统的，只不过被 21 世纪的年轻人又增加了新的诠释。

如今 T 台上下的英伦风，格子纹绝对是一个特有的时尚标志。它最早是苏格兰的传统织物样式。格纹在英文中称作 tartan，而不是我们大家通常认为的 check。在 17 世纪和 18 世纪，tartan 是苏格兰家族的标志，因为苏格兰人最初是以家族为单位生活的，不同家族的徽章所使用的格纹图

欧洲 19 世纪条格衣裙
（埃德蒙·布莱尔·雷顿《我的隔壁邻居》）

案都不一样,久而久之每个家族也就形成了自己独有的方格纹图案了。通常情况下,格纹服是不允许平民拿过来就穿的,只有皇室成员才有资格使用。每一种格纹在什么场合穿着都有具体的规定,比如说一种灰色底黑白粗线的格纹,就是在参加葬礼或者极其悲伤的场合才会用到。

说起 tartan 的流行,功不可没的一个人物就是 Walter Scott,他是苏格兰的大文豪。当年乔治四世代表英国汉诺威王朝巡访苏格兰,在欢迎仪式上,正是他安排苏格兰家族首领穿上自己家族格纹图案做成的 Kilt 参加聚会。未想到,tartan 一夜成名,从此在英格兰流行开来。虽然这一举动至今已有三百多年的历史,家族观念在当今的苏格兰也开始淡化,但是英伦格纹被留在了时装的秀场中,以至总是不停地发挥着它的魅力。1982年,在纽约古苏格兰俱乐部的主导下,时任纽约州长的休－凯利及纽约市长的爱德华－柯奇宣布 7 月 1 日为格纹日。

那么,tartan 究竟有哪些分类呢?

千鸟格。起源于苏格兰的一种格纹,因为形状类似猎犬牙齿或其他禽类而得名。法国人将其称为 pied-de-poule,意为"鸡爪"。最初这种格纹只用在男装上面。1948 年 Christian Dior 先生把优化组合后的格纹运用到了香水 Miss Dior 的包装盒上,自此千鸟格成为了高贵典雅的代名词。

维希格。Vichy 格的主要特点是以双色交错产生,我们现在通常看到的有三种,白底红色、白底黑色和白底蓝色。这种格纹在 20 世纪 50 年代末 60 年代初非常流行,电影《上帝创造女人》中,法国女演员 Bardot 就身着维希格衬衫亮相其中,因此也使得这种印花成为了"法式风格"的一部分。Chanel 在 2011 早春系列中大量使用了这种格纹来充分展现法式度假风情,2012 年仍然有不少人热衷于此。

威尔士亲王格。英文名字称为 Glen Plaid,出自苏格兰高地格伦欧科镇的羊毛纺织品。由于这种格纹深得爱德华八世(当时的威尔士亲王,后来的温莎公爵)的欢心,进而形成时尚流行的瀑布效应,由此引起了广泛的认同。Glen Plaid 格纹是迷你型的千鸟格，在视觉上，黑白对比也没有千鸟格那么鲜明，色调则较为低调和书卷气。通常是素色羊毛纺织，再配以色差比较大的细线条分出格纹，这种格纹制作出的大衣，颇具学院派的感觉，因此也受到高层知识分子的喜爱。

菱形格纹。这种格纹最早的应用者来自英国苏格兰 Argyle 地区的坎贝尔家族。任何两种颜色的格子都可以自由搭配在一起，拼出菱形格纹的图案。Chanel 中经典的 2.55 菱形格纹包便是从中获取灵感，采用骑士外套，并配以明线车缝，创造出独特的菱形效果。

说起来，格纹的流行绝不是一次两次，也不是毫无波澜。因为它经典、历史渊源长、文化底蕴深，同时具有高贵的皇家气派，因而流行趋势中总会反复看到它的身影。近年来，各大品牌纷纷从苏格兰家族的格纹图案中提取元素，设计了自己独特的 tartan。Aquascutum 是由黑、棕、黄三色的均匀粗线条组成，Burberry 是浅棕色底子上加入黑、白、红线条，而 Pringle 则以菱形格纹突出重围来展示自己品牌的特色。时尚界的"西太后" Vivienne Westwood 将格纹重新塑造，把摇滚朋克的灵魂加入到 17 世纪复古图案中，从此成为了摇滚叛逆的象征。

21 世纪的都市街道上，不时闪过亮绿色格纹小西装 + 轻薄碎花连衣裙。顿时，田园少女的清新与摩登时尚的混搭瞬间凸显出来，再戴上一顶枣红色的宽边毛毡帽，还真的增添了几分皇室气质。

有人想表现表现学院风，大胆尝试一下成套的格纹装。于是，沉稳的感觉被演绎出来，一副出位的复古眼镜更是让整个造型活起来。

格纹裙是最能显示职业女性干练与优雅的款式了。经典的黑白千鸟格纹营造出好莱坞式的淑女风范，简单大方又不失优雅。菱形格纹图案的裙装则在视觉上起到了很好的收身效果。还有人穿一条格纹长裤，再加上垂顺感非常好的面料，更能显现出女性腿部曲线的优美，上面搭一件纯白色衬衫，亭亭玉立，好像一棵挺拔柔美的小树。

格纹的流行从未歇息，这两年又有了新的变化，从中规中矩的格纹演变成了不规则的"移动"，像 Valentino 的连衣裙系列，基本上就是由 tartan 的六格设计演变而来，打破了过去传统的构成形式。除了图案上的形状变化，剪裁的设计如不对称的边线还有夸张的挂饰等等，都使格纹的平面化意味减弱，在经典元素的基础上又增添了丰富的三维动感。

已故的 Dior 首席设计师伊夫·圣·洛朗（Yves Saint Laurent）对于格纹的流行曾经说过这样一句话："潮流不息，经典永存。"格纹总是有这样一种魔力，不论时尚的风潮如何演变，它总能博得几乎各个年龄段人士的喜爱。（与刘一品合撰）

当代英伦风格装（吴琼绘）

游牧风是城市人的梦

2012秋冬时装发布会上，频频刮来游牧风。报载，女人们继续着她们的游牧精神，从潘帕斯草原到俄罗斯的大草原，她们身穿中性味道十足的时装，按照自己的意志出现在每一个想去的地方。

那么，具体服饰是什么样呢？皮革裤子搭配皮革靴子，毛坎肩搭配衬衣皮裤，边缘点缀着白边和流苏的格子呢风衣搭配宽腰带等，演绎出浓浓的游牧风情……

我看新刮起的游牧风，有些类同久久不散的波希米亚风，如流苏，如长裙，还有宽腰带，另一些是男装化，实际上已超出了中性风格。头戴呢子礼帽，很有牛仔的味道；身披毛呢大氅，更有些绅士加大侠的神秘。毛朝外的坎肩已回归原始，皮靴、皮裤更是典型的男人装束。

T台上，模特儿面容冷冷的，全没了淑女的韵味，代之而来的是一种剽悍，一种不羁。

这是游牧风吗？时尚文章说丝绸、棉、皮草、开司米、缎子、天鹅绒等材质重点突出了"牧民"们女性气质的一面，而斜纹软呢、毛纺、格子花呢、鳄鱼皮、小山羊皮等则通过硬朗的外观来展现中性风格。

我想说，人类就性别而论，只有两个，男和女。因而，女着男装和男着女装都是为了图个新奇。至于说游牧风格，这绝对是远离自然的城市人那遥远的梦。

中世纪的骑士制度固然有政治原因，但也不排除人们在生活方式上寻求一种猎奇、一种丰衣足食之后又希望得到的探险。游荡、比武、跋涉，夹杂着浪漫，完全打破了日常的平静。对于骑士的评论至今已延续了七个世纪，各种理解和分析评论都有。我们换一个角度去看14世纪的骑士，塞万提斯的《堂·吉诃德》，体现的就是那一个时代城市人所梦想和追寻的游牧风。

西方再一次大规模流行游牧风，应属20世纪50年代的全民穿牛仔装。一顶礼帽、一条披肩、厚帆布加铆钉的长裤和小坎肩，就差胯下那匹奔驰的骏马了。享受安逸生活的城市人将游牧风演绎得如火如荼……

中国唐代时也是这样，相对安定的社会、富庶

欧洲古代游牧风格的舞装
（加斯顿·卡齐米尔·圣·皮埃尔《跳舞》）

的城市、丰盛的物质资源、闲得有些无聊的生活，衍生了一种上层人的活动——马球。"球"古写"毬"，打马球也叫"击鞠"。官员带着随从，或是几个富家子弟聚在一起，各骑一匹马，手拿长杆，将用藤竹根或木料制成的球打进对方球门为赢。唐宋时人们热衷此项运动，"长拢出猎马，数换打毬衣"的气魄也是相当激动人心的。

细想想，众人骑着马击打一个球，其热烈的场面不是与蒙古族叼羊活动的情景相近吗？这也与城市人试图释放能量、宣泄情绪的想法是一样的。

时装流行中的游牧风，永远是城市人的追逐、远离自然以后的一种渴望。不过，总有些叶公好龙的意味。真的让城市人去做牧民，受得了那份

艰苦吗？经得住狂风大作和烈日暴晒吗？能够真的逐水草而居吗？即使是波希米亚风，又有几个人愿意加入到一个到处游荡的部落中去？

　　着装者就是这样，梦想是梦想，现实是现实。在水泥的世界里，到处是霓虹灯在闪烁，每天朝九晚五，离不开的上司与同事……人们渴望城市外的环境，希望在那里住上几天，闻一闻清新的夹杂着草香的空气。但是，不用太长的时间，又会觉得若有所失，生怕被现代社会抛弃了，于是又匆匆回到喧嚣之中……如此往复，这就是现代人。时装界游牧风一阵阵刮起，人们也乐此不疲。正因此，时装大军才永远充满活力。

当代游牧风时装（吴琼绘）

服饰与养生

服饰养生先养心（上）

如今人们注重养生，凡与健康有关的内容都容易引起大家的兴趣。前不久，电视台约我讲了八集服饰与养生，取名为"穿出健康来"。结果是收视率特高，熟人见我便谈论起如何着装……

我说，养生应该先养心，着装也应该先了解一下古人的服饰观。不是有件衣服就行，也不是单单为了御寒，更不能以此仅为炫富。这就是修养，为什么"腹有诗书气自华"？服饰形象反映出的是着装者整体实力，包括政治地位、经济条件，同时显示的还有所掌握知识的多少以及所从事专业之外的综合修养。所以，服饰品虽然本身无生命，但一经人穿上并共同构成服饰形象时便有了人的灵气与大文化内涵。

年轻时不理解，认为老子说的"五色令人目盲，五音令人耳聋，五味令人口爽"太绝对，难道全不要吗？"见素抱朴，少私寡欲"对，但是也不能完全一色啊，如果都像老子说的那样，还何谈生活的五彩缤纷？我研究服饰三十来年，又随着年龄和阅历的增长，觉得老子说的非常对，什么事儿都不要过，无论颜色、乐声、食品，重在恰到好处，过了就显得乱。老子强调"被褐怀玉，是为君子"，即披着粗毛织成的贫苦百姓穿的衣服，可是心里宛如玉一样，清净、正气、恬淡，那才是真正的君子，君子就是有修养的人世。老子要人们"甘其食，美其服，安其居，乐其俗"，即以能吃到的为好吃，以能穿到的为好衣，以能住着的为好房，以当地当时讲究的为最好的风俗。这样，人的心态才可以保持在一种平静的状态，正像范仲淹《岳阳楼记》所说"不以物喜，不以己悲"，方可达到一种高尚的境界。否则，无休止地追名逐利，贪图奢华，直累得身心俱疲，还有什么健康可言？

当然，年轻的着装者可能会问，都满足于眼前的衣服款式与颜色，还要时装吗？要，自然不能排除时装，在对服饰的追求上，人们总想换个样儿，因为求新求美也是健康人的一种正常审美需求。再说，没有变化，怎么能形成服饰发展史的滔滔长河？人类需要一种创造性，首先要具备一种对新事物不断追求的精神动力。

我理解老子说的就是一种心灵的洁净与宁静。除时装设计师的专业需要以外，普通着装都不要使劲儿盯着别人又穿了什么，老想着永远站在时装前沿。无论年老年少，都要在如此繁忙快节奏的竞争时代中保持一颗稳定跳动的心。网络语言中不是也有"神马都是浮云"的体会与告诫吗！看透了就会心平气和地投入到生活与工作当中。老子的服饰观非常有利于养生，这是广大读者的共识。

相对老子，墨子的服饰观从文字表面上看似乎与老子相差不大。可是深入一谈，就知道远不如老子的境界高。《墨子·辞过》中说："故圣为衣服，适身体，和肌肤而足矣。"《墨子·佚文》中有："食必常饱，然后求美；衣必常暖，然后求丽；居必常安，然后求乐。"墨子说的还是从实际出发，远没有老子那么超脱，直接代表的是小生产者的利益。心里还是想的，只是眼下有点捉襟见肘。隐约之间，有点鲁迅笔下阿Q的味道。

孔子很直接也很干脆地说："文质彬彬，然后君子。"认为内在与外在都重要。有一次，孔子看到子路"盛服以见孔子"（《荀子·子道篇》），孔子说，你衣服太华丽，又满脸得意的神色，天下还有谁肯向你提意见呢？于是子路赶紧出去换了一身合适的衣服回来，人也显得谦和了。孔子告诉他，好表现自己的人是小人，只有真正具有真才实学，同时又诚实，具有仁、智的人方算得上君子。

服饰养生先养心（下）

　　好养生的人都知道"人养玉，玉养人"，意即喜爱玉饰品，又时常用手摩擦玉，会给人体健康带来很多好处。

　　在佩玉饰的问题上道家与儒家观点是不一致的。老子认为"怀玉"是指由自然人的纯朴心态，上升为高尚深远的未被人为世界所破坏的人格精神。所谓"被褐怀玉"，其实是从根本上否定甚至反对服饰的修饰作用，而强调内敛深藏的人的美质，道家的"怀玉"内涵心态与儒家"佩玉"的外显相对立，这种服饰观对后世如魏晋时期通脱的士人着装观影响至为明显。

　　儒家讲究"君子以玉比德"，甚至强调"君子必佩玉"和"君子无故玉不去身"。这些观点在《礼仪·玉藻》和《礼记·曲礼》中有明确记载。玉之诸德正是君子应有的。君子每日佩玉，以便提醒自己，一言一行都要像玉那样具备仁、智、义、行、勇、信的美好品质。那么，玉作为饰件如何显示这些品格呢？玉的温润色柔，好似君子之仁；坚硬且有纹理，似智者处事果断；坚韧似义者刚直不回；有棱而不伤物宛如有德行者不伤人；虽可摧折不挠屈，具勇者气质；玉的瑕适并见，似诚实可信。《礼记》强调："瑕不掩瑜，瑜不掩瑕，忠也；孚尹旁达，信也；气如白虹，天也；精神见于山川，地也；圭璋特达，德也；天下莫不贵者，道也。"

　　不仅这样，玉被扣之，其声清越以长，而终止时又无繁碎。基于此，儒家讲究君子佩玉，这种观点流传至今。

　　从现代医学的角度看玉，一是具有热容量大和辐射散热好的物理性能，可以减少血液中的耗氧量，使血液中酶分子不变性而保持最大活性，加强新陈代谢，增强免疫力；二是光谱测定，玉的特殊分子结构能够发射人体吸收的红外线电磁波，这种电磁波波长为8—15微米，可被人体共振吸收；等等。有人索性说，佩好玉者为防玉碎而缓行，结果不易伤身……这些无论是《神农百草》《本草纲目》的古医论，还是现代医学的微量元素说都已阐明。其实不如说，佩玉、惜玉、抚玉确实能使人心静下来，从而达到养生目的。

当然，儒家服饰观并不仅限于此，经由孟子再至荀子已经更多地强调"衣服有制"了。

法家与儒家相反，韩非子说："盛容服而饰辩说，以疑当世之法而贰人主之心。"他认为"盛容服"只是一种伪装形式，甚至将任何一种服饰与流行都作为例子来强调统治者的统治需求。如《韩非子·外诸说左上》中"齐桓公好服紫，一国尽服紫"和"邹君好服长缨，左右皆服，长缨甚贵"，韩非子以服饰为例直截了当地宣扬统治权术，让君王按自己的意志去主宰天下。

中国古代哲人的服饰观，与中国文化的发展并存同行。了解这些，就会使我们的心不为当世的激烈竞争所烦扰。读一读古人的诗句，梳理一下自己的思绪，静静地欣赏诸子百家的服饰观，以及中国服饰观念中的小多元，无疑是服饰与养生的第一步。

《离骚》中有"制芰荷以为衣兮，集芙蓉以为裳""高余冠之岌岌兮，长余佩之陆离"，《九歌》中也有"灵偃蹇兮姣服，芳菲菲兮满堂"。美，神秘又典雅，屈原以香花芳草喻品德修养，张扬了人爱美的天性。《淮南子》的"美人者非必西施之种"，班固的衣装"隐形自障闭"说，兼融儒道而崇尚老庄的魏晋士人"解衣当风"以及中国人的"衣锦还乡"观，都是有志于服饰养生者不得不了解的，领悟先哲，静静思考，就如品茗，慢慢啜来，意味无穷……

服饰养生选款式

有人问，衣服的款式与养生有关吗？当然有，因为衣服要穿在人的身上，而人要活动，身体要舒适，同时还有个冷暖的问题，款式直接关系到健康。

中国古人讲究宽袍大袖，虽然我们今天看起来不太适合当今的工作环境与交通设施，但古人的衣服款式绝对有讲究，既便于通风，又不碍于人体的活动，那是相当舒服的。宋代时有一种服装叫"背子"，这种衣服男女都能穿。背子的样式是直身，长至膝下，对襟无纽扣，袖子可肥可瘦，两边可以不开衩，也可以两边都开衩。听起来这就是一种很舒适的衣服，基本上对身体没有束缚，我曾称它为古代休闲服。当年宋徽宗留下自画像《调琴图》，图中的皇帝就穿着背子。这种衣服不仅舒服，看起来也很优雅，文人淑女尽在特定的服饰形象中，再加上丝绸衣料，背子一定特别符合人体所需的"无障碍"。

那么，古人的服装式样今天还可借鉴吗？我觉得是可以的。如前面说的背子，现在有的发展为半长的毛衣，穿起来也别有一番风味。又如勒子，就是妇女戴在头上的，也叫头箍，我看现在时装中也有，只不过古人是用丝绵做的，外面有缎面，面上再绣花，如今毛织即可，又时尚又可护住头部。老年妇女戴在头上肯定可以起到防风作用。再有一种很有益的款式，就是肚兜、兜兜。古人很讲究的，男女都穿，它明显可以防止胃与肚脐着凉。古人讲究给小孩做，绣上花样，以示祝福；给情人或丈夫做，绣上芙蓉、鸳鸯，还有的地方讲究绣上大青蛙或小兔，以示富贵长久、恩爱永远或是多子多福。肚兜应是中国人的新文化产物。

说起款式不妨从肚兜联想到如今的露脐装和低腰裤。时尚已经走到21世纪，我们不能违背社会潮流，但时装不一定都有利于健康。这两种时装明显不利于身体要求。露脐最容易着凉，尤其是短跑运动员，身穿露脐的运动裤，在肚脐毫无遮挡的情况下迎风而行，会带来健康吗？低腰裤更是糟糕，本来人的腰椎就很娇气，是很怕冷的，可低腰裤偏偏让这些时髦的女孩子将腰部暴露在外面，特别是当着装者下蹲时，腰椎及腰骶部完全处于无遮挡的情况下。现代人患腰椎间盘突出症的成倍增加，除了其他原因，低腰裤就是罪魁祸首。

再有，这五六年来，国际上有一种比较稳定的时装潮流，就是女孩子甚至年轻的孩妈妈都是在春秋冬日穿一条长仅及膝上的毛织或毛纺原料短裙，一双高勒长皮靴，可是膝盖呢？膝盖这一最怕着凉的地方恰恰暴露在外面。有的人穿的还是较厚的天鹅绒袜，有的时髦女郎索性就一条薄丝袜，挺精神挺俏丽的。我看到国内外女性都这样穿，但是这里有一个基本条件，那就是气候。比如在澳大利亚，我五月份在那里看到有两个女孩子同去购物，一个穿着高勒皮靴，一个穿着人字带的皮拖，这说明什么问题呢？就是那里的海风有点凉，但不是寒彻入骨，因此穿暖和点也行，单薄点也行。我们中国北方的冬天可就不是这样了，过去"腊七腊八，冻死俩仨"的话是有社会基础的。每当北风呼啸，女孩子的膝盖是很容易受损的。从2010年起流行过膝的高勒皮靴还是解决了一些问题，当然，有车族若在寒风中暴露时间不是很长也还是可以的。

老年人常问穿平底鞋好不好，鞋跟多高才好，这也是个众说不一的医学问题，当然包括在我的服饰生理学中。客观讲，老年人因为不好保持身体平衡，还是穿平跟鞋好，这样可免得摔倒，只是鞋底过低确实对腿部脚部的骨骼筋腱不利。太高也不行，年轻人穿太高的高跟鞋其实也不利于健康，最好中庸一点，三四厘米高最好；老年人可掌握在一二厘米左右，既舒适，又安全，同时可保持体态，毕竟人还是爱美的。

服饰养生尊天意

20世纪60年代至80年代，人们一提天意就觉得是迷信，总在批判董仲舒的"天人合一"与"天人感应"，认为高举"人定胜天"的旗帜才是人间正道。后来随着科技手段的不断进化，人们才发现，大自然不是取之不尽的源泉，当它屡遭破坏后还是会报复人类的。于是，人们又在重视环境保护，重视"天之道"，即大自然的规律。

服饰养生有一条，也是应该顺应自然。早在先秦时期，有关天道的观念已经成熟，《周易》中即有："天行健，君子当自强不息。"西汉时期的董仲舒在《春秋繁露·深察名号》中提出："天人之际，合而为一。"在《循天之道》中也提到："四时不同气，气各有所宜，宜之所在，其物代美。"并说："当得天地之美，四时和矣。而违天不远矣。"

中国礼服中最郑重的就是上衣下裳，那种上下连属的衣服早期不能算正式场合的服装。最高贵的礼服是帝王的冕服，冕服即上为黑色的衣服，下为绛红色的裙子，上以象征未明之天，下以象征黄昏之地。中国古人认为，顺应天道才可以得吉祥，也就是说得到天的认可以后才会得到天的护佑。

成于汉代的儒家典籍《礼记》中说到"四时服"，《后汉书》中又提出"五时衣"，这些都是按四季自然景色来确定的，如春季着青色衣，夏衣着红色衣，季夏着黄衣，秋着白衣，冬着皂衣。这些不仅是人们的日常服制，更重要的是仪仗队伍的车、马、旗帜等，在重大礼仪如祭天祀地时必须严格遵守相应的规制。

为什么要这样，除了春季着青衣确实体现出与青山绿水一致之外，还

服饰与养生

有一个因素就是中国古人所说的五行、五色,如金、木、水、火、土,与之对应的则是白、青、黑、赤、黄。四时服演变为五时衣,显然与五行有关。夏季着红,这个我刚讲中国服装史时不理解,夏季太阳很热,怎么还要穿红色呢?后来土耳其一位名叫阿尔佛的专家提出,红色衣服可以抗击太阳紫外线的辐射。因为红色能够吃掉七色光谱中离红色光谱线最远的一种短波射线,这是介于291—320毫微米波段的近紫外线。看来这是有科学依据的。季夏应着黄色,这似乎与夏季末尾,繁丽的百花已开始凋零,树叶也开始变黄有关。很多学生问我,为什么秋季不着黄而要着白呢?看来这与大自然一片肃杀有关。冬天万物寂静,如果不下雪的话,还是以黑色为主调,毕竟是百花的颜色全无,即使不落叶的松柏也归于墨绿了,这确实是中国古人在对大自然的感性认识上,又多了一层哲学思考。

那么我们如今怎么重天意呢?我想除了冷暖之外,也可以加深一些科学的认知和诗意的想象。比如有人发现白衣可以将强烈的阳光反射回去,因而夏天愿意穿浅色衣服,也有人说黑色能够吸收人身体散发的热量,主张夏天穿黑色衣服。我曾在20世纪90年代时开了个玩笑,我说如果按照这个原理,那就应该穿一件黑里白面的夹衣服了,不过那可能会更热了。

服饰养生重天意,一是根据季节气温变化选择着装的款式和色彩,二是要培养一种与天共存的环保理念。不使用珍贵动物皮毛,不破坏珍稀植物,以自然为本,这或许就是如今年轻人爱说的"低碳"。实际上所谓重天意,是一种静静的、不焦躁的、不强求的着装心理,这在养生中最重要。

服饰养生选材质（上）

如今到处在谈食品安全，大家最关心的好像是吃什么不致损害身体。实际上，穿什么才能不对人身健康造成伤害，也是至关重要，甚至是迫不及待的事。

中国古人讲究夏穿葛、麻、丝，冬用动物皮。当然，现在这么多人，地球上人口已向百亿进发了，而动物正在减少，再穿动物皮是不可能的了。不过，这里显示出一点，就是古人着装选料时，是顺应自然的，如植物纤维，如毛类动物纤维，还有蚕吐的丝、贝含的珠等。

《诗经》中写道："丘中有麻""不绩其麻，市也婆娑"。苎麻能够为人们提供一种很好的植物纤维，它洁白清爽，清凉离汗，夏天穿它再热也会透气，衣服不贴身，古乐府诗中赞誉它："宝如月，轻如云，色如银。"同时有一种葛，也是可以剥取纤维的，夏日穿上它吸湿散热快。《韩非子·五蠹》中写"冬日麑裘，夏日葛衣"，描绘的就是古人一年之中着衣的材质。棉花在中国的发现和使用都不及葛麻早及普遍，但在《后汉书》《晋书》中也都有记载了，当年叫"吉贝"。元代黄道婆是有名的棉纺织家，她对棉花种植、采籽、轧籽、织布的贡献，致使她的家乡也美名远扬，一句"松江衣被天下"就可看出黄道婆所创造的经济效应。到了明代，棉花使用普遍，就可以"不麻而布，不茧而絮"了。

那么，舍弃这些天然材料是从什么时候开始的呢？1937年美国人发明"聚酰胺纤维"，就是我们称作尼龙的化学纤维；1940年英国人发明"聚酯纤维"，就是我们说的涤纶；1948年起欧洲人发明了"粘胶纤维"；1955年瑞士人发明了"硝酸人造丝"；20世纪50年代后"聚丙烯腈纤维"

大量使用，我们多用来织毛衣。腈纶毛衣颜色特别漂亮，很是时尚了一阵儿。尼龙也是新鲜物儿，尼龙丝长袜、短袜、男袜、女袜，使家用的袜楦再也派不上用场。以前各家主妇补袜子的活儿没有了，尼龙袜结实又利落，20世纪40年代涌入中国时被叫作"玻璃丝"，当年价格很贵。60年代起，中国人衣服材质中有了一种最时髦的"的确良"，实际上就是涤纶。

说涤纶冲击了中国人的审美观，一点儿也不过分。因为涤纶纤维衣料很薄、挺括，洗后易干而且不变形，当时觉得比皱巴巴的棉布强多了。但是穿一阵儿才发现，它不透气，夏天穿起来其实很热，还有一点不好的是透明，这对于当年还相当保守的中国人来说也添了不少麻烦，女性们害怕的确良小褂里露出胸罩，尽管那年头胸罩很宽大，但人们还是在胸罩外再套件宽肩棉质背心，然后再穿的确良衣，那还凉快什么？不过那绝对是"文革"前后跟衣服材质有关的具有"里程碑"意义的着装方式。

如今各种人造纤维，包括化学纤维和合成纤维充斥市场，曾有人问我，什么是太空棉？太空棉原称"慢回弹"，是20世纪60年代美国太空总署下属美国康人公司研发的，是一种开放式的细胞结构，具有温感减压功能，可保暖并吸收人体压力，最初应用于航天业。它采用黏合法和针刺法，也属于涤纶类。同时采用聚乙烯塑料薄膜，加一层铝钛合金。一听就是诸多化学物质构成的衣服，虽说在某些方面可能比纯棉好，但它与人体的契合度肯定不如纯棉。

如今莱卡很受年轻人青睐，可是它的原属性质是怎样的呢？莱卡是英文LYCRA的译音，1937年德国拜尔公司研制成功，1959年美国杜邦公司开始生产，是杜邦氨纶纤维的注册商标。弹力和拉伸力都很大，拉伸后的回复性好是它最大的特点，它可以配合任何一种面料，被誉为"友好纤维"……

在人类发明了越来越多的纤维，同时还在致力于发明新纤维的时候，我们还是喜欢纯棉与真丝。归来吧，天然纤维！

服饰养生选材质（下）

人们日常着装，除了衣服还少不了佩饰，而佩饰中有很多是直接接触肌肤的，如耳环、手镯、项链，弄好了绝对有利于养生，弄不好就会损害健康。

中国人佩饰有许多讲究，最有代表性的就是佩玉。儒家学说中有"君子以玉比德""君子无故玉不去身"。为什么这么喜欢玉呢？因为中国人认为："玉温润而泽，仁也；缜栗而理，知也；坚刚而不屈，义也；廉而不刿，行也；折而不挠，勇也；瑕适并见，情也；扣之，其声清扬而远闻。"这是在赞美玉的品质，也是中国人佩玉要求的文化内涵。

那么，从保健角度来看玉有何益处呢？《神农本草》说："玉乃石之美者，味甘性平无毒。"又说："玉能生津止渴，除胃中之热，平烦懑之气，滋心肺，润声喉，养毛发。"《本草纲目》也讲："玄真者，玉之别名也，服之令人身飞轻举。"看来这是以玉为药时的说法。按现代科研结果说，玉至少有三大好处：一是具有热容量大和辐射散热好的物理性能，可以减少血液中的耗氧量，使血液中酶分子不变性而保持最大活性，加强新陈代谢，增强免疫力。二是光谱测定，玉的特殊分子结构能够发射人体吸收的红外线电磁波，这种电磁波波长为8—15微米，可被人体共振吸收。三是含十多种对人体有利的微量元素，能够平衡人体机能……

或许基于此，有"玉养人，人养玉"之说。还有人说，佩上一块好玉，走路都要小心，怕是把玉摔了，其最实在的好处是避免跌倒摔伤。如此云云，旨在说明，人是喜欢玉的。不论就本质讲，还是就文化含义讲，戴一件玉饰件都让人愉悦，从而带来好心情，那就当然是有利于健康了。

服饰与养生

上次在电视上讲"服饰与养生"时，有人通过网络问：听说用嘴含玉石，可以生津止渴，除胃热，养心肺，真的是这样吗？据说老人手腕背侧有"养老穴"，佩戴玉手镯，可起到按摩保健功效，不但能改善老人视力模糊症状，还可以蓄元气、养精神，真的有那么神奇吗？我说，古人确有含玉的讲究。按中医穴位知识，人的太阳经之郄穴，指压后能起到清头明目、舒筋活络的作用。如今更有医界打着治疗脑血管后遗症、肩臂部神经痛的旗号，佩玉保健一下子被吹得神乎其神。在手腕上戴玉镯，不断地以矿物质去刺激这个穴位，应该是有益无害的，但是我还想补充，如果是经过化学加工的所谓玉饰，恐怕就有害了。

无论是玉石，还是珍珠、珊瑚、玛瑙，抑或金、银，一定要用纯天然的制作饰品，这样佩戴在人身上，至少无损健康。当然还有一点，就是因人而异，见到过有些人不能戴佩饰，不但不能穿耳戴耳环，而且也不能戴项链，即使是真金、真银的项链也不行，症状是皮肤泛红并发痒，摘下后就好了。这说明每一个人的体质不同，戴佩饰就不仅仅是选取材质的问题了。

佩饰还有一点养生的意义，因为佩饰往往除自然色、纹理之外，还有雕工，雕刻出的花纹总是有一定的文化寓意，如八仙拱寿、瓜瓞连绵、竹梅双喜、杏林双燕、独占鳌头等，每一个图案的后面都有一段美妙的传说或美好的寓意。佩戴着，欣赏着，抚摸着，本身就是一种对心灵的熏陶。久而久之，人不仅爱读书，而且沉静文雅、有修养、有气度，这不又是从玉谈起的服饰养生方法吗？

服饰养生重染色

着装时不仅要考虑选取哪一种材质，有时染色也很重要，因为古人用的都是自然矿、植物染料，而现在化学染料太多。另外，衣服还有个保存问题，新衣从成型到市场，再从市场到旧衣穿过之后，都有个存放中的防蛀与防霉问题，这里也有很多文化性与科学性。

中国古人染衣料，很多是直接利用身边的植物。红花、茜草的根、苏木的心材都可以将布、丝染成红色；紫草的根可以染出紫色；黄栌、黄檗的内茎、黄栀子的果以及槐树的花芽都可以染出黄色；而马蓝（又名木兰、槐兰）的茎、叶，菘蓝和蓼蓝的叶可以染出蓝色。《诗经》中有"终朝采蓝"，据《本草纲目》讲蓝有五种，即蓼蓝、菘蓝、马蓝、吴兰、木兰，这里说法有重复，而且蓝、兰相混，但说明一个问题，这些植物都可以制染料。再有，胡桃（一名核桃）的树皮和果实皮、栎树的树皮与果实皮可以染出绀黑，《本草纲目》上说栎树皮可鞣皮并做染料。

我国应用矿物质染料更早，两万多年前的北京周口店山顶洞人遗址中，就发现有被赤铁矿粉染红的贝壳、兽牙等饰物的孔壁，这说明当年用来穿这些饰物的皮绳是经过染制的，这种赤铁矿粉就是氧化铁。长沙马王堆汉墓中已有丰富多彩的丝织物或绣花线，至唐时仅新疆吐鲁番出土的丝织物上，经光谱分析已有24种颜色。汉唐时期传至西方的染色技术被誉为"中国术"。其他如赭石能染出赭红色，朱砂可染出红色，石黄（又叫雄黄、雌黄）、黄丹（又叫铅丹）可做黄色染料，各种天然铜矿石还可染出蓝色、绿色等，大自然真的是很奇妙的。

自然染料是大自然的产物，当然是无污染的，不存在化学合成的物质。印染工序很讲究，虽然慢一些，但是颜色的厚重感肯定不一样，如鲁迅笔下的"月光如水照缁衣",缁衣是黑色的丝绸衣服,过去用于官宦,也用于道士。缁色是黑中带红,需先染成红再染成黑,经过七道工序,很费工的。黑色在秦代时是地位最高的颜色,"秦得水德而尚黑",当年的仪仗旗帜、车马饰以及高官服饰以黑为重。汉以后有皂隶之说,意为穿黑衣的衙役等下层人,这时的黑就一般是用核桃皮染布,一次就完成了。

有人问,如今的彩色棉环保吗?卫生吗?是不是长出来的棉花就有颜色,无须再用化学染料了?其实不是这样,原本棉花就有带颜色的,不全是纯白,中国传说有紫棉,只是由于产量低,未被大量生产。现在的所谓彩色棉,是苏联在20世纪50年代研究成功的,20至90年代被中国等国家大规模引进,目前美国、埃及、阿根廷、印度等都在生产,实际上还是有非自然染料介入。

现代染色技术先进了,但是化学产品绝对是对人体有不利之处的,如腈纶毛衣,大家都知道很鲜艳的。化学染料的成分是什么呢?举个例子吧,苯胺就是从煤焦油和石油中提炼出来的。

为什么说在时装界又提倡裸色?裸色就是没经过怎么染色的,如本白、牙白、米黄、浅粉、浅蓝等,基本上是很浅很浅的颜色。这或许是人类在寻求一种精神上的自我安慰,用的颜料少可以减少一些不利因素,裸色在现今一片低碳的呼吁声中显得很火。

其实除了染色以外,像樟脑球这类存放衣物所用的东西也是化学制品,樟脑跟天然樟木无关,它的主要成分是苯酚,具有强烈的挥发性,可以通过人的皮肤进入血液。好在人体有一种酶,可以促进它排出体外,但怎么讲也要小心使用。我刚从江西婺源回来,在那里的李坑景点见到好多人在卖樟树段,有些商贩说这是直接从树干上锯下来的,看起来挺珍贵也挺真实的,其实有诈,那气味绝对不是樟木味儿。我家有20世纪30年代的樟木箱,那才是真的。这里卖的我闻了一下,头疼了一个多小时,怎么能说是真樟木?怎么能说是自然的?

服饰养生看个性

一提养生，人们首先想到的就是有什么好食品或好的衣着能够使人健康生活，长寿延年。这里有一个重要问题就是应该因人而异，每个人的体质、职业、年龄、性别不同，怎么会有一套人人适用的服饰呢？所以说，我们只能寻求一种规律，在规律之中再考虑个性需求。

说到人，先要说到人种，世界上目前概括来看有三大人种，不同的人种，不同的聚居地气候、地理条件都关系到如何着装才有利。

欧罗巴人种，主要居住在西欧和美洲，那里的气候条件比较好，人们也较开放，像古希腊、古罗马人就有一种披挂式长围巾似的衣服，即以一块布围裹在身上，当年叫基同，有爱奥尼亚式和多利亚式。这种衣服适合地中海气候一类的自然环境，海风吹来不太冷，有点儿衣服披上就行。现代社会中欧美的女性都穿半长裙，不管春夏秋冬都着裙。当然，这些裙子就非常适合吗？有时也不行，很多中老年妇女都有关节炎，尤其是小腿部肌肉硬结，医学专家说，这是冬日包括春秋下雨阴凉时穿裙子的结果。另外，欧罗巴人喜欢吃肉，高蛋白，相比之下不太怕凉。而东方人喜素食，以谷物为主要食品，有些情况下怕凉。东西方产妇的产后休息方式大不一样，说明人种在养生方面也有差异。

中国人属于蒙古利亚人，古来有自己的一套着装方式、着装礼仪，我们的宽衣大袖和褒衣博带是相当有风度的，行走起来或静立时有风吹来，中国的服饰形象常会使文人雅士或窈窕淑女产生一种神仙似的感觉。可是工业革命使得西方因经济提升、技术先进而成了近现代的前沿。于是，西方的服装式样、西方的着装礼仪都成了国际性的标准样式了。各国在国际礼仪场合都必须按照西方的样子做。很显然，随着生产力的冲击，全球衣着都走向西式了。其实，有些衣服不适合蒙古利亚人穿，这里说的还不是文化意义与社会行为，就以服饰养生来说，牛筋裤、喇叭口牛仔裤适合蒙古利亚人吗？欧罗巴人腿长，在水兵裤的基础上发明了这一系列瘦裤尤其是裆部和大腿部都很紧瘦的服装式样，蒙古利亚人身材比较敦实，不太适合这种裤。从视觉上看总像提不起来的感觉，从生理上看，容易造成裆部的不通风，进而引发一系列疾病。染发也是这样，蒙古利亚人本来黑发很好看，与原来的黄皮肤、黑眼睛、黑眼眉很配套，但是学西方偏要染成一头黄发，又不好看，还损害健康。

尼格罗人主要生活在非洲，尼格罗人长成的短卷发和短鼻孔都是符合热带生活条件的，因此衣服款式也形成了自己的传统。如今一律西化，实际上是不符合服饰生理学的。

从单体人的个性来说，着装要考虑年龄，老和小的衣服都应该适度宽松舒适，避免太紧巴，老人衣服紧瘦容易阻碍血液流通，小孩则妨碍了活动。老少的衣服还不宜太灰暗，一则不安全，行走在街上时不易引起汽车司机的注意；二则不卫生，有些灰尘杂物不易被发现。外衣不妨花哨些，老人穿上显得年轻，小孩穿上互相看着也欢快。中年人着装恐怕先要考虑工作需要，然后才是自己的个性需求。当然，还是要考虑个性的，这才有利于工作顺利、身体健康。年轻人则随便一些，时尚一些，在社会宽容度以内可以随心所欲。

如果详细说，应该根据自己的情况，诸如职业、性格、皮肤、五官、体质等去选择衣服。这里有一个浅显的规则，那就是在基本符合当代当地的审美观念的同时，再有意选择适合自己的服装。自己觉得舒适，应该是第一重要的。再者说，穿出健康又穿出个性，不是更具积极意义吗？

服饰养生养自我

自有人类以后,社会便形成了。社会有一个审美标准,不同国度不同时代也有所不同,人们是为了自己健康舒适而不顾社会舆论,还是根据社会潮流去修饰或矫正自己呢?答案是第二个。

着装是一种社会行为,人们在社会公认的美的诱惑下,大多舍弃自然美来迎合社会美。如西方束腰、中国缠足、当代女人的高跟鞋、男人的领带,更别提现在一些标榜有瘦身、塑身功能的衣服,还有治疗静脉曲张的、有理疗效果的、有孕妇穿的防辐射服等,五花八门……

先从社会美与自然美的历史说起,从希腊克里特小岛上出土的三千年前的陶俑来看,女性就穿着束腰长裙。西方人讲究人的性感美,女性之美在于细腰丰臀,一般是从五岁起就穿紧身衣,紧身衣用藤、铁做成,里面衬布,使腰尽可能变细。最讲究的要细到折合中国市尺一尺二到一尺四,不然不许入宫门。这还嫌不够,再用鲸骨、钢条、布箍来加肥臀部,以使腰部显得更细。这样的结果是,束腰者死后被解剖尸体时,发现脏腑都变了形,这还有何健康而言?西方女性为了细腰,吃绦虫,吃砒霜,只为赢得社会赞誉,全然不顾生命的正常生存。

中国古代女性也挺"执着",女孩儿从四五岁时缠足,用布条将娇小的脚丫裹起来,不让它跟着人长,以三寸金莲为最高标准,据说还有裹成二寸长的。从五代一直到近代,千年缠足,对女性身体造成了巨大的摧残。有意思的是,当近代进步人士倡导天足时,又费了多年的时间。也难怪,宋明以来,媒婆提亲,男家挑媳妇是看脚不看脸,长得怎样竟不如脚大小重要,这种社会审美意识左右了人们对身体的态度。

服 饰 与 养 生

现代社会好点儿吗？其实也存在许多弊端，如女性的高跟鞋，医学界一再说高跟鞋对女性健康不利，我们穿起来时间一长确实脚痛也确实累，尤其是鞋跟高至七八厘米的。可是，女性穿高跟鞋确实好看，特别是正装时，不穿高跟鞋既不精神也不符合礼仪。可时间长了实在难受，这里的痛苦只有着装者本人知道。至于对身体的危害就无人顾及了。令人匪夷所思的是，矮个儿男性也穿高跟鞋，为图面子，于是商家跟着推出一种内增高鞋……

男人的领带也有问题，西服领带确实潇洒，但有个细节，礼仪活动一结束，男人们都忙不迭地用手松一下领带结，让它松缓一些，这说明好看并不等于舒服，不等于对身体有好处，可是人们依然乐于接受，为什么？我曾用"为伊消得人憔悴"为题，写过多篇着装者牺牲自我而迎合社会美的文章，这是服饰社会学与服饰生理学的交叉问题。

如今随着科技手段的快速发展，以及生活水平的大幅提升，一些标明有健身功效的衣服材料应运而生。塑身衣真能塑造出一个理想的体型吗？人们有胖有瘦，况且有一些人血管心脏不是那么好，强行以弹性衣服将身体塑成一个"造型"，能不损害身体吗？曾见有人衣领太硬，开车久了还导致昏厥呢！有人不想松开紧扎的腰带，竟然在饭后血管破裂直至死亡……

其实，自然的才会对身体有好处，包括大自然赐予的衣料、佩饰材质，包括符合人体特征的衣服款式。着装习惯有时也是不利于健康的，如佩戴项链、手镯、戒指时间过长，式样过紧，尤其是戒指，直接导致手指的血液流通受阻。还有人戴着戒指又洗鱼又刷碗，戒指与手指相接处藏污纳垢，不放在显微镜下也能想象出有多少细菌。最近有报道称，乳罩戴时间长了也不好，应该在回家后换上松软背心。

让人们舍弃社会美、保持自然美有多难啊，毕竟人生活在社会中。

服饰养生要真我

所谓真我,就是没有经过外在力量改变容貌和肌肤的人。说到服饰养生,古来的文身文面、火烫、割痕、染色,现代的隆鼻、文眉、文唇、瘦脸、丰乳等都属于服饰所包括的四个方面之中,即衣服、佩饰、化妆、随件的化妆类。只不过单纯化妆不用在人身体上动刀动斧,但类似行为,即改变人本体的手段都属于第三项。

中国有这么一句话"身体发肤,受之父母,不敢毁伤,孝之始也"。但是现代改变自己容貌、身材的整容,已成为年轻人的一种时尚,随之而来的就是因整形丧命毁容的案例逐年增多。从服饰养生来说,应该拒绝一切改变原生肌肤的行为,像中老年人热衷的去眼袋、去皱纹等拉皮术,怎么说也是对身体有害的,因为从外面看是减少岁月的痕迹了,可是手术破坏了原本的生理结构,去掉脂肪或去掉皮,还能说保持人的"原生态"吗?

当然,改变真我不是现代产物,可追溯到人类原始社会。不过那时的文身是有着很深的文化内涵的,无论针刺花纹再抹上深色汁液,还是用刀割开使之在肌肤上留下瘢痕,都是为了一种社会性的标志,如是否成年,是否结婚,属于哪一个部族,都是很神圣的行为。现代的文身,纯粹为了美,或是为了寻求刺激,或是为了标榜自己有胆量,或是黑社会帮派的印记,总之装饰性、附加性更强一些。

前几天,报载英国青年人风靡"穿洞紧身衣",大标题为"这是新潮还是自虐?"。说的是,针刺文身,穿脐环,穿舌环等早已不是什么新鲜事,"改造身体"的方法是将两排金属环扎透皮肤,再用丝带穿过金属环,从而制造出身穿紧身衣的视觉效果。这些人通常选择背部、肋骨部，有的甚至是选择喉部。为了穿上这件"紧身衣"，试穿者要等到三四周后才能结疤愈合。这就是英国《每日邮报》所称为"改造身体"的行动。

说起来，这真不算太惊人，20世纪90年代初，美国已有"美身室"。人们交上74美元就可以被"美身师"用铁圈在臀部烫上一个环形疤，下一次再烫时则可以少交一半的钱。再年轻些的中学生，用打火机把曲别针烧红烙在胳膊上，留下一个烫伤印痕，以此来寻求刺激。

如今的整容太可怕，学生也风靡整容，都希望利用医学手段来使自己更美，从而赢得一份好的工作，或找到一个好恋人。这也许是社会使然，因为竞争太激烈；也许是科技水平提高的结果，人们已不满足于自然的容貌。

无论现代医学如何显示先进的技术和设备，都不能否认这是一种人体异化行为，都是以外力去改变人本体的强制性手段，怎么也是违背了人类自身发展的规律。屡上报端的整容失败例子已在说明，这里存在着极大的隐患。

我一直在提倡，社会是社会，真我是真我，哪怕是我们需要去适应社会，也应该有一定的限度。也就是说，可通过服饰来修饰，不一定真的在肌肤上开刀，强行改变其自然状态。比如，脖子长的穿高领毛衣，脖子短的就不一定穿高领毛衣，圆脸人不必再戴圆形眼镜，黑皮肤人穿些亮色衣服等，很多服饰的色彩和形状都可以帮助人塑造其较完美的整体形象。

要真我，要健康，这应该是服饰与养生的关键词！

祝愿广大着装者都健康，都漂亮，都有美好的生活！

津沽生态服饰

那一声"芭兰花儿戴呀!"

我出生于 1951 年 12 月,儿时的世界还是满有生态气息的。早上醒来,看着屋檐上一对麻雀夫妇在聊天,不知怎么吵起来了,但过了一会儿又特别亲昵。这时,胡同里传来一声叫卖:"面茶……"卖面茶的担子上,一头儿是一个填满红煤球的火炉,所以无论放上什么料儿,面茶都是热的。胡同里一天的"经贸活动"就此拉开序幕。

我住的集贤里在黄家花园一带,一个胡同口儿在潼关道上,另一个则在墙子河边,隔河看到耀华中学。因此,卖各种东西的小贩就这样穿来穿去,宛如一幅民俗画。

白天接踵而来的是卖小金鱼儿的,卖小鸡雏的,间或还有小鸭雏,最多的是卖蝌蚪,天津人叫"蛤蟆秧子"。卖水生动物的是挑来两个大木盆,卖家禽的则是两个大筐箩。还有卖药糖、耍木偶、看洋片的,这些都吸引小孩儿。

姑娘、媳妇们最爱看的是卖头戴的花儿。不是现在摆放的鲜花。常常是在傍晚,天要黑还没黑,胡同口传来一声"芭兰花儿戴呀!",女人们别管做着饭,还是擦拾桌子,都爱凑热闹似的出来看一眼,围住卖花人的扁花盘儿说个热闹。我小时不懂,如今想起来,那可能就是个消遣,和现在上个什么班儿的差不多。

卖花人脖子上有一条宽宽的布带,带子两端系住一个略显长方形的扁扁的木盘。走在胡同里,就好像是两手在胸前托着一个方盘。盘上铺着一块干净的红布或紫绒,上面摆着一朵朵嫩白洁净的芭兰花和茉莉花,整整齐齐的,好像牙雕似的。穿旗袍或中式小袄的中青年女性,当然主要是已婚妇女，总会选上几朵要开未大开的茉莉，别在发髻上，别提香气多自然了。原生态的花儿就那样原生态地含苞欲放或潇洒盛开，完全没有工业的味道。讲究的人会挑上十来朵茉莉，再缀上一朵艳红的海拉儿花，用针线穿成一个图案戴在前襟上，或许时间上不会太久，但那确确实实是真的。

据说一些要参加晚宴或舞会的女性，要选戴一朵夜来香，这花一般家庭妇女不戴。中老年妇女爱在自家种的花盆里随便摘朵什么花，甚至包括"大麦熟"，我印象中的外祖母就摘朵黄菊花戴在脑后的发髻上。现在人们觉得黄菊花不好，是受到西方文化的影响。20世纪50年代时，人们并不介意，而且更早的杨柳青年画，年轻妈妈也这样戴。

津沽女性过年时戴大红、粉红绒绢花，其他时候都是头戴或胸佩鲜花，那才叫生态！

晶莹剔透的韭菜项链

20世纪50年代，妈妈哄孩子或是大一点儿的孩子们自己玩儿时，常用一些蔬菜水果，还有好些是大人择菜剩下的烂叶黄根。虽然登不了大雅之堂，但是在充满塑料和不锈钢的今天，想一想就觉得很生态。

我和楼下四姐一起长大，再加上几个邻里小姐妹，自制生态服饰也是有滋有味。当时，我们把韭菜叶折一下，撕开三毫米长，就可以看到透明的一段，再向相反方向折，再撕开同等长度，又出现一段透明的。就这样，左一折右一折，竟将韭菜叶折成一段绿、一段玻璃丝般的小怪样儿了。这就是我们自己做的项链，戴在脖子上凉丝丝的，挺舒服也挺美。还可以用韭菜梃做戒指，也挺凉快。给大人看时，常遭到嘲笑，但我们作为创作者，其实很自豪。

大葱有些老的时候，就长出花苞。还没等到开花，我们就掐来两根儿，将靠近底部的缠起来，再郑重其事地把两个大葱花苞塞进耳朵里，夸耀说是听诊器。大人们嫌味道太刺鼻，让我们躲远点儿。我们却不以为然，还装模作样地给小伙伴听心脏。如今想，这种生态器具只能那个年代出现，再早不懂听诊器，再晚又都虚拟了，谁还会拿大葱做？

玉米须子也可以派上大用场，我们把它捋好了，分成束，再系成各种结，顶在头上，说是头饰，系好了确实像一串串垂珠。这在当时有人说像少数民族的头饰，还说像电影《冰山上的来客》古兰丹姆的头饰，许多年后我才知道模仿的是塔吉克少女头饰。

鲜枣最好做手脚，那年月红枣没有后来冬枣这么圆，差不多都是长椭圆形，不过那做珠子也很像样儿。用针穿棉线，从一个头儿扎进去，再沿着枣核旁边小心翼翼地穿过，穿过十来个就成了一串长长的珠子项链。有的说是珍珠项链，知识多一点儿的说不是，因为珍珠是白的。于是，见过父辈戴木珠的就说是木珠，知识更渊博的就说是佛珠，我们顿时都肃穆起来。妈妈看我们玩得很有艺术范儿，作为犒劳，就拿过一个鲜枣，将顶端切下来做壶盖，那小把儿就成了壶盖的提钮。用笤帚苗儿弯过来，两头儿插在枣里，成了一把小小的提梁壶。妈妈再用小刀在"壶"身上挑刻几笔，过一会儿，紫红色枣皮一收缩，露出白道，便俨然成了壶身上的兰花图案。

我们饶有兴趣地看了一阵儿，受到启发，赶紧把我们的大枣项链也都逐一刻上花儿。我家院里种了好几盆小辣椒，有红有绿，还有半红半黄的。我们斗胆摘下来，确实需要勇气，一则辣眼，一则大人不让摘。不过穿成串儿戴在脖子上，还真有些像印第安人。那时并不觉得，完全置身于生态之中。

蟹爪做成的小燕子

天津人吃海鲜并不觉新鲜，老话儿说："当当吃海货，不算不会过。"典当拿到现钱去买海货吃都不被指责，看来宽容度很大。不过，五六十年前没有人工养殖，吃海蟹要等到五月的春雷。春雷一响，人们就说"海蟹上来了"。

一桌海蟹吃过以后，杯盘狼藉，我看着父母还有哥哥用海蟹的下脚料做小燕子，饶有兴致。他们用两只吃过的母蟹的螯插在一起，由于各剩一个尖儿，拼一起恰恰是个燕身燕尾，然后将两只保留尖齿的小爪分别从两面插进燕身，一下子就呈现出一只张开双翅正在飞翔的红白相间的小燕子。燕子头部并不精彩，好在变废为宝就不必再苛刻，远看还是满生动的。大人们拿根棉线系在小燕身上想悬挂在窗台上，我却抢过来别在头顶上，有些像古代仕女的簪子，只是大了一点儿。走出大门，看到好几个小伙伴戴着蟹爪做的小燕子，有的充当头饰，有的挂在胸前。

近看小燕子，会发现有许多蟹肉蟹黄残渣，如果放在今天，家长们肯定会大呼小叫，但当年的生活好像没有现在这么细，我们玩得也很随意。平板电脑干净，但里面的形象都是看得见摸不到的，不像当年的生态服饰，带着泥土香味儿，活生生的，着实可爱。

吃过大鱼以后，我总会执着地找到一对鱼眼珠，雪白的，只有日子多了才会黄。吃一回鱼，攒两至四个，当存到十来个时，就会把它们按到橡皮泥里。橡皮泥的形状可随意做，一般来说扁扁的，圆或是长圆，也可以是菱形。按鱼眼珠也不能随便，要自己编排好图案，这样，一块项饰或是腕饰就做成了，小朋友们相互比一比，别提多高兴了。

我们还瞒着大人收集大鱼的鳞片。大人一在那给鱼刮鳞，我们就前后左右跟着拾鳞片，由于给家长添了乱，总受指责。那年月的电影有金鱼精的角色，穿着一身有鱼鳞的表演服。我们在看得如痴如醉之后，就也想自己做一件，于是拿大人做针线活儿用剩的糨糊，将鱼鳞一片片粘到自己的衣服上。有时候，一个小朋友坐在板凳上，好几个小姐妹齐心合力地往她衣服后背上贴鳞片。当时没有拍下照来，其实那场景挺壮观的，那不就是创意设计吗？而且那么低碳环保！

　　海鲜有些腥里腥气，但孩子们全然觉不出来。就在那种无忧无虑的制作之中，锻炼了双手，增进了友谊，感受了大自然的生态魅力。

凤仙花红染指甲

我小时候，邻居姐姐们教我染指甲，妈妈和外祖母也帮助我制作"染膏"。那可真生态，就用自己家种的或是走街串巷卖花人的凤仙花。大人们教我把花捣碎，再把明矾用水化开浇在花泥中，用蒜槌捣。捣好以后，放一放，据说是等它熟一熟，然后堆到指甲上，有的用布缠，有的不用布。我们小孩子不干活，就那样张着两手，晚上临睡前才好歹裹一裹，转天早晨洗去那厚厚的花泥，指甲就成红色了。其过程，既是原生态，又是女孩子学习的一项内容，至今回想起来还觉得美滋滋的。

中国人古代就这样做，宋人周密在《癸辛杂识·读集》中写道："凤仙花红者，用叶捣碎，入明矾少许在内。先洗净指甲，然后以此缚甲上，用片帛缠定过夜。"又："其色若胭脂，洗涤不去，可经旬。"还有"今回回妇人多喜此，或以染手"，云云。看起来，宋代时不仅中原妇女以凤仙花染指甲，西域更为时兴。只是不知他为什么说用叶？实际上是捣花的。

清代人顾禄《清嘉录》卷七记："捣凤仙花汁，染无名指尖及小指尖，谓之红指甲。相传留护至明春元旦，老年人阅之，令目不昏。"这里涉及的，好像还有养生作用。

清代人富察敦崇《燕京岁时记》中写："凤仙花即透骨草，又名指甲草。五月花开时候，闺阁儿女取而捣之，以染指甲，鲜红透骨，经年乃消。"

现代人很讲究美容，遍及城市的美容店都打出"美甲"的招牌，年轻姑娘甚至中年妇女都趋之若鹜。纵观全社会，一边几乎是变着花样儿地招揽顾客，想方设法满足女人爱美或猎奇或显摆的心；一边儿则是说化学制化妆品损害健康，建议人们不要过多染甲，尤其是不要频繁换色以免伤害指甲。结果呢？诱惑与泼冷水双重挤压，人们在社会美面前宁愿舍弃自然美，也不顾身体的健康与否。也难怪，高跟鞋好吗？紧身胸衣好吗？人们在社会美的召唤下，对自然躯体全然不顾。

　　这就牵涉到一个纯朴的话题。在那社会生产力并不太发达的年代里，一切都慢慢的，稳稳的，静静的。凤仙花开染指甲，对于我们来说已很遥远，但它依然清晰，依然温馨。当然，我十来岁时，在用凤仙花染指甲的同时，已经拿着小布绷子，穿针引线给外祖母绣钱包了。那样穿在红腰带上的扁方带个布盖儿的钱包叫"瓶口"，黑缎面，红花绿叶，最生态的红指甲绣出最传统的牡丹花，想来那是一套的。

20世纪末的古渔阳生态服饰

20世纪80年代末90年代初，蓟县农村没有收割机，全是用镰刀割麦子。当麦收完成，麦垛就成了孩子们的乐园，小男孩儿爬到上面嬉闹，钻到里面捉迷藏，小女孩儿则把秸秆两端剪掉，使其成为通透的麦梃儿，沾上肥皂水吹泡泡，有手灵巧的则用它编成各种饰物。如用一根很短的弯成环，再两端交叉，套上手指就成了戒指；用三根交叉编织，垂在脑后就成了辫子，或是把完成的三根再编一遍，就成了粗粗的辫子。大人们用它编织各种器具：有的编成三角锥形用来圈蛐蛐；有的编成正方形放蝈蝈；主妇们则把"辫子"编得"无限长"，最后一圈一圈盘旋成盘，再扎成一个粗粗的柄，便成了一把蒲扇；有的打螺旋底，环绕编织做成草帽。总之，麦秸秆成了心灵手巧的人取之不尽的原材料，可以编织成各种拟态服饰和玩具模型。

到了九月，秋高气爽，农作物相继成熟，一片片高粱笑弯了腰。把各种收成运回家，就要将这些农作物加以整理、晾晒。高粱秆儿能编成好多样儿童的玩意儿，大一点的孩子可以在农忙之余，将高粱秆儿左摆右折地一阵忙乎，小孩子们过来一看竟是一把冲锋枪，那喜悦的劲头儿别提多迷人了。成人男子则把高粱秆轧扁、浸泡，然后编织成席，做成芡子，用于存储粮食。主妇们则编得小巧些，做成"软锅盖"，以备烹煮时使用。

豆角摘下来，饭桌上少不了熬豆角。孩子们还没吃完饭菜，大姐姐手里拿着针线，把一碗生豆粒一颗颗穿起来，一会儿的工夫，就把一碗豆子都穿了起来，将线头一系，戴在脖子上竟成了一串项链。小孩子总是羡慕别人，找姐姐要来戴，姐姐不让，便跑到院子里，于是弟弟跟在后面，趁姐姐不注意，就摘下来吃一个，吃着吃着，到姐姐发现时已经只剩一半了。姐姐倒也没生气，说"给你吧"，于是戴在了弟弟脖子上，弟弟戴着这一半是绳一半是豆豆的项链，高高兴兴地边吃边玩。姐姐又掐下一条红薯枝叶，将叶子掐下，留下梃子部分，和蒜薹一模一样，先向左折一下，不完全断开，连着薄皮，隔三五毫米再向右折，就这样左一折、右一折，很快又出现了一条水晶般的项链，戴在脖子上还带有露珠的水灵气，鲜嫩嫩的。

  吃过晚饭，庄稼人围在院里剥玉米，大人拿过一把玉米皮左拧右拧，编成长长的三股辫儿，盘成圆形，然后再将大小不同的圆盘按次叠扎，碾压后就是玉米蒲墩。小姑娘取走一段，戴在头上，也像模像样的。一边戴着"辫子"，一边把一层玉米皮对折，将捋顺的玉米须包在一侧，然后用绳一系，像梳着马尾辫的洋娃娃，金黄黄的头发。如果把玉米须分成两束，分别包在两侧，则成了梳着朝天梳的小姑娘。不论是马尾辫还是朝天梳，都可以再编起来，并盘起来。总之，一束束的玉米须，在心灵手巧的乡村少女手中，变幻出无穷的发饰。小男孩儿则将一把玉米须子贴在嘴巴上，顿时成了长须老人，逗得大家哈哈大笑。在 20 世纪末，古渔阳还是满生态的。（与巴增胜合撰）